构建天津市生态环境治理体系研究

赵翌晨　李红柳　杨崷鈜　主编

天津大学出版社
TIANJIN UNIVERSITY PRESS

图书在版编目（CIP）数据

构建天津市生态环境治理体系研究 / 赵翌晨, 李红柳, 杨崙鉉主编. -- 天津：天津大学出版社, 2022.8
　ISBN 978-7-5618-7276-5

　Ⅰ. ①构… Ⅱ. ①赵… ②李… ③杨… Ⅲ. ①区域生态环境－环境综合整治－研究－天津 Ⅳ. ①X321.221

中国版本图书馆CIP数据核字(2022)第143513号

出版发行	天津大学出版社	
地　　址	天津市卫津路92号天津大学内：邮编（300 072）	
电　　话	发行部：022-27 403 647	
网　　址	www.tjupress.com.cn	
印　　刷	北京盛通商印快线网络科技有限公司	
经　　销	全国各地新华书店	
开　　本	787mm×1092mm　1/16	
印　　张	13	
字　　数	269千	
版　　次	2022年8月第1版	
印　　次	2022年8月第1次	
定　　价	48.00元	

本书编委会

主　编　赵翌晨　李红柳　杨崟鈜

副主编　郭洋琳　郭　鑫　邹　迪　李　燃　郭洪鹏
　　　　　　乔　阳

编　委（编委按拼音首字母排序）

陈启华　董芳青　冯真真　付一菲　高郁杰

谷　峰　郭　健　江文渊　李怀明　李　莉

李敏姣　廖光龙　刘晓东　罗彦鹤　宋兵魁

宋文华　孙　蕊　唐丽丽　王　岱　王　兴

王玉蕊　邢志杰　闫　佩　杨　阳　杨占昆

尹立峰　张雷波　张　维　张彦敏　张亦楠

张征云　赵晶磊　赵　阳

目　　录

第1章　绪　论

1.1　环境治理体系内涵

环境治理体系和治理能力现代化是实现生态文明的必由之路,直接关乎美丽中国建设目标的实现。党的十八大以来,在以习近平同志为核心的党中央坚强领导下,环境治理体系和治理能力现代化建设持续稳步推进。2013 年,党的十八届三中全会提出了推进国家治理体系和治理能力现代化的任务。2015 年,《生态文明体制改革总体方案》要求构建以改善环境质量为导向,监管统一、执法严明、多方参与的环境治理体系。2017 年,党的十九大报告提出"构建政府为主导、企业为主体、社会组织和公众共同参与的环境治理体系"。2018 年,《中共中央　国务院关于全面加强生态环境保护　坚决打好污染防治攻坚战的意见》部署了改革、完善生态环境治理体系 5 个方面的任务。2019 年,党的第十九届四中全会审议通过《中共中央关于坚持和完善中国特色社会主义制度　推进国家治理体系和治理能力现代化若干重大问题的决定》,提出"坚持和完善生态文明制度体系,促进人与自然和谐共生"。2020 年,《关于构建现代环境治理体系的指导意见》对我国现代环境治理体系的目标要求、构建思路与实施路径提出了系统性安排,标志着我国环境治理体系和治理能力现代化建设进入新阶段。总体看来,通过坚持和完善生态文明制度机制和政策,实现政府内部横向和纵向协同增效、治理主体多方参与互动合作、政策手段集成高效,为现代环境治理体系中"现代性"特征的应有之义。

在各级党委、政府及相关部门之间实现生态环境治理的有效协同,需要相应的促进协同的制度机制。基于新公共管理理论,生态环境治理具有复杂性和整体性,要求分散化的治理主体们在政策、执行、服务供给等层面实现协同合作。其内在逻辑为只有承担生态环境治理主导责任的党委、政府及有关部门实现纵向和横向的有效协同,才有可能形成统一的政策、标准规范和行动,最大限度地激发和调动市场、社会的力量,提升生态环境整体治理效能。经济合作与发展组织(OECD)把跨部门协同机制分为结构性协同机制和程序性协同机制两大类,结构性协同机制侧重于构建协同的组织载体,为实现跨部门协同做出结构性安排;程序性协同机制则侧重于为实现跨部门协同做出程序性安排和提供辅助技术工具。因此,我们应当以解决制约生态环境事业发展的体制机制问题为导向,通过统一目标、强化责任、完善和发挥制度协同作用,提升环境治理能力。

在环境治理中,单纯依靠政府行政手段的传统环境治理模式已经难以彻底解决问题,生态环保工作越来越需要企业和社会力量的全方位参与。党的十九大报告明确提出,要加强社会治理制度建设,完善党委领导、政府负责、社会协同、公众参与、法治保障的社会治理体制。通过建立并完善相关制度,补齐环境社会治理短板,创新环境社会治理模式,以社会治理"催化"带动政府、企业治理效能提升,是目前我国仍然需要着力解决的问题。

1.2　生态环境治理体系现代化建设要求

1.2.1　党的十九大报告中有关生态环境治理的表述

党的十九大指出,从 2020 年到本世纪中叶可以分两个阶段来安排:2020 年到 2035 年为第一阶段,在全面建成小康社会的基础上,再奋斗 15 年,基本实现社会主义现代化;2035 年到本世纪中叶为第二阶段,在基本实现现代化的基础上,再奋斗 15 年,把我国建成富强民主文明和谐美丽的社会主义现代化强国。

党的十九大报告中有关生态文明体制改革的要求

加快生态文明体制改革,建设美丽中国。

人与自然是生命共同体,人类必须尊重自然、顺应自然、保护自然。人类只有遵循自然规律才能有效防止在开发利用自然上走弯路,人类对大自然的伤害最终会伤及人类自身,这是无法抗拒的规律。

我们要建设的现代化是人与自然和谐共生的现代化,既要创造更多物质财富和精神财富以满足人民日益增长的美好生活需要,也要提供更多优质生态产品以满足人民日益增长的优美生态环境需要。必须坚持节约优先、保护优先、自然恢复为主的方针,形成节约资源和保护环境的空间格局、产业结构、生产方式、生活方式,还自然以宁静、和谐、美丽。

(一)推进绿色发展。加快建立绿色生产和消费的法律制度和政策导向,建立健全绿色低碳循环发展的经济体系。构建市场导向的绿色技术创新体系,发展绿色金融,壮大节能环保产业、清洁生产产业、清洁能源产业。推进能源生产和消费革命,构建清洁低碳、安全高效的能源体系。推进资源全面节约和循环利用,实施国家节水行动,降低能耗、物耗,实现生产系统和生活系统循环链接。倡导简约适度、绿色低碳的生活方式,反对奢侈浪费和不合理消费,开展创建节约型机关、绿色家庭、绿色学校、绿色社区和绿色出行等行动。

(二)着力解决突出环境问题。坚持全民共治、源头防治,持续实施大气污染防治行动,打赢蓝天保卫战。加快水污染防治,实施流域环境和近岸海域综合治理。强化土壤污染管控和修复,加强农业面源污染防治,开展农村人居环境整治行动。加强固体废弃物和垃圾处置。提高污染排放标准,强化排污者责任,健全环保信用评价、信息强制性披露、严惩重罚等制度。构建政府为主导、企业为主体、社会组织和公众共同参与的环境治理体系。积极参与全球环境治理,落实减排承诺。

(三)加大生态系统保护力度。实施重要生态系统保护和修复重大工程,优化生态安全屏障体系,构建生态廊道和生物多样性保护网络,提升生态系统质量和稳定性。完成生态保护红线、永久基本农田、城镇开发边界三条控制线划定工作。开展国土绿化行动,推进荒漠化、石漠化、水土流失综合治理,强化湿地保护和恢复,加强地质灾害防治。完善天然林保护制度,扩大退耕还林还草。严格保护耕地,扩大轮作休耕试点,健全耕地草原森林河流湖泊休养生息制度,建立市场化、多元化生态补偿机制。

(四)改革生态环境监管体制。加强对生态文明建设的总体设计和组织领导,设立国有自然资源资产管理和自然生态监管机构,完善生态环境管理制度,统一行使全民所有自然资源资产所有者职责,统一行使所有国土空间用途管制和生态保护修复职责,统一行使监管城乡各类污染排放和行政执法职责。构建国土空间开发保护制度,完善主体功能区配套政策,建立以国家公园为主体的自然保护地体系。坚决制止和惩处破坏生态环境行为。

1.2.2　党的十九届四次中全会有关生态环境治理体系的表述

《中共中央关于坚持和完善中国特色社会主义制度 推进国家治理体系和治理能力现代化若干重大问题的决定》中指出:"坚持和完善中国特色社会主义制度、推进国家治理体系和治理能力现代化的总体目标是,到我们党成立一百年时,在各方面制度更加成熟更加定型上取得明显成效;到二〇三五年,各方面制度更加完善,基本实现国家治理体系和治理能力现代化;到新中国成立一百年时,全面实现国家治理体系和治理能力现代化,使中国特色社会主义制度更加巩固、优越性充分展现。"

党的十九届四中全会中有关生态文明制度体系的要求

坚持和完善生态文明制度体系,促进人与自然和谐共生。

生态文明建设是关系中华民族永续发展的千年大计。必须践行绿水青山就是金山银山的理念,坚持节约资源和保护环境的基本国策,坚持节约优先、保护优先、自然恢复为主的方针,坚定走生产发展、生活富裕、生态良好的文明发展道路,建设美丽中国。

(一)实行最严格的生态环境保护制度。坚持人与自然和谐共生,坚守尊重自然、顺应自然、保护自然,健全源头预防、过程控制、损害赔偿、责任追究的生态环境保护体系。加快建立健全国土空间规划和用途统筹协调管控制度,统筹划定落实生态保护红线、永久基本农田、城镇开发边界等空间管控边界以及各类海域保护线,完善主体功能区制度。完善绿色生产和消费的法律制度和政策导向,发展绿色金融,推进市场导向的绿色技术创新,更加自觉地推动绿色循环低碳发展。构建以排污许可制为核心的固定污染源监管制度体系,完善污染防治区域联动机制和陆海统筹的生态环境治理体系。加强农业农村环境污染防治。完善生态环境保护法律体系和执法司法制度。

(二)全面建立资源高效利用制度。推进自然资源统一确权登记法治化、规范化、标准化、信息化,健全自然资源产权制度,落实资源有偿使用制度,实行资源总量管理和全面节约制度。健全资源节约集约循环利用政策体系。普遍实行垃圾分类和资源化利用制度。推进能源革命,构建清洁低碳、安全高效的能源体系。健全海洋资源开发保护制度。加快建立自然资源统一调查、评价、监测制度,健全自然资源监管体制。

(三)健全生态保护和修复制度。统筹山水林田湖草一体化保护和修复,加强森林、草原、河流、湖泊、湿地、海洋等自然生态保护。加强对重要生态系统的保护和永续利用,构建以国家公园为主体的自然保护地体系,健全国家公园保护制度。加强长江、黄河等大江大河生态保护和系统治理。开展大规模国土绿化行动,加快水土流失和荒漠化、石漠化综合治理,保护生物多样性,筑牢生态安全屏障。除国家重大项目外,全面禁止围填海。

(四)严明生态环境保护责任制度。建立生态文明建设目标评价考核制度,强化环境保护、自然资源管控、节能减排等约束性指标管理,严格落实企业主体责任和政府监管责任。开展领导干部自然资源资产离任审计。推进生态环境保护综合行政执法,落实中央生态环境保护督察制度。健全生态环境监测和评价制度,完善生态环境公益诉讼制度,落实生态补偿和生态环境损害赔偿制度,实行生态环境损害责任终身追究制。

1.2.3　中央全面深化改革委员会第十一次会议有关环境治理体系的表述

中央全面深化改革委员会第十一次会议审议通过了《关于构建现代环境治理体系的指导意见》,指出要以推进环境治理体系和治理能力现代化为目标,建立健全领导责任体系、企业责任体系、全民行动体系、监管体系、市场体系、信用体系、法律政策体系,落实各类主体责任,提高市场主体和公众参与的积极性,形成导向清晰、决策科学、执行有力、激励有效、多元参与、良性互动的环境治理体系,为推动生态环境根本好转、建设生态文明和美丽中国提供有力制度保障。

1.2.4　全国生态环境保护大会有关生态环境治理体系的表述

习近平总书记在全国生态环境保护大会上指出"用最严格制度最严密法治保护生态环境"。保护生态环境必须依靠制度、依靠法治。我国生态环境保护中存在的突出问题大多同体制不健全、制度不严格、法治不严密、执行不到位、惩处不得力有关;要加快制度创新,增加制度供给,完善制度配套,强化制度执行,让制度成为刚性的约束和不可触碰的高压线;要严格用制度管权治吏、"护蓝增绿",有权必有责、有责必担当、失责必追究,保证党中央关于生态文明建设的决策部署落地生根见效。

1.2.5 生态文明体制改革的相关要求

我国不断推进生态环境领域改革,生态环境治理体系与治理能力建设取得重要进展,"四梁八柱"性质的生态文明制度体系初步建立。2015 年,中共中央、国务院印发《中共中央 国务院关于加快推进生态文明建设的意见》和《生态文明体制改革总体方案》,形成了推进生态文明建设、完善生态文明体制的纲领性架构。中央全面深化改革委员会审议通过 40 多项生态文明和生态环境保护改革方案,生态文明建设目标评价考核办法、党政领导干部生态环境损害责任追究、中央环境保护督察、生态保护红线、控制污染物排放许可制、生态环境监测网络建设、禁止洋垃圾入境、绿色金融体系等一批标志性、支柱性的改革举措陆续推出,开展省级以下环保机构监测监察执法垂直管理制度、区域流域机构、生态环境损害赔偿制度等改革试点,为深化改革积累经验。随着环境法治保障进一步强化,我国完成了《中华人民共和国环境保护法》(以下简称《环境保护法》),《中华人民共和国大气污染防治法》(以下简称《大气污染防治法》),《中华人民共和国水污染防治法》(以下简称《水污染防治法》),《中华人民共和国土壤污染防治法》(以下简称《土壤污染防治法》),《中华人民共和国环境影响评价法》(以下简称《环境影响评价法》),《中华人民共和国环境保护税法》(以下简称《环境保护税法》),《中华人民共和国核安全法》(以下简称《核安全法》)和《建设项目环境保护管理条例》等法律法规的制定和修订。最高人民法院、最高人民检察院出台了办理环境污染刑事案件的司法解释。

1.2.6 天津市第十一届党代会有关生态环境治理的表述

天津市第十一届党代会提出的 2017—2022 年的奋斗目标中包括"生态文明制度体系更加完善""治理体系和治理能力现代化水平显著提升"等,明确要将发挥各级党组织的领导核心作用、大力发展社会主义民主、全面推进依法治市三者有机统一起来,全面实现天津市治理体系的优化和治理能力的提升。

1.2.7 《关于构建现代环境治理体系的实施意见》

2021 年,天津市委办公厅、市政府办公厅印发《关于构建现代环境治理体系的实施意见》,明确"建立健全环境治理的领导责任体系、企业责任体系、全民行动体系,强化监管体系、市场体系、法治体系、科技体系,形成党委领导、政府主导、企业为主体、社会组织和公众共同参与的治理格局,完善导向清晰、决策科学、执行有力、激励有效、多元参与、良性互动的现代环境治理体系,推动生态文明制度更加完善、更加成熟、更加定型,支撑保障生态环境持续改善,加快建设生态宜居的现代化天津"。

1.3　治理体系问卷调查

2020 年春节前后,新冠肺炎疫情在交通枢纽城市——武汉暴发并迅速蔓延至全国。面对突如其来的新冠肺炎疫情,天津市上下积极投入这场防疫阻击战中,生态环境保护铁军更是冲锋在前。这次疫情是对天津市公共卫生体系和防疫能力的一次大考,也是对全市治理体系与治理能力的一次大考。为了有效应对这次疫情,深入挖掘天津市环境治理体系与治理能力存在的问题,2020 年 3 月 25 日,天津市生态环境科学研究院组织开展了天津市环境治理体系与治理能力专项问卷调查,目的是更有针对性地补短板、强弱项,为实现天津市生态环境保护治理体系与治理能力现代化奠定基础。

1.3.1　问卷介绍

问卷共分为 3 个部分。第 1 部分是调查被调查者的个人特征,主要涉及被调查者的性别、年龄、学历、单位、职称和工作类别,运用描述性统计分析方法对性别、年龄等人口特征进行分析。第 2 部分是调查天津市环境应急体系与能力建设情况,主要调查在应对此次新冠肺炎疫情过程中,天津市生态环保系统有哪些方面有待加强,以及日常在应急预防与准备、应急组织指挥体系、应急监测能力、应急处置能力、应急后期处置工作和新闻舆论引导等 6 个方面仍需重点加强的方面等。第 3 部分是调查天津市环境治理体系与治理能力现状,主要调查政府领导责任、企业责任、全民行动三大责任体系,以及监管体系、市场体系、信用体系、法律政策体系 4 种手段的健全度和实施效果。该部分主要采用的测量方式为李克特量表(Likert scale),其中测量题项的数量主要在 5 个及以上,答案选项分为不了解、不健全、不太健全、一般、比较健全、非常健全等 6 种,答题者从中选择一种作为答案,每个答案对应不同的分数,除了“不了解”外,最低分至最高分依次为 1、2、3、4、5。

1.3.2　数据采集

本次问卷调查以生态环境系统工作人员为调查对象,问卷调查时间为 2020 年 3 月 25 日至 4 月 23 日,问卷发放方式为通过问卷星在线发放。截至 2020 年 4 月 23 日,共收回 92 份问卷,删除填写地点不在天津、填报时间少于 100 秒等质量不高的问卷,共 88 份问卷进入样本分析阶段,问卷回收有效率为 95.65%。

1.3.3　数据结果分析

1. 人口特征描述性分析

被调查者的人口基本信息包括性别、年龄、学历、工作类别、单位。被调查者单位若为市级、区级机关的,调查其在机关单位中的职称;若为企事业单位的,则调查其在企事业单位中的职称;若为自由职业者或离退休人员,则将其归为一类。对以上人口特征变量进行具体的描述性统计,如表 1-1 所示。

表 1-1 被调查者的人口特征描述性统计

人口特征变量	组别	人数	百分比/%①	人口特征变量	组别	人数	百分比/%
性别	男	34	38.6	企事业单位人员	正高级	9	10.2
	女	54	61.4		副高级	20	22.7
年龄	18 周岁以下	0	0		中级	30	34.1
	18~29 周岁	13	14.8		初级	7	8.0
	30~39 周岁	46	52.3		助理级	4	4.5
	40~49 周岁	22	25.0		其他	5	5.7
学历	高中及以下	0	0	工作类别	管理	19	21.6
	大专	2	2.3		监测	14	15.9
	大学本科	25	28.4		应急	0	0
	硕士研究生	44	50.0		核与辐射方向	0	0
	博士研究生	17	19.3		宣教	5	5.7
单位	市级机关	8	9.1		咨询服务	13	14.8
	区级机关	1	1.1		信息	2	2.3
	企事业单位	75	85.1		固废方向	1	1.1
	社会组织人员	0	0		科研	26	29.5
	自由职业者	2	2.3		工程设计	3	3.4
	离退休人员	2	2.3		其他	5	5.7
机关单位人员	局级	4	4.5				
	副局级	0	0				
	处级	0	0				
	副处级	2	2.3				
	主任科员	1	1.1				
	其他	2	2.3				

如表 1-1 所示,被调查者的基本信息分布情况如下。①性别:男性 34 人,占比为 38.6%;女性 54 人,占比为 61.4%。②年龄:以 30~39 周岁为主,占比为 52.3%;其次为 40~49 周岁,占比为 25.0%。③学历:以硕士研究生为主,占比达到 50.0%;其次为大学本科,占比为 28.4%。④单位:主要以企事业单位为主,占比为 85.1%;其次为机关单位,占比为 10.2%。9 名机关单位人员中有局级 4 人、副处级 2 人、主任科员 1 人、其他人员 2

———————————
① 注:本调查研究中,因为存在取值误差,统计数据中各项百分比之和可能不等于 100%,特此说明。

人。75 名企事业单位人员中,以中级职称为主,占比为 34.1%;其次为高级职称(含正高级和副高级),占比为 32.9%。⑤工作类别:以科研为主,占比为 29.5%;其次为管理,占比为 21.6%。

2. 生态环境应急体系与能力分析

针对新冠肺炎疫情(以下简称疫情)防控,编者开展了生态环境应急体系与能力分析调查,被调查者中,有 36 人参与生态环保系统的疫情防控工作,占总人数的 40.9%,具体如表 1-2 所示。

表 1-2　被调查者参与生态环保系统的疫情防控工作情况

题目	组别	人数	百分比 /%
是否参与生态环保系统疫情防控工作	是	36	40.9
	否	52	59.1
	合计	88	100

针对参与疫情防控工作的 36 人,向其调查"天津市生态环保系统在哪些方面有待加强?",结果如图 1-1 所示。

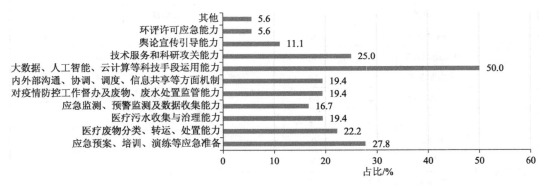

图 1-1　天津市生态环保系统有待加强的方面的调查结果

36 名被调查者中,50.0% 的人认为天津市生态环保系统应该加强大数据、人工智能、云计算等科技手段运用能力,27.8% 的人认为应该加强应急预案、培训、演练等应急准备,25.0% 的人认为应该加强技术服务和科研攻关能力。综合来看,参与疫情防控工作的被调查者认为天津市最应提高生态环保系统的科技水平。

针对日常环境应急工作,编者又分别对应急预防与准备、应急组织指挥体系、应急监测能力、应急处置能力、应急后期处置工作、新闻舆论引导等 6 个方面进行了问卷调查。

当被问及"您认为天津市应该从哪些方面加强环境应急预防与准备?(最多选 3 项)"时,问卷调查结果显示,选择频率最高的 3 个选项依次为各级政府、企事业单位强化应急预案的科学性和可操作性,政府强化对环境风险源全过程监管及及时预警能力,建立企事业单位风险评估、排查、防控措施等风险控制制度,选择这 3 项的人数分别占总人数(88 人)的 59.1%、51.1%、44.3%,具体结果如图 1-2 所示。

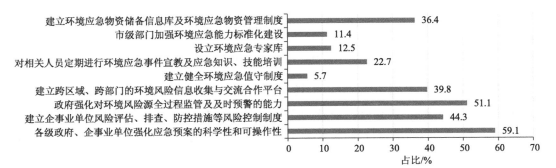

图 1-2 天津市环境应急预防与准备调查结果

当被问及"您认为天津市应该从哪些方面完善环境应急组织指挥体系?(最多选 3 项)"时,问卷调查结果显示,选择频率最高的 3 个选项依次为建立以分类管理、分级负责、属地管理为主的应急管理体制,与有关部门建立健全环境应急协同联动机制,政府公开信息机制,选择这 3 项的人数分别占总人数(88 人)的 75.0%、52.3%、36.4%,具体结果如图 1-3 所示。

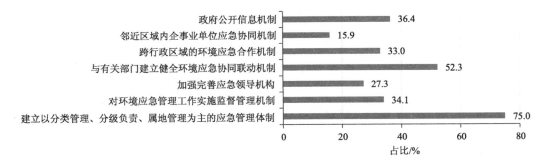

图 1-3 天津市环境应急组织指挥体系调查结果

当被问及"您认为天津市应该从哪些方面提升环境应急监测能力?(最多选 3 项)"时,问卷调查结果显示,选择频率最高的 3 个选项依次为环境应急事件地区的应急监测能力,在线监控、卫星遥感、无人机、大数据分析等科技手段,预警监测能力,选择这 3 项的人数分别占总人数(88 人)的 52.5%、51.3%、51.3%,具体结果如图 1-4 所示。

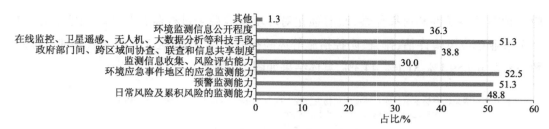

图1-4　天津市环境应急监测能力调查结果

当被问及"您认为天津市应该从哪些方面提升环境应急处置能力？（最多选3项）"时，问卷调查结果显示，选择频率最高的3个选项依次为控制或切断污染源及短时间内了解现场及周边相关情况的先期处置技术与能力，现场污染处置能力，危险品应急处置能力，选择这3项的人数分别占总人数（88人）的71.6%、52.3%、47.7%，具体结果如图1-5所示。

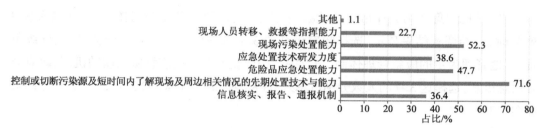

图1-5　天津市环境应急处置能力调查结果

当被问及"您认为天津市应该从哪些方面加强环境应急后期处置工作？（最多选3项）"时，问卷调查结果显示，选择频率最高的3个选项依次为清理现场、消除环境污染和生态恢复等善后处置能力，生态环境损害鉴定评估能力，生态环境修复与损害赔偿的执行和监督能力，选择这3项的人数分别占总人数（88人）的80.7%、63.6%、52.3%，具体结果如图1-6所示。

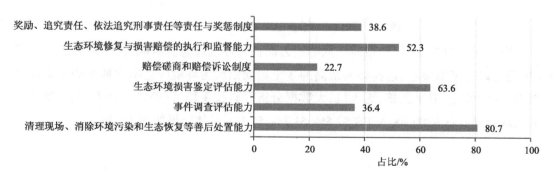

图1-6　天津市环境应急后期处置工作调查结果

当被问及"您认为天津市应该从哪些方面加强环境应急新闻舆论引导？（最多选3项）"时，问卷调查结果显示，选择频率最高的3个选项依次为回应社会关切、消除公众疑虑,环境应急事件信息发布,公布相关的监测数据,选择这 3 项的人数分别占总人数(88 人)的 76.1%、69.3%、45.5%,具体结果如图 1-7 所示。

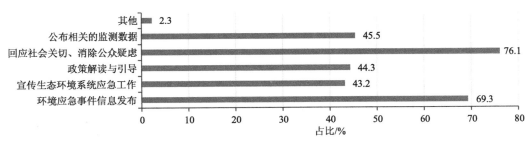

图 1-7　天津市环境应急新闻舆论引导调查结果

3. 治理体系与治理能力

1)三大责任体系

本调查研究针对政府领导责任体系、企业责任体系、全民行动体系三大方面,设置了不了解、不健全、不太健全、一般、比较健全、很健全等 6 个选项(只统计除"不了解"以外的 5 个选项),答题者从中选择一个作为答案。

调查结果显示,在 88 名被调查者中,有 51.1% 的人认为天津市生态环境治理的政府领导责任体系健全,其中 37.5% 的人认为比较健全, 13.6% 的人认为很健全;有 38.7% 的人认为天津市生态环境治理的企业责任体系健全,其中 30.7% 的人认为比较健全, 8% 的人认为很健全;有 30.7% 的人认为天津市生态环境治理的全民行动体系健全,其中 20.5% 的人认为比较健全,10.2% 的人认为很健全。3 个体系的评价结果如图 1-8 所示。

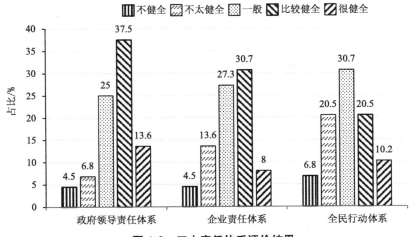

图 1-8　三大责任体系评价结果

将不健全、不太健全、一般、比较健全、很健全选项分别赋值 1、2、3、4 和 5 分。88 名被调查者对天津市生态环境治理中政府领导责任体系、企业责任体系及全民行动体系三大体系健全的程度评分均值如图 1-9 所示。

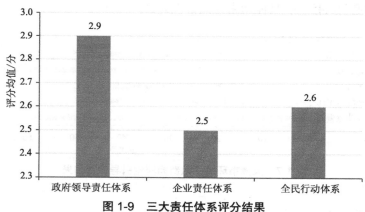

图 1-9　三大责任体系评分结果

综合来看,对于三大责任体系,被调查者认为天津市生态环境治理中的政府领导责任体系较为健全,评分最高,均值为 2.9 分;其次为全民行动体系,均值为 2.6 分;评分最低的为企业责任体系,均值为 2.5 分。

2)4 种体系

本调查研究还开展了针对监管体系、市场体系、信用体系、法律政策体系 4 种体系的健全程度调查。调查结果显示,在 88 名被调查者中,有 55.7% 的人认为天津市生态环境治理的监管体系健全,其中 40.9% 的人认为比较健全, 14.8% 的人认为很健全;有 30.7% 的人认为天津市生态环境治理的市场体系健全,其中 21.6% 的人认为比较健全,9.1% 的人认为很健全;有 31.8% 的人认为天津市生态环境治理的信用体系健全,其中 21.6% 的人认为比较健全,10.2% 的人认为很健全;有 44.3% 的人认为天津市生态环境治理的法律政策体系健全,其中 30.7% 的人认为比较健全, 13.6% 的人认为很健全。4 种体系的评价结果如图 1-10 所示。

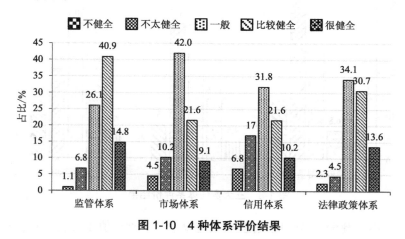

图 1-10　4 种体系评价结果

　　将不健全、不太健全、一般、比较健全、很健全选项分别赋值 1、2、3、4、5 分,88 名被调查者对天津市生态环境治理中 4 种体系的评分均值如图 1-11 所示。

　　对于这 4 种体系,被调查者认为监管体系较为健全,评分均值为 3.2 分,在 4 种体系中分值最高;其次为法律政策体系,均值为 2.9 分;评分较低的为市场体系与信用体系,均值分别为 2.7 分和 2.6 分。

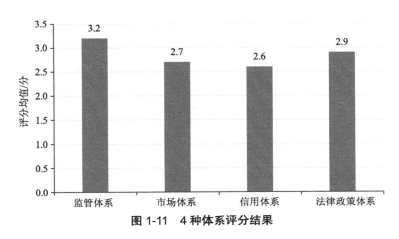

图 1-11　4 种体系评分结果

3）监管体系

　　为了深入了解天津市生态环境治理监管体系目前的建设情况,本调查研究分别从生态环境机构改革、监测执法垂改、综合行政执法改革、监测能力、应急能力、信息能力、科技能力共 7 个方面进行了调查,设置了不了解、不好、不太好、一般、比较好、非常好等 6 个选项(只统计除"不了解"以外的 5 个选项),答题者从中选择一个作为答案。

　　调查结果显示,在 88 名被调查者中,有 55.7% 的人认为天津市生态环境治理的生态环境机构改革情况尚好,其中 39.8% 的人认为比较好, 15.9% 的人认为非常好;有 56.8% 的人认为天津市生态环境治理的监测执法垂改尚好,其中 42.0% 的人认为比较好, 14.8% 的人认为非常好;有 56.8% 的人认为天津市生态环境治理的综合行政执法改革尚好,其中 42.0% 的人认为比较好, 14.8% 的人认为非常好;有 67.0% 的人认为天津市生态环境治理的监测能力尚好,其中 50% 的人认为比较好, 17.0% 的人认为非常好;有 60.2% 的人认为天津市生态环境治理的应急能力较好,其中 47.7% 的人认为比较好, 12.5% 的人认为非常好;有 51.1% 的人认为天津市生态环境治理的信息能力尚好,其中 37.5% 的人认为比较好, 13.6% 的人认为非常好;有 52.3% 的人认为天津市生态环境治理的科技能力尚好,其中 37.5% 的人认为比较好, 14.8% 的人认为非常好。具体评价结果如图 1-12 所示。

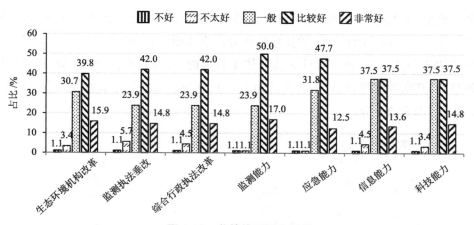

图 1-12　监管体系评价结果

将不好、不太好、一般、比较好、非常好选项分别赋值 1、2、3、4、5 分，被调查者对天津市生态环境治理中监管体系评分均值如图 1-13 所示。

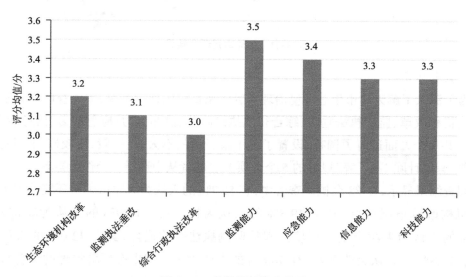

图 1-13　监管体系评分结果

对于监管体系，被调查者对天津市生态环境治理的监测能力、应急能力、信息能力、科技能力、生态环境机构改革、监测执法垂改、综合行政执法改革的评分均值由高到低依次为 3.5 分、3.4 分、3.3 分、3.3 分、3.2 分、3.1 分、3.0 分。被调查者认为天津市生态环境治理的监测能力、应急能力较好，但是监测执法垂改和综合行政执法改革情况还不是很令人满意。

4）市场体系

为了深入了解天津市生态环境治理市场体系的实施成效，本调查研究分别对第三方治理机制、环保管家、环境税、环保投入、生态补偿机制、绿色金融、碳排放权交易共 7 个市场政策进行了调查,设置了不了解、不成功、不太成功、一般、比较成功、很成功等 6 个选项(只统计除"不了解"以外的 5 个选项),答题者从中选择一个作为答案。

调查结果显示,在 88 名被调查者中,有 43.2% 的人认为天津市生态环境治理的第三方治理机制成功,其中 34.1% 的人认为比较成功,9.1% 的人认为很成功;有 39.8% 的人认为天津市生态环境治理的环保管家成功,其中 27.3% 的人认为比较成功,12.5% 的人认为很成功;有 38.6% 的人认为天津市生态环境治理的环境税成功,其中 25.0% 的人认为比较成功, 13.6% 的人认为很成功;有 52.3% 的人认为天津市生态环境治理的环保投入成功,其中 37.5% 的人认为比较成功, 14.8% 的人认为很成功;有 42.0% 的人认为天津市生态环境治理的生态补偿机制成功,其中 31.8% 的人认为比较成功, 10.2% 的人认为很成功;有 31.8% 的人认为天津市生态环境治理的绿色金融较为成功,其中 22.7% 的人认为比较成功,9.1% 的人认为很成功;有 36.4% 的人认为天津市生态环境治理的碳排放权交易成功,其中 21.6% 的人认为比较成功,14.8% 的人认为很成功。具体评价结果如图 1-14 所示。

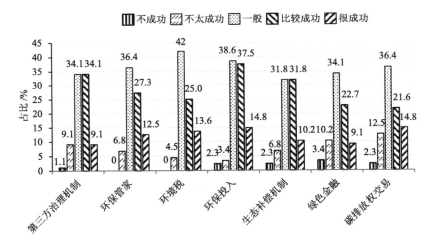

图 1-14　市场体系评价结果

将不成功、不太成功、一般、比较成功、很成功选项分别赋值 1、2、3、4、5 分,88 名被调查者对天津市生态环境治理的市场体系评分均值如图 1-15 所示。

对于市场体系,被调查者认为天津市的环保投入较为成功,评分最高,均值为 3.4 分;第三方治理机制、环境税、碳排放权交易、环保管家、生态补偿机制,评分均值在 2.7~2.9 分;绿色金融制度的效果最差,评分最低,均值仅为 2.3 分。

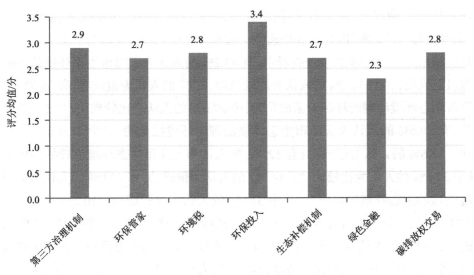

图 1-15　市场体系评分结果

1.3.4　研究结论及启示

猝不及防的新冠肺炎疫情,给各级政府、各个部门都出了一份"超纲"的考卷,更是对生态环保系统应急能力乃至治理体系与治理能力的考验,编者对生态环保系统内部人员开展的问卷调查得出以下结论。

1. 生态环境应急能力仍需加强

36 名参与生态环保系统的疫情防控工作的人员表示,在疫情应对方面,天津市生态环境应急最需加强的是大数据、人工智能、云计算等科技手段运用能力。

针对日常生态环境应急工作,被调查者认为,在应急预防与准备方面,最应加强各级政府、企事业单位强化应急预案的科学性和可操作性,其次应加强政府强化对环境风险源全过程监管及及时预警能力;在应急组织指挥体系方面,最需要加强的是建立以分类管理、分级负责、属地管理为主的应急管理体制,其次是与有关部门建立健全环境应急协同联动机制;在应急监测能力方面,最需要加强的是环境应急事件地区的应急监测能力,在线监控、卫星遥感、无人机、大数据分析等科技手段,以及预警监测能力 3 个方面,此 3 方面被选率均超过 50%;在应急处置能力方面,最需要加强的是控制或切断污染源及短时间内了解现场及周边相关情况的先期处置技术与能力,其次是现场污染处置能力;在应急后期处置工作方面,最需要加强的是清理现场、消除环境污染和生态恢复等善后处置能力,其次是生态环境损害鉴定评估能力、生态环境修复与损害赔偿的执行和监督能力;在应急新闻舆论引导方面,最需要加强的是回应社会关切、消除公众疑虑。

2. 着重完善企业责任体系和全民行动体系

问卷调查结果显示,被调查者认为天津市生态环境治理的政府领导责任体系较为健全,而全民行动体系、企业责任体系建设尚需加强。天津市应健全环境治理企业责任体系,加快构建以排污许可制为核心的固定污染源监管制度体系,督促企业自觉履行污染治理的主体责任;加快健全环境治理全民行动体系,全面动员社会组织和公众共同参与环境治理,充分发挥社会监督作用。

3. 着重强化市场信用体系

对于监管体系、市场体系、信用体系、法律政策体系这 4 种手段,被调查者认为天津市生态环境治理的监管体系与法律政策体系相对健全,市场体系与信用体系则相对薄弱。

生态环境治理的信用体系是以环保法律法规和标准为依据,以提高环境监管水平为核心建立的。该体系搜集、评价、反映有关企业污染防治、环境管理、生态保护保障能力和意愿等特征指标,有利于督促企业持续改善环境行为,自觉履行环保法定义务和社会责任,引导公众参与,建立守信激励、诚信褒扬、失信惩戒的运行机制,降低行政成本。因此,天津市应加快健全生态环境治理的信用体系,以信用为抓手推动环境监管方式变革。

市场体系是有利于从源头上激发社会自觉开展生态环境保护的内生动力,是我国"十三五"期间打赢污染防治攻坚战的关键手段。"十三五"期间,我国注重市场体系在生态环境保护领域的创新与应用,初步形成了以市场体系推动生态环境保护的动力机制。"十四五"期间,我国更加强调源头治理、系统治理、整体治理,推进结构、布局优化调整,经济政策在生态环境治理中的作用更加凸显。因此,天津市需注重发挥市场体系在生态环境治理中的作用,加快经济政策与生态环境政策融合,运用经济政策推进结构调整、改善生态环境质量。

4. 进一步优化生态环境执法改革

被调查者认为天津市生态环境治理的监测能力和应急能力等较好,但是监测执法垂改和综合行政执法改革的效果还不是让人很满意。

环保垂改是党中央做出的一项重大改革举措,是推进生态环境治理体系和治理能力现代化的重大基础性工作,是对地方生态环境管理体制的重要重塑。通过几年不懈努力,天津市已基本完成环保垂改既定任务,初步建立了符合天津市实际的生态环境管理体制。"十四五"期间,天津市应按照生态环保"党政同责、一岗双责"要求,进一步强化责任落实,规范事权财权,厘清职能职责,加强队伍建设,切实做好环保垂改"后半篇文章"。

天津市根据中央改革精神和现行法律法规,目前已完成整合环境保护和国土、农业、水利、海洋等部门相关污染防治和生态保护执法职责。但当前体制机制仍存在一些问题，因此天津市应进一步深化生态环境保护综合行政执法改革，进一步解决生态环境保护领域存在的多头执法、多层执法、重复执法等问题，以进一步提升执法效率和监管水平。

5.加快推进绿色金融

当前，发展绿色金融是推动我国经济金融结构调整，实现经济和环境可持续发展的必然路径，是我国未来金融的发展方向，也是我国金融领域的一场创新与变革。当前天津市乃至全国的绿色金融仍处于初期发展阶段。问卷调查结果显示，在市场体系中，被调查者认为天津市的环保投入机制实施得较为成功，绿色金融制度的实施效果较差。因此，天津市应积极推进绿色金融组织体系建设，抓好绿色金融产品创新，加强绿色金融制度设计，为促进天津市经济高质量发展保驾护航。

第 2 章　领导责任体系

2.1　明确责任分工

2.1.1　出台生态环境保护责任清单

2017 年,天津市委、市政府依据《环境保护法》,中共中央办公厅、国务院办公厅印发的《党政领导干部生态环境损害责任追究办法(试行)》通知》精神和相关法律法规,研究制定了《天津市环境保护工作责任规定(试行)》(以下简称《责任规定》)。《责任规定》明确了环保工作的领导责任、属地责任、监管责任和企业事业单位主体责任,并对责任追究和追责程序做出严格规定。

2021 年,在《责任规定》的基础上,天津市生态环境保护委员会办公室出台《天津市生态环境保护责任清单》(以下简称《责任清单》),进一步明确各部门生态环境保护工作的职责,构建起内容完善、边界清晰的生态环境保护责任体系。《责任清单》涉及责任事项 247 条,对标近年来生态环境领域的重大方针政策和最新工作要求,再次明确了各部门(单位)在加强生态环境保护和生态文明建设工作中应当履行的基本职责,对相关工作的组织、监督、执法方面的事权规范固化,逐条列出,实现"应纳尽纳"。同时,《责任清单》聚焦污染防治攻坚、生态保护修复、应对气候变化、生物多样性保护、环保产业发展等重点领域和突出问题,分工明确、操作性强,有效避免了责任多头、责任真空、责任模糊等现象。

《责任清单》坚持"党政同责、一岗双责",压实地方党委政府职责,将党委政府属地责任进一步细化,并将区级及街道(乡镇)党委政府和市级党委政府有关部门纳入。在责任主体方面,做到"横向到边、纵向到底"。

《责任清单》全面梳理、甄别地方党委政府和各部门的生态环境保护责任,规定了 9 类 50 个责任主体,包括市纪委监委机关、6 个市委有关部门、2 个市人大部门、30 个市政府部门、5 个中央驻津单位、审判机关和检察机关以及区级、街道(乡镇)党委政府等。

《责任清单》还从负责落实生态环境保护目标任务、执行重点污染物排放总量控制制度等 15 个方面进一步细化了区政府生态环境保护责任,从履行生态环境污染防治监督管理职责、落实区级河(湖)长制工作领导小组工作部署、组织开展禁止食用野生动物的宣传教育和科普活动、负责本辖区的市容环境卫生管理工作等 4 个方面细化了街道办事处和乡镇政府的生态环境保护责任。

2.1.2　优化生态环境保护机构职能

2018 年,按照《天津市机构改革实施方案》的要求,天津市组建天津市生态环境局,对市环境保护局的职责,市发展和改革委员会的应对气候变化和减排的职责,市国土资源和房屋管理局的监督防止地下水污染的职责,市水务局(市引滦工程管理局)的编制水功能区划、排污口设置管理、流域水环境保护的职责,市农村工作委员会的监督指导农业面源污染治理的职责,市海洋局的海洋环境保护的职责,相关机构的南水北调工程项目区环境保护的职责等进行了整合。该局为市政府组成部门,强化了生态环境保护统一监管,实现了"五个打通",即打通了地上和地下、岸上和水里、陆地和海洋、城市和农村、一氧化碳和二氧化碳治理。

2019 年 11 月,天津市生态环境保护综合行政执法总队成立,这是天津市落实生态环境保护综合行政执法改革过程中迈出的重要一步,标志着全市生态环境保护执法职责有效整合,执法机构科学确立,生态环境保护执法工作将迈开新的步伐。生态环境执法是社会公平正义、法治保障的重要一环,是政府履行生态环境保护监管责任的重要抓手,是打击生态环境违法犯罪行为的有力武器。我们必须坚持党的全面领导,坚持优化协同高效执法,坚持全面依法行政,坚决打好污染防治攻坚战,全力建好综合行政执法体系,打造过硬的综合行政执法队伍;此外,还要加强党对生态环境保护综合行政执法工作的领导,加强队伍思想政治建设和业务能力建设,全面推进执法标准化建设,努力打造生态环境保护执法铁军。

2.2　严格考核问责

2.2.1　强化责任追究

党的十八届三中全会明确指出:"必须建立系统完整的生态文明制度体系,实行最严格的源头保护制度、损害赔偿制度、责任追究制度,完善环境治理和生态修复制度,用制度保护生态环境",并提出要"建立生态环境损害责任终身追究制"。2015 年 8 月,中共中央办公厅、国务院办公厅印发了《党政领导干部生态环境损害责任追究办法(试行)》,随后天津市出台《党政领导干部生态环境损害责任追究实施细则》,从党政同责、追责情形、追责程序、结果运用等方面做出具体规定,对履职不力、失职渎职的严肃追究责任,推动党政领导干部切实履行生态环境和资源保护职责,加快推进生态文明建设。

1. 强调党政同责

天津市规定各级党委和政府对本行政区域内的生态环境和资源保护负总责,党委和政府主要领导成员承担主要责任,其他有关领导成员在职责范围内承担相应责任,各级党委和政府有关工作部门及其有关机构领导人员按照职责分别承担相应责任,推动党委和政府对生态文明建设共同担责。

2. 细化追责情形

天津市根据生态环境损害的不同情况,开列"责任清单",细化应当追究有关党委和政府主要领导成员责任的 8 种情形及有关领导成员责任的 5 种情形,追究政府有关工作部门领导成员责任的 7 种情形,追究党政干部利用职务影响、限制、干扰、阻碍生态环境和资源监管执法工作等责任的 5 种情形等,实现责任主体与具体追责情形一一对应,增强追责的针对性、精准性和可操作性,防止责任转嫁、滑落,确保权责一致、责罚相当。

3. 明确追责程序

天津市建立健全生态环境和资源损害责任追究沟通协作机制,明确由负有生态环境和资源保护监管职责的政府工作部门依法开展调查,提出处理建议,移送同级纪检监察机关和组织人事部门。纪检监察机关和组织人事部门会商后形成责任追究建议,由责任追究决定机关依据建议做出追究决定,有关材料归入个人档案,同时做好被追责党政领导干部的思想工作;实行生态环境损害责任终身追究制,对违背科学发展要求、造成生态环境和资源严重破坏的责任人,不论其是否已调离、被提拔或者退休,都从严追责。对应当调查而未调查、应当移送而未移送、应当追责而未追责的,严肃追究有关责任人的责任,确保对生态环境损害行为"零容忍"。

4. 强化结果运用

天津市规定对生态环境损害责任的追究方式包括诫勉、责令公开道歉、调离岗位、引咎辞职、责令辞职、免职、降职等组织处理及党纪政纪处分,实现多种追究方式的有机衔接,构建完整的责任追究链条。对存在干扰、阻碍责任追究调查等 4 种情形的,从重追究责任;对存在主动采取措施、有效避免损失或者挽回影响等 2 种情形的,从轻追究责任。天津市加强追责结果运用力度,对受到责任追究的党政领导干部,取消其当年年度考核评优和评选各类先进的资格;将资源消耗、环境保护、生态效益等情况作为党政领导班子成员考核评价的重要内容,对在生态环境和资源方面造成严重破坏负有责任的干部不得提拔使用或者转任重要职务,切实发挥干部选拔任用、考核评价的"指挥棒"作用。

2015 年 8 月,天津市制定出台了《天津市清新空气行动考核和责任追究办法(试行)》,对全市各区县党委、政府以及 15 个市级责任部门就大气污染防治目标任务完成情况等进行考核。《天津市清新空气行动考核和责任追究办法(试行)》规定,对于年度环境空气质量改善指标未达到年度目标要求,影响生态文明建设的区县,市委、市政府领导同志将约谈区县的党委、政府主要负责同志,根据事实、情节和后果不同,采取限期整改、通报批评、约谈、追责 4 种方式追究责任。考核和责任追究工作由市委组织部、市环保局及市级相关部门负责组织实施,并定期通报考核结果。

2017 年 4 月 19 日,天津市人民政府印发了《天津市 2017 年大气污染防治工作方案》,以深化清新空气行动考核问责制度。该方案要求市各级党委、政府依据市委、市政府发布的《天津市清新空气行动考核和责任追究办法(试行)》和《天津市清新空气行动考核和责任追究办法(试行)补充办法》,运用经济奖惩、区域限批、公开约谈、组织追责等措施,严肃查处各级各部门在大气污染防治工作中的不作为、慢作为、乱作为问题;对年度任务未按时限和要求完成的进行约谈;对存在失职、渎职行为的有关责任人,按照干部管理权限有关规定进行问责;对工作不力、作风不实、弄虚作假和查处案件不到位,造成严重后果和社会影响的,由组织人事部门、纪检监察机关对责任单位及属于监察对象的相关责任人依法依纪严格追究责任。市人民政府每周对空气质量排名最后 1 位和综合指数、PM2.5 浓度不降反升的区进行公开约谈;每月对空气质量排名后 3 位的区实行挂牌督办,严格督促相关区采取强化措施,确保尽快实现“变后进为先进”;每月对任务进展滞后、专项整治不实、监管处罚不力的市级相关部门,在全市范围通报批评,累计通报 3 次的,实施组织问责。

2.2.2　开展离任审计

2017 年,中共天津市委办公厅、天津市人民政府办公厅印发《关于开展领导干部自然资源资产离任审计试点工作的实施意见》,明确开展领导干部自然资源资产离任审计试点的目标任务、基本原则、审计对象、重点内容及保障措施,要求各区党委、政府及市级机关、各部门各单位支持配合审计试点,加强组织协作,确保试点工作顺利开展。根据天津市自然资源资产的禀赋特点,天津市重点审计土地资源、地热资源、水资源、森林资源、海洋资源以及大气污染防治六大领域,主要围绕被审计领导干部任职前后实物量变化较大的重点自然资源资产、重点生态功能区及其他存在资源保护突出问题的领域进行审计,发现问题、分析原因并进行审计评价,客观界定领导干部应承担的责任;提出了加强组织领导、完善工作机制、组建专业团队、灵活组织实施等 4 个方面的保障措施;要求建立健全审计机关试点实施的内部机制和多部门参加的协调联动机制,探索离任审计与任中审计、经济责任审计及专项审计相结合等有效方式,合力推进自然资源资产离任审计工作深入开展。

2.3　强化环保督察

2.3.1　中央环保督察总体情况

自 2015 年起,我国开展中央环保督察工作,环保督察制度实现了从无到有。2015 年 12 月,中央环保督察组对河北省进行试点督察;2016 年 7 月,中央环保督察工作正式启动。到 2017 年,中央环保督察实现了对 31 个省(区、市)的督察全覆盖。2018 年,中央环保督察更名为中央生态环保督察,并在同年对河北省等 20 个省(区)进行了督察"回头看"。

按照中央部署,从 2019 年开始,用三年左右时间完成第二轮中央生态环保例行督察,再用一年时间完成第二轮督察"回头看"。2019 年 7 月,第二轮督察工作启动。第二轮和第三轮中央生态环保督察完成对山西等 8 省(区)的督察。

开展环境保护督察是党中央、国务院为加强环境保护工作采取的一项重大举措,对加强生态文明建设、解决人民群众反映强烈的环境污染和生态破坏问题具有重要意义。

2019 年 6 月 6 日,中共中央办公厅、国务院办公厅联合印发《中央生态环境保护督察工作规定》(以下简称《规定》)。《规定》以党内法规形式,明确督察制度框架、程序规范、权限责任等,充分体现了党中央、国务院强化督察权威,推进生态文明建设和生态环境保护的坚定意志和坚强决心,将为依法推动督察向纵深发展,不断夯实生态文明建设政治责任,建设美丽中国发挥重要保障作用。按照《规定》要求,中央生态环保督察每五年进行一次。

2.3.2　对天津市开展的中央环保督察

1. 中央第一环境保护督察组对天津市开展环境保护督察情况

2017 年 4 月 28 日至 5 月 28 日,中央第一环境保护督察组对天津市开展了环境保护督察,并于 7 月 29 日反馈了督察意见。天津市委、市政府高度重视,坚持以习近平新时代中国特色社会主义思想为指引,全面贯彻落实党的十九大精神,深入贯彻落实习近平总书记视察天津提出的"三个着力"重要要求,把中央环保督察反馈意见整改落实作为一项重大政治任务、重大民生工程、重大发展问题,以更大力气、更高标准、更严要求,推进督察整改常态化、制度化、长效化,扎实有力推进整改落实工作。截至 2018 年 8 月底,在整改方案确定的 49 项整改任务中, 32 项已完成整改并长期坚持,其余 17 项已取得阶段性进展,并按序时进度持续推进。

(1)坚决扛起生态环境保护政治责任,以最坚决的态度、最务实的作风、最有效的措施,狠抓反馈意见整改落实。

一是严密组织体系。天津市委、市政府主要负责同志担任中央环保督察整改落实领导小组组长,靠前指挥、亲力亲为,多次召开专题会议研究部署,市领导深入联系点推进督察整改向纵深发展;组织成立深入推进环境保护突出问题整改落实办公室,专职负责统筹协调、组织推动整改落实工作,向 16 个区派驻现场督办检查组督导整改落实;按照"管发展必须管环保、管生产必须管环保"的要求,各市级职能部门落实一岗双责、牵头负责"条"上整改,各区党委政府落实党政同责,负责推进"面"上落实,形成推进整改落实的强大合力。

二是压实整改责任。天津市制定实施《天津市环境保护工作责任规定》、天津市环境保护督察方案等制度文件,明确各级领导干部的领导责任、相关部门的监管责任、各区政府的属地责任、企事业单位的主体责任,构建责权统一、多元共治体系;针对整改方案确定的 49 项整改任务,逐一制定专项整改方案,明确整改目标、措施、时限要求;以严肃问责倒逼责任落实,2017 年以来共问责 1 885 人,其中局级 28 人、处级 831 人、处级以下 1 026 人;持续加大环境执法力度,2017 年以来共计立案 9 458 起,罚款 3.5 亿元,移送拘留和犯罪案件 198 件;组织开展市级环保督察,对 16 个区和 8 个市级责任部门的落实生态环境保护责任情况进行全面"体检"。同时,天津市深入开展了不作为不担当问题专项治理三年行动,将生态环保方面的突出问题作为治理重点,2018 年 8 月,全市成立 20 个巡视组,对 16 个区及 30 个市级单位开展了为期 20 天的专项巡视,将各级党委政府落实生态环保的责任不断压实并引向深入。

三是强化督办问效。天津市坚持周调度、周通报制度,印发通报 52 期、简报 179 期,并按照市委书记的批示要求,对整改进展缓慢的区和部门党政主要负责人直接"发传票"限期整改;严格执行"四级联签"制度,层层负责、层层把关,坚决防止问题反弹回潮;持续推进群众信访举报问题办理。督察组离津后,天津市共接收环保问题信访举报 7 147 件,按期办结率 100%,全程信息公开,在市属媒体"两报两台一网"分别开设专栏,与新媒体、市区两级政务"两微"联动互动,及时公开整改方案,定期公开整改工作进展,自觉接受社会监督。

(2)聚焦中央环境保护督察反馈意见,坚持问题导向、目标导向、效果导向相统一,全面改善生态环境质量。

一是着力推进绿色发展。天津市出台《关于进一步加快建设全国先进制造研发基地的实施意见》和 16 个产业发展三年行动方案,大力发展先进制造业;计划到 2020 年,全市钢铁联合企业数量由 7 家减少到 4 家,全市 314 个工业园区(集聚区)全部完成治理工作,着力破解"钢铁围城"和"园区围城"问题;加快企业创新转型步伐,累计完成创新转型中小企业 4 600 余家,集中整治"散乱污"企业 19 917 家;加快调整能源结构,2017 年全市燃煤总量减到 4 000 万吨以下,煤炭占一次能源比例下降至 43.63%。

二是着力推进大气污染防治。天津市在 2017 年改燃，关停燃煤锅炉 10 938 台，完成城乡散煤治理 46.6 万户，城市散煤实现"清零"；安装建筑扬尘和涉农区露天焚烧监控系统，实施道路清扫保洁"以克论净"和降尘量考核；天津港全面禁止重型柴油货车散运煤炭，每年减少汽运煤炭 6 000 万吨，同时新增淘汰老旧车 12.9 万辆，对 4 713 辆重型柴油车安装颗粒物捕集器（DPF），全面供应"国六"标准车用汽柴油；452 家挥发性有机物（VOCs）排放重点企业完成治理改造，181 家钢铁、铸造、建材等企业全部实施无组织排放治理。

三是着力推进水污染防治。天津市加大控源治污力度，完成 14 个市级及以上工业集聚区污水处理设施整改，建设污水管网 176 千米，完成 125 个建制村环境综合整治、893 家规模养殖场粪污治理工程及 324 个村的污水处理设施建设，完成 66 个工业纳污坑塘的治理工作；全面推行河湖长制，市域内实现市、区、乡镇、村四级河长全覆盖；强化饮用水水源地保护，集中清理于桥水库 22 米高程线内住户、棚舍等违章建筑万余平方米；加快城市黑臭水体治理，全市建成区 25 条黑臭水体治理工程全部完成，到 2020 年全市基本消灭黑臭水体。

四是着力推进环境综合整治。天津市建设全市土壤环境质量监测网络和信息化管理平台，确定土壤环境重点监管企业名单并向社会公布，进一步规范垃圾处理设施规范建设运营，严厉打击倾倒废酸及各类危险废物的违法犯罪行为；集中开展城市环境噪声专项整治行动和饮食服务业治理，全市 16 930 家餐饮服务业单位安装油烟净化设施；加强城市综合管理，全市查处违法建筑 530.2 万平方米。

五是着力推进生态治理与修复。天津市划定生态保护红线区总面积 1 393.79 平方千米，占全市陆海总面积的 9.91%；制定湿地自然保护区"1+4"规划，推动湿地保护与恢复，实现生态环境保护与经济社会发展的共赢；彻底关停"七里海湿地公园"，拆除清理古海岸与湿地国家级自然保护区内违法用地项目 116 宗 75.3 万平方米；在中心城区与滨海新区之间规划建设 736 平方千米的绿色生态屏障，实行分级管控，将绿色生态屏障区建设成为展示现代生态文明理念，呈现"大水、大绿、成林、成片"景观的"双城生态屏障、津沽绿色之洲"。

六是着力推进治理能力提升。天津市推进环保机构监测监察执法垂直管理改革，调整环保机构体制，上收环境监察职能，下沉环保执法重心；实行大气、水环境质量区域补偿制度和排污许可制度，推动排污费改税顺利实施，完成全市 15 个行业 245 家企业排污许可证核发；加强环保立法执法监管，颁布实施《天津市人民代表大会关于农作物秸秆综合利用和露天禁烧的决定》《天津市人民代表大会常务委员会关于禁止燃放烟花爆竹的决定》等一系列地方法规。

（3）对标生态文明建设重大战略部署，坚持尊重规律、生态优先、绿色发展，打好污染防治攻坚战。

天津市委、市政府以习近平新时代中国特色社会主义思想为指引,全面贯彻落实党的十九大精神,按照全国生态环境保护大会部署,坚持人与自然和谐共生,坚定地走绿色发展之路,全面有力落实生态文明建设责任,把打好污染防治攻坚战和坚决彻底做好督察整改落实贯通起来,着力推动《关于全面加强生态环境保护坚决打好污染防治攻坚战的实施意见》的贯彻实施,着力打赢蓝天、碧水、净土"三大保卫战",打好柴油货车污染防治、城市黑臭水体治理、渤海综合治理、水源地保护、农业农村污染治理"五大攻坚战",着力解决突出环境问题,持续改善生态环境质量,加快补齐生态环境短板,全面建成高质量小康社会,加快建设生态宜居的现代化天津,不断增强人民群众的获得感、幸福感、安全感。

2. 中央第二环境保护督察组对天津市开展环境保护督察情况

按照党中央、国务院部署,2020 年 8 月 30 日至 9 月 30 日,中央第二生态环境保护督察组(以下简称督察组)对天津市开展了第二轮中央生态环境保护督察。2021 年 2 月 5 日,督察组向天津市反馈《天津市中央生态环境保护督察报告》(以下简称《督察报告》)。天津市委、市政府高度重视,由市委书记和市长任组长、相关市领导任副组长的天津市生态环境保护督察工作领导小组,统筹推进督察整改工作。市委常委会会议、市政府常务会议、领导小组会议多次研究部署督察整改工作,制定《天津市贯彻落实第二轮中央生态环境保护督察报告反馈问题整改方案》(以下简称《整改方案》),明确了整改目标、牵头单位、整改措施和责任分工。市委、市政府要求各单位深入贯彻落实习近平生态文明思想,增强"四个意识",坚定"四个自信",坚决做到"两个维护",把中央生态环境保护督察反馈问题整改作为完整、准确、全面贯彻新发展理念的具体体现,压实整改政治责任,确保问题整改不折不扣、见底到位。

《整改方案》要求,以习近平新时代中国特色社会主义思想为指导,全面贯彻党的十九大和十九届二中、三中、四中、五中全会以及中央经济工作会议精神,深入学习贯彻习近平生态文明思想,认真贯彻落实习近平总书记对天津工作"三个着力"重要要求和一系列重要指示批示精神,牢固树立"绿水青山就是金山银山"理念,把抓好中央生态环境保护督察反馈意见整改落实作为重要契机和强大动力,坚决扛起生态文明建设的政治责任,坚持生态优先、绿色发展导向,深入打好污染防治攻坚战,突出精准治污、科学治污、依法治污,加快推进环境治理体系和治理能力现代化,全面提升生态文明建设和生态环境保护工作水平,促进经济社会发展全面绿色转型。

《整改方案》明确,按照对标对表、全面整改,实事求是、统筹推进,点面结合、标本兼治的原则推进整改,针对《督察报告》具体问题和意见建议,统筹整合形成 36 项整改任务,2021 年年底前完成 16 项整改任务,2022 年年底前累计完成 25 项整改任务,2023 年年底前累计完成 33 项整改任务,2025 年年底 36 项整改任务全部整改到位;确保实现督察移交问题整改到位、经济社会发展全面绿色转型、生态环境质量持续改善、现代环境治理体系基本构建的综合整改目标。

为保障督察整改目标实现、任务落地,并统筹全面加强生态环境保护,天津市针对梳理形成的 36 项整改任务,逐项明确市级领导负责人、牵头单位、责任单位、整改目标、整改时限、验收销号牵头责任单位、整改措施和责任分工,确定了 5 个方面的重点措施。

一是深学笃用习近平生态文明思想,不折不扣贯彻党中央、国务院生态环境保护决策部署。天津市深入践行习近平生态文明思想,各级党委和政府、各市级部门要把深入学习贯彻落实习近平生态文明思想作为重要政治任务,坚决扛起生态文明建设政治责任,进一步优化考核,压实责任,不断完善生态环境保护督察机制;进一步完善排查、交办、核查、约谈和专项督察工作机制,强化监督帮扶。

二是坚定不移地贯彻新发展理念,促进经济社会高质量发展和全面绿色转型。天津市扎实做好碳达峰、碳中和工作,制定实施碳达峰行动方案,推动钢铁等重点行业率先达峰。加快构建现代工业产业体系,促进产业结构和空间布局优化调整,着眼实现"一基地三区"功能定位,助力形成"津城""滨城"双城发展格局。加快构建现代化交通运输体系,促进交通运输结构转优,加快打造世界一流智慧港口、绿色港口,切实服务京津冀协同发展和共建"一带一路"。

三是深入打好污染防治攻坚战,持续改善生态环境质量。天津市持续改善大气环境质量,严控煤炭增量,开展工业源和移动源治理,推进油气回收治理工作。持续改善水环境质量,统筹水资源利用、补齐污水处理基础设施短板,加强农村污水处理设施监管。持续推进渤海综合治理,分类推进入海排污口整治,强化海岸线保护,严守海洋生态保护红线。持续推进土壤污染防治,严格农用地、建设用地两类用地风险管控,严格防控新增土壤污染。

四是打造生态宜居城市,提升群众的幸福感、获得感和安全感。天津市加强生态保护监管与修复,强化"三线一单"分区管控体系硬约束,守住生态安全屏障,提升生态系统质量和稳定性。有效防范化解生态环境风险,坚持统筹防控,聚焦重点领域、重点区域、重点行业,完善环境风险常态化管理体系。切实增强群众生态环境获得感,制定实施群众反映的突出生态环境问题专项整改方案,深入开展农村人居环境整治,持续改善农村人居环境。

五是完善生态文明制度体系,持续提升治理能力和水平。天津市完善环境治理监管体系,强化环境污染源头预防,持续优化产业布局,深入调整能源结构,提升应急处置能力。完善环境治理市场体系,规范环境治理市场秩序,创新环境污染治理模式,健全环境治理信用体系。完善环境治理法治体系,强化司法支持。完善环境治理科技体系,加强生态环境基础研究,构建生态环境信息资源共享数据库,建设完善智慧生态环境平台。

为保障整改工作有力有序有效开展,《整改方案》确定了 4 方面保障措施。

一是加强组织领导。天津市委、市政府统筹部署,天津市生态环境保护督察工作领导小组推进整改落实工作,严格落实生态环境保护市领导同志联系点制度,各区党委和政府、各市级部门主要负责同志对本地区、本系统整改落实工作负总责,形成一级抓一级、层层抓落实的工作格局。

二是强化责任落实。牵头单位负责组织推进整改工作,责任单位负责按计划、按方案落实具体整改事项,市生态环境保护督察工作领导小组办公室建立月调度、季通报、年考核工作机制,对整改工作进行督导督办。

三是严肃责任追究。天津市对中央第二生态环境保护督察组移交的责任追究问题,深入调查、厘清责任、严肃追责问责。问责处理结果按要求及时上报并向社会公开。加大整改工作责任追究力度,对存在整改推进不力、弄虚作假等突出问题的,依法依规严肃追究责任。

四是做好信息公开。天津市充分发挥主流媒体作用,通过报纸、电视、网站及新媒体等方式公开整改落实情况,广泛接受社会监督。强化舆论引导,为推进整改工作营造良好氛围。

3. 建立严密的制度体系,确保督察整改落实

天津市组织成立中央环保督察整改落实领导小组,市委书记、市长亲自挂帅,各区成立相应的组织机构,区委书记、区长担纲领衔,形成上下贯通的领导体系。建立生态环境保护市领导同志联系点制度、驻区现场督办检查制度,市委常委、副市长、市政府秘书长对口包区,正局级领导带队常年驻守各区,坚持实行攻坚战月调度、秋冬季周调度会议制度,各区政府、各部门分管负责同志参加,形成常态长效的推动体系。开展市级生态环境保护督察和"回头看",形成清晰严密的责任体系。

第 3 章　企业责任体系

3.1　明确企业的治理责任

企业作为人类生产组织的高级形式是能源消耗和污染排放的主体,在节能减排、披露环境信息等方面承担着不可推卸的社会责任。强化企业的环境保护责任有利于实现环境公平和正义,保障人类实现可持续发展。

企业履行环境保护责任的内涵是在法律规制与道德的约束下,在合理选择战略决策、谋求自身利益最大化的过程中担负保护环境、维护生态平衡的责任。企业一方面为社会创造经济价值,另一方面也对企业所在地的生态环境造成了一定的污染。在国家宏观政策和新时代环境背景下,企业在创造经济价值的同时,还应承担起对社会包括生态环境应尽的责任。尤其是重污染企业应加强环境保护意识,自始至终把绿色发展理念融入生产经营活动中,承担起应负的环境责任,这是关系民生的重大社会问题。

另外,对于企业而言,积极履行环境责任可以从建立企业的环境管理体系开始,自我研发或者引进新的技术,提高优化资源配置能力,提高生产效率。同时,企业应积极履行环境责任,通过社会责任报告进行相关披露,从而提高企业的声誉,树立良好的品牌形象。从长期来看,这是有利于企业发展的。

3.1.1　天津市企业环境现状梳理

通过梳理《天津市环境保护条例》《天津市水污染防治条例》《天津市海洋环境保护条例》《天津市清洁生产促进条例》《天津市节约能源条例》,天津市本地法规中明确的企业环境保护主体责任主要包括 13 个方面,如图 3-1 所示,其他企业责任依照国家法律法规执行。

1. 依法采取措施防止污染和危害

《天津市环境保护条例》第二十条规定,造成环境严重污染的排污单位必须限期治理;被责令限期治理的排污单位,应当定期向环境保护行政主管部门报告治理进度;环境保护主管部门应当检查排污单位的治理情况,对完成限期治理的项目进行验收,并向同级人民政府报告验收结果。

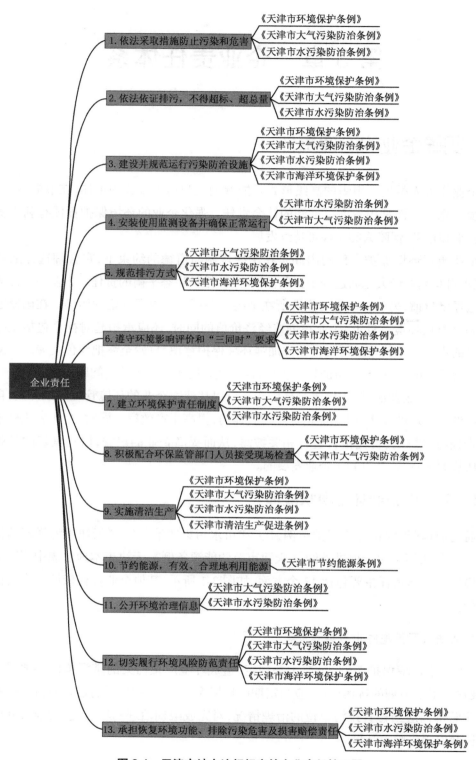

图 3-1 天津市地方法规规定的企业责任梳理图

《天津市环境保护条例》第四十五条规定,生产、储存、运输、销售、使用有毒化学品和含有放射性物质物品,应当采取防护措施,严格登记和管理,防止造成环境污染。放射性废物和废放射源,必须按照本市有关规定存入天津市放射性废物库,任何单位和个人不得自行处理和处置。

《天津市大气污染防治条例》第三十四条规定,高污染燃料禁燃区内已建的燃煤电厂和企业事业单位及其他生产经营者使用高污染燃料的锅炉、窑炉,应当按照市或者区人民政府规定的期限改用天然气等清洁能源、并网或者拆除,国家另有规定的除外。

《天津市大气污染防治条例》第五十条至第六十条规定了企业生产、销售、使用含挥发性有机物的全过程防控要求,明确规定了石油、化工及其他生产和使用挥发性有机溶剂的企业,加油加气站、储油储气库和使用油、气罐车的单位,工业涂装企业,饮食服务、服装干洗、机动车维修等经营单位挥发性有机物控制要求。第五十七条规定,禁止任何单位和个人在人口集中地区和居民住宅区内新建、改建和扩建产生有毒有害气体、恶臭气体的生产经营场所。第五十八条规定,工业企业向大气排放有毒有害气体、恶臭气体和粉尘物质的,应当采取车间密闭方式并安装、使用集中收集处理等排放设施,防止生产过程中的泄漏。

《天津市大气污染防治条例》第六十一条至第六十五条明确了施工单位,煤炭、煤矸石、煤渣、煤灰、矿粉、砂石、灰土等易产生扬尘的散体物料堆场,运输企业的扬尘管控主体责任。

《天津市水污染防治条例》第六十三条规定,生产、使用、储存危险化学品的企业事业单位,应当在其储存场所建立防渗漏围堰,在厂区修建消防废水、废液的收集装置,采取措施防止在处理安全生产事故过程中产生的可能污染水体的消防废水、废液排入水体。

2. 依法依证排污,不得超标、超总量

《天津市环境保护条例》第二十二条规定,排污单位必须向环境保护行政主管部门办理排污申报登记手续。申报登记后,排放污染物的种类、数量、浓度有重大改变时,应当在改变的十五日前,重新申报登记。发生突发性重大改变的,必须在改变之日起三日内,重新申报登记。

《天津市环境保护条例》第二十三条规定,实行排污总量控制和排污许可证制度。

《天津市大气污染防治条例》第十二条规定,本市实行大气污染物排放浓度控制和重点大气污染物排放总量控制相结合的管理制度;向大气排放污染物的,其污染物排放浓度不得超过国家和本市规定的排放标准;排放重点大气污染物的,不得超过总量控制指标。

《天津市大气污染防治条例》第三十一条规定,本市对大气污染物实行排污许可证制度;纳入排污许可证管理的向大气排放污染物的单位,应当按照规定向生态环境主管部门申请核发排污许可证,并按照排污许可证载明的污染物种类、排放总量指标等要求排放污染物,逐步减少污染物排放总量。

《天津市水污染防治条例》第十三条规定,本市实行水污染物排放浓度控制和重点水污染物排放总量控制相结合的管理制度。排放水污染物的,其污染物排放浓度应当符合严于国家标准的本市地方标准;本市地方标准没有规定的,应当符合国家标准。排放重点水污染物的,应当符合总量控制指标;向城镇污水管网排放水污染物的,还应当符合国家规定的污水排入城镇下水道水质标准;直接向水体排放污染物的,其主要污染物还应当符合相应水功能区的水环境质量标准限值。

《天津市水污染防治条例》第十六条规定,本市依法实行排污许可管理制度。纳入排污许可管理的直接或者间接向水体排放污染物的企业事业单位和其他生产经营者,应当按照规定向生态环境主管部门申请核发排污许可证,并按照排污许可证载明的污染物种类、排放总量指标、排放方式等要求排放污染物。

《天津市环境保护条例》第四十七条第(六)项规定,不按照排污许可证制度的规定排放污染物的,环境保护行政主管部门或者其他依照法律规定行使环境监督管理职权的部门,可以根据情节给予警告或者处以罚款。

3. 建设并规范运行污染防治设施

《天津市环境保护条例》第二十九条规定,建成投入生产的污染防治设施,必须正常运转,未经所在地环境保护行政主管部门同意,不得擅自拆除或者闲置。防治污染的设施非正常停用,必须立即向所在地环境保护行政主管部门报告并采取有效措施,防止污染环境。

《天津市大气污染防治条例》第十九条规定,大气污染防治设施应当保持正常使用。

《天津市水污染防治条例》第二十二条规定,企业事业单位和其他生产经营者应当保持水污染防治设施正常运行,对监测数据的真实性和准确性负责,不得篡改、伪造监测数据或者不正常运行水污染防治设施,违法排放水污染物;水污染防治设施因异常情况影响处理效果或者停止运行的,应当立即采取应急措施,并在十二小时内向区生态环境主管部门报告。

《天津市海洋环境保护条例》第二十八条规定,临海工业园区必须建设污水集中处理设施,实行污水集中处理,达标排放;临海的宾馆、饭店、旅游场所产生的污水,其所在区域未建污水集中处理设施的,必须自行设置污水处理设施进行处理,达标排放。

4. 安装使用监测设备并确保正常运行

《天津市大气污染防治条例》第二十一条规定,向大气排放污染物的单位,应当履行下列义务。

（1）按照规定对本单位排污情况自行监测，不具备监测能力的，应当委托环境监测机构或者有资质的社会检测机构进行监测。

（2）建立监测数据档案，原始监测记录应当至少保存三年。

（3）按照规定设置和使用监测点位和采样平台。

（4）配合生态环境主管部门开展监督性监测。

（5）按规定向社会公开监测数据等。

《天津市大气污染防治条例》第二十二条规定，根据环境容量、排污单位排放污染物种类、数量和浓度等因素，国家和本市生态环境主管部门确定的大气污染物重点排污单位，应当安装与生态环境主管部门联网的大气污染源在线自动监测设施，并保持正常运行、监测数据准确。

《天津市水污染防治条例》第二十四条规定，排放水污染物的企业事业单位应当按照规定对本单位排污情况自行监测，不具备监测能力的，应当委托环境监测机构或者有资质的社会检测机构进行监测，并配合生态环境主管部门开展监督性监测。

《天津市水污染防治条例》第二十六条规定，重点排污单位应当安装与生态环境主管部门监控设备联网的水污染物排放自动监测设备，并保证监测设备正常运行。

5. 规范排污方式

《天津市大气污染防治条例》第二十条规定，向大气排放污染物的企业事业单位和其他生产经营者，应当按照国家和本市有关规定设置大气污染物排放口和应急排放通道。禁止通过偷排、篡改或者伪造监测数据、以逃避现场检查为目的的临时停产、非紧急情况下开启排放旁路、不正常运行大气污染防治设施等逃避监管的方式，排放大气污染物。

《天津市水污染防治条例》第二十三条规定，排放水污染物的企业事业单位和其他生产经营者，应当按照法律、行政法规、国家和本市有关规定设置排污口。在河道设置排污口的，还应当遵守国家和本市河道管理相关规定。

《天津市海洋环境保护条例》第二十五条规定，设置入海排污口或者向海域排放陆源污染物的，应当符合海洋功能区划和海洋环境保护规划。向海域排放陆源污染物的种类、数量和浓度等，必须严格执行国家或者本市规定的标准和有关规定。

2014 年修订的《环境保护法》明确规定，严禁通过暗管、渗井、渗坑、灌注或者篡改、伪造监测数据，或者不正常运行防治污染设施等逃避监管的方式违法排放污染物。

6. 遵守环境影响评价和"三同时"要求

《天津市环境保护条例》第四十二条规定，新建、改建、扩建或者转产的乡镇企业、街道企业、校办企业、私营企业和个体工商户，应当到当地环境保护行政主管部门办理有关环境影响审批手续。未经环境保护行政主管部门审批的，工商行政管理部门不得发给营业执照。

《天津市大气污染防治条例》第十七条规定，新建、改建、扩建向大气排放污染物的建设项目，应当依法进行环境影响评价，其中排放重点大气污染物的项目应当取得重点大气污染物排放指标。未依法进行环境影响评价的建设项目，不得开工建设。

《天津市水污染防治条例》第二十条规定，新建、改建、扩建排放水污染物的建设项目，应当依法进行环境影响评价，其中排放重点水污染物的项目应当符合重点水污染物排放总量要求。建设项目的环境影响评价文件未经批准的，不得开工建设。

《天津市环境保护条例》第三十条规定，承担建设项目环境影响评价的单位，必须持有《建设项目环境影响评价证书》，按照证书中规定的范围进行环境影响评价工作，并对评价结论承担责任。

《天津市环境保护条例》第二十七条规定，建设项目必须按照先评价后建设的原则，执行环境影响报告书（表）的审批制度。防治污染的设施必须与主体工程同时设计、同时施工、同时投产使用。

《天津市大气污染防治条例》第十八条规定，建设单位应当将建设项目配套建设的大气污染防治设施与主体工程同时设计、同时施工、同时投入使用；大气污染防治设施未经验收合格的，主体工程不得投入生产或者使用。

《天津市水污染防治条例》第二十一条规定，建设项目的水污染防治设施，应当与主体工程同时设计、同时施工、同时投入使用。水污染防治设施未经验收或者验收不合格的，主体工程不得投入生产或者使用。

《天津市海洋环境保护条例》第三十条至第三十六条对新建、改建、扩建海岸工程或者海洋工程建设项目进行环境影响评价编制、行政审批以及相关编制技术人员提出了相关要求。

7. 建立环境保护责任制度

《天津市环境保护条例》第四十条规定，产生环境污染和其他公害的单位，都必须把环境保护纳入工作计划，推行清洁生产，把消除污染、改善环境、节约资源和综合利用作为技术改造和经营管理的重要内容，建立环境保护责任制度和考核制度。

《天津市大气污染防治条例》第十六条规定，向大气排放污染物的企业事业单位，应当建立大气污染防治和污染物排放管理责任制度，明确单位负责人和相关人员的责任。

《天津市水污染防治条例》第十九条规定，排放水污染物的企业事业单位和其他生产经营者，应当建立并实施水污染防治和污染物排放管理责任制度，明确负责人和相关人员的责任。

8. 积极配合环保监管部门人员接受现场检查

《天津市环境保护条例》第二十六条规定,环境保护行政主管部门和其他依照法律规定行使环境监督管理职权的部门,有权对管辖范围内的排污单位进行现场检查。被检查的单位应当如实反映情况,提供必要的资料。

《天津市环境保护条例》第四十七条第(一)项规定,拒绝现场检查或者被检查时弄虚作假的,环境保护行政主管部门或者其他依照法律规定行使环境监督管理职权的部门,可以根据情节给予警告或者处以罚款。

《天津市大气污染防治条例》第七十七条第(一)项规定,拒绝生态环境主管部门现场检查或者在被检查时弄虚作假的,由生态环境主管部门责令停止违法行为,限期改正,并处二万元以上二十万元以下罚款。

9. 实施清洁生产

《天津市环境保护条例》第四十条规定,产生环境污染和其他公害的单位,都必须把环境保护纳入工作计划,推行清洁生产等……

《天津市大气污染防治条例》第三十四条规定,高污染燃料禁燃区内已建的燃煤电厂和企业事业单位及其他生产经营者使用高污染燃料的锅炉、窑炉,应当按照市或者区人民政府规定的期限改用天然气等清洁能源、并网或者拆除,国家另有规定的除外。

《天津市水污染防治条例》第四十条规定,市和区人民政府应当合理规划工业布局,促进工业企业实行清洁生产,节约用水,减少水污染物排放量。

《天津市清洁生产促进条例》第十条规定,企业应当建立健全清洁生产管理制度,制订清洁生产实施计划,明确清洁生产目标和岗位责任制。

《天津市清洁生产促进条例》第十三条规定,有下列情形之一的,企业应当依照国家和本市规定实施强制性清洁生产审核:一是污染物排放超过国家和地方排放标准,或者污染物排放总量超过区人民政府核定的排放总量控制指标的;二是使用有毒有害原料进行生产或者在生产中排放有毒有害物质的;三是年综合能耗在 5 000 吨标准煤以上的;四是年取水量在 20 万吨以上的。

《天津市清洁生产促进条例》第十四条规定,实施强制性清洁生产审核的企业应当自名单公布之日起两个月内开展清洁生产审核工作,清洁生产审核应当在一年内完成,并将清洁生产审核报告分别报送工业经济主管部门和环境保护主管部门。

如果企业未按照法律规定建立健全清洁生产管理制度、实施清洁生产、履行清洁生产审核行政程序,企业将面临工业经济主管部门责令限期改正通知,甚至经济罚款。

10. 节约能源,有效、合理地利用能源

《天津市节约能源条例》第十八条规定,本市实行固定资产投资项目节能评估和审查制度。固定资产投资项目的建设单位应当按照国家规定开展节能评估,并按规定报市和区、县节能行政主管部门进行节能审查;在项目竣工验收过程中,建设单位应当检查节能评估及其审查意见的落实情况,并将落实情况报送原审查部门。

《天津市节约能源条例》第十九条规定,生产过程中耗能高的产品的生产单位,应当执行国家和本市的单位产品能耗限额标准。

《天津市节约能源条例》第三十条规定,用能单位应当加强用能管理,采取技术上可行、经济上合理、环境和社会可承受的措施,降低能源消耗,减少排放,有效、合理地利用能源,制止能源浪费。

《天津市节约能源条例》第三十一条规定,用能单位应当建立健全节能目标责任制和节能奖惩制度、节能计划和节能技术措施、月度能源消费统计台账和能源利用状况分析制度、节能教育和岗位节能培训制度以及其他有利于节能的制度和措施。

《天津市节约能源条例》第三十二条规定,用能单位应当加强能源计量管理,按照规定配备和使用经依法检定合格的能源计量器具,准确记录和汇总能源计量原始数据,确保数据真实、完整。

针对重点用能单位,《天津市节约能源条例》做出以下规定。

《天津市节约能源条例》第四十四条规定,年综合能源消费总量五千吨标准煤以上的用能单位,为本市重点用能单位;重点用能单位应当于每年三月底前向市节能行政主管部门报送上一年度的能源利用状况报告,同时抄报所在区、县节能行政主管部门。

《天津市节约能源条例》第四十六条规定,重点用能单位应当按照国家和本市规定的标准和程序,开展能源审计工作;重点用能单位的能源审计工作应当至少每三年进行一次,鼓励非重点用能单位自愿开展能源审计。

《天津市节约能源条例》第四十七条规定,重点用能单位应当设立能源管理岗位,在具有节能专业知识、实践经验以及中级以上相关技术职称的人员中聘任能源管理负责人,并报市节能行政主管部门和有关部门备案,同时抄报所在区、县节能行政主管部门;重点用能单位能源管理人员和能源管理负责人应当定期接受节能培训。

《天津市节约能源条例》第四十八条规定,重点用能单位应当至少每三年进行一次电平衡测试和热效率测试,分析能耗情况,挖掘节能潜力。

另外,《天津市节约能源条例》明确了企业的节能法律责任。固定资产投资项目建设单位开工建设若不符合强制性节能标准的项目或者将该项目投入生产、使用的,可能面临停止建设或者停止生产、使用,限期改造风险,严重时可能被责令关闭。

如企业使用国家或者本市明令淘汰的用能设备或者生产工艺的,可能面临没收明令淘汰的用能设备的惩罚,情节严重的,有停业整顿或者被关闭的风险。

重点用能单位若不按照规定要求开展能源审计、电平衡测试和热效率测试,不按照规定设立能源管理岗位、聘任能源管理负责人或者不将设立、聘任情况报市节能行政主管部门和有关部门备案,可能面临限期改正,甚至经济处罚。

11. 公开环境治理信息

《天津市大气污染防治条例》第二十四条规定,向大气排放污染物的企业应当如实公开排放大气污染物种类和数量、大气污染防治设施的建设和运行情况等环境保护信息,接受公众监督。

《天津市水污染防治条例》第二十七条规定,重点排污单位应当按照国家有关规定,如实公开排污信息、水污染防治设施的建设和运行情况、突发水污染事故应急预案等信息,接受社会监督。

《天津市大气污染防治条例》第二十一条第(五)项规定,向大气排放污染物的单位应当按规定向社会公开监测数据等。

《天津市水污染防治条例》第二十四条规定,排放水污染物的企业事业单位应当按照规定向社会公开监测数据,并建立监测数据档案,原始监测记录应当至少保存三年。

12. 切实履行环境风险防范责任

《天津市环境保护条例》第四十六条规定,因发生事故或者其他突发性事件,造成或者可能造成污染事故的单位,必须立即采取应急措施,同时报告所在地环境保护行政主管部门和其他有关部门,通报可能受到污染危害的单位和个人,并在事故发生的四十八小时内提出关于事故发生的时间、地点、类型、排放污染物数量、经济损失、人员受害等情况的初步报告;事故查清后,提出关于事故发生的原因、过程、采取的应急措施等情况的报告;事故处理完毕后,提出关于事故的处理结果、遗留问题和今后防范措施的报告。

《天津市大气污染防治条例》第六十八条规定,有发生大气污染事故可能性的企业事业单位和其他生产经营者,应当按照国家和本市有关规定制定应急预案,报生态环境主管部门和有关部门备案;企业事业单位和其他生产经营者发生大气污染事故时,应当启动应急预案,立即报告所在区人民政府及其生态环境主管部门。

《天津市水污染防治条例》第六十三条规定,可能发生水污染事故的企业事业单位,应当按照国家和本市有关规定制定应急预案,并建设事故状态下的水污染防治设施,储备应急救援物资,做好应急准备,定期进行演练。

《天津市水污染防治条例》第六十四条规定,企业事业单位发生或者可能发生水污染事故时,应当立即启动应急预案,并报告所在区人民政府或者生态环境主管部门;生态环境主管部门接到报告后,应当及时采取应急措施并向本级人民政府报告,通报有关部门。

《天津市海洋环境保护条例》第三十八条规定,违反该条例第十四条第三款规定,可能发生重大海洋环境污染事故的单位,未制定应急方案或者未配备必要应急设施的,由行使海洋环境监督管理权的部门责令其限期制定,并可予以通报。未按规定采取应急预防措施,导致发生一般或者较大海洋环境污染事故的,按照直接损失的百分之二十处以罚款;对造成重大或者特大海洋环境污染事故的,按照直接损失的百分之三十处以罚款;对直接负责的主管人员和其他直接责任人员可以处上一年度从本单位取得收入百分之五十以下的罚款;直接负责的主管人员和其他直接责任人员属于国家工作人员的,依法给予处分;构成犯罪的,依法追究刑事责任。

13. 承担恢复环境功能、排除污染危害及损害赔偿责任

《天津市环境保护条例》第五十三条规定,造成环境污染危害的单位或者个人,应当承担恢复环境功能和排除污染危害的责任,并赔偿受到直接损害的单位或者个人的损失。

《天津市水污染防治条例》第九十六条规定,造成水污染的企业事业单位应当承担水环境修复责任,对受到损失的单位或者个人依法予以赔偿。

《天津市海洋环境保护条例》第四十一条规定,因工程建设、石油开采、海上运输、排放污染物、倾倒废弃物发生污染事故,造成海洋生态、海洋水产资源、海洋保护区损害的,由依照本条例行使海洋环境监督管理权的部门向责任者提出损害赔偿要求,所得赔偿款用于海洋生态保护修复和海洋水产资源养护;因海洋环境污染事故造成单位和个人损害的,受害人有权依法要求责任者承担赔偿责任。

如果排污者未采取措施防止污染和危害,比如已建成的设施,其污染物排放超过排放标准的,就可能超标超总量排污,还有可能给周边环境造成污染及人民群众的生命财产造成损害;未完成限期治理任务的单位,可能被责令停业、关闭、转产、搬迁;严重扰民又缺乏有效治理措施的排污单位,若被责令限期治理不到位,可能面临停业、转产、关闭或者有计划的搬迁;擅自拆除或者闲置防治污染设施的,会被处以罚款。

3.1.2　天津市企业责任存在的问题

天津市企业责任存在的问题如下。

一是企业环境责任意识不足。在残酷的市场竞争下,追求利润最大化成为企业的最终目标,这种情况可能导致企业环境责任意识不足,为了追逐利润而肆意污染、破坏环境,甚至有些缺乏社会责任感的企业主体认为企业的目标就是为股东赚取利润,环境保护是政府的事。但随着现代经济的发展,企业的利益已经不仅仅局限于经济上的利润,许多企业也开始关注自己的声誉问题,良好的声誉带来的社会反响也会较好,于企业的长期发展是有利的。对于声誉的提高,企业也可以通过承担更多的环境责任来实现,如果企

业在自身发展的同时兼顾生态环境,主动承担环境责任,为生态建设贡献自己的力量,其往往能够获得不错的声誉和广阔的市场。

二是企业大环境责任履行的力度有待提升。天津市企业的环境违法行为发生率仍然较高。2020 年,天津市生态环境管理部门共出动执法人员 88 729 人次,检查企业 38 743 家次,立案 2 050 件,下达责令改正决定 1 708 件、行政处罚决定 1 793 件,移送公安行政拘留事项 17 起,移送环境犯罪案件 22 起。排放超标、弄虚作假、倾倒危险废物、利用暗管排污、自动监测设备非正常运行、排污监测数据造假、环保设施未经验收擅自投入生产等违法问题时有发生。

三是企业环境保护责任有待系统化。国家及天津市在法律层面均对企业的环境保护责任做出要求,《天津市环境保护条例》《天津市大气污染防治条例》《天津市水污染防治条例》《天津市海洋保护条例》《天津市重污染天气应急预案》等有关法规规章均明确了企业的主体责任。但是上述法规规章对企业责任要求较为分散,不利于企业尽到环境治理相关责任,有待政府进一步出台相关规章制度,系统化地明确企业的环境保护责任。

3.1.3　其他省市经验

河南省平顶山市、浙江省绍兴市、宁夏回族自治区平罗县等多个地方印发实施了《关于进一步明确企业环保主体责任的通知》,其中多数是以《企业环境保护主体责任"十二条"详解》作为排污企业主要应承担的环境保护主体责任。该"十二条"基本包含了现行法律法规中所规定的主要的企业环境保护主体责任。

企业环境保护主体责任"十二条"分别为:依法采取措施防止污染和危害,损害应担责;遵守环境影响评价和"三同时"要求;严格按照排污许可证排污,不得超标、超总量;规范排污方式,严禁通过逃避监管方式排污;全面建立环境保护责任制度,强化内部管理;安装使用监测设备并确保正常运行;积极配合环保监管部门人员接受现场检查;主动实施清洁生产,减少污染物排放;按照国家规定缴纳排污费(环境保护税);全面如实公开排污信息,接受社会监督;切实履行环境风险防范责任;依法承担无过错侵权责任和举证责任,稳妥处理厂群关系。详细的企业环境保护主体责任及对应的法律法规如图 3-2 所示。

该通知还要求明确各企业要自觉履行环境保护的社会责任,按照环保规范要求,加强内部管理,增加资金投入,采用先进的生产工艺和治理技术,确保依法达标排放,防止污染和危害,接受社会群众监督。同时,对照企业环境保护主体责任"十二条"中的环境违法违规行为进行自查自纠,逐个明确整改措施、整改时限和具体责任人,从严从快进行整改。对能够马上整改的问题,要迅速行动,立行立改;对情况复杂的,要抓紧采取限产限排等应急措施,深入查找问题根源,详细制定整治方案,倒排工期、集中整改。

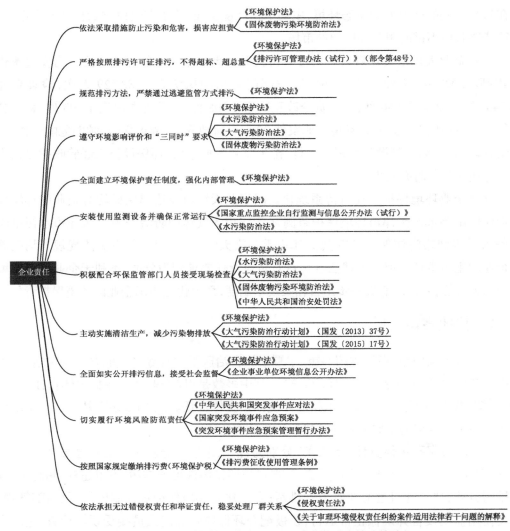

图 3-2 企业环境保护主体责任"十二条"及对应的法律法规

1. 重庆市发布《重庆市环境保护工作责任规定（试行）》

2016 年 11 月，重庆市发布《重庆市环境保护工作责任规定（试行）》（以下简称《责任规定》），不仅明确了区县和乡镇党委、政府，市委工作机构，市政府部门及直属机构，市级审判和检察机关，中央在渝机构的环境保护责任，同时明确了公民、企事业单位及其他生产经营者的环境保护责任，并列出了责任清单。

《责任规定》要求落实公民、企事业单位和其他生产经营者的环境保护责任，引导其实现生产、生活方式绿色转型。其中，公民、法人和其他组织应增强环境保护意识，采取低碳、节俭、绿色的生产、生活方式，减少日常生产、生活对环境造成的损害；发现任何单位和个人有污染环境和破坏生态行为的，依法向环境保护主管部门或其他负有环境保护监督管理职责的部门举报。

《责任规定》强调环境监测机构对监测数据的真实性和准确性负责,环境影响评价机构以及从事环境监测设备和防治污染设施维护、运营的机构对其有关环境服务的合法性、真实性、公正性负责。在有关环境服务活动中弄虚作假,对造成的环境污染和生态破坏负有责任的,除依照有关法律法规规定予以处罚外,还应当与造成环境污染和生态破坏的其他责任者承担连带责任。

《责任规定》对企事业单位和其他生产经营者提出 8 项环境保护责任要求,主要涉及依法执行建设项目环境影响评价、环境保护"三同时"、排污许可等各项环境保护制度;采取有效措施防治在生产建设或者其他活动中产生的废气、废水、废渣等对环境的污染和危害;不得通过暗管、渗井、渗坑、灌注或者篡改、伪造监测数据,或者不正常运行防治污染设施等逃避监管的方式违法排放污染物;采用资源利用率高、污染物排放量少的工艺、设备以及废弃物综合利用技术和污染物无害化处理技术;依法向社会公开环境信息,接受社会监督;按照国家和重庆市的规定制定突发环境事件应急预案,报环境保护主管部门和有关部门备案;建立环境保护责任制度,落实环境保护主体责任等。

2. 江苏省扬州市江都区出台《企业环境保护主体责任重点事项清单》

2021 年 6 月,江苏省扬州市江都区正式出台《企业环境保护主体责任重点事项清单》,成为扬州市率先制定相关清单的区(县)。该清单主要包括建立环境保护制度体系、履行相关环保审批手续等 5 个方面 22 条具体内容。

一是建立环境保护制度体系,对企业建立环境保护责任机制、明确企业内部人员环保责任、强化企业环境保护宣传培训以及落实环保资金保障等方面提出要求。

二是履行相关环保审批手续,明确企业要依法依规办理环评审批和"三同时"验收手续,并依法持证排污;从事危险废物经营活动必须办理危险废物经营许可证;生产、销售、使用放射性同位素和射线装置应办理辐射安全许可证。

三是落实污染防治重点工作。针对水、气污染防治,明确企业要按照污染物排放标准和总量控制要求,达标排放,并要求建设规范化的排污口。针对噪声污染防治,明确要采取有效措施,减轻噪声对周围生活环境的影响。针对固废污染防治,明确产生、收集、贮存、运输、利用、处置全过程管理要求。针对土壤污染防治,明确采取防渗漏、防流失、防扬散措施,避免土壤受到污染。针对放射性污染防治,明确放射性废物、废旧放射源以及放射源的安全管理要求。

四是强化环境安全风险防范。明确企业须编制突发环境事件应急预案、配备必要环境应急物资、定期开展环境应急演练以及对突发环境应急事故进行调查处理和报告等要求。明确企业对涉危险废物各环节以及重点环境治理设施开展安全风险评估和隐患排查治理。

五是其他,对环境信息公开、清洁生产审核、排污费(环境保护税)缴纳以及积极配合检查、调查提出要求。

3. 江苏省南通市发布《关于进一步落实企业环境保护主体责任的通知》

2020年10月,江苏省南通市海门生态环境执法局发布实施了《关于进一步落实企业环境保护主体责任的通知》,进一步明确了企业环境保护及关联安全生产工作主体责任。该通知主要包括落实第一责任人责任、落实全员岗位责任、落实生态环境领域安全生产责任、落实业务管理责任、落实应急处置责任共5个方面16条具体内容。

一是要求严格落实第一责任人责任,包括建立环境保护责任制度、加强环境保护管理机构和人员配备、加大环境保护经费投入、加强环境保护教育培训、依法开展生产经营活动、如实公开排污信息、严格责任制考核奖惩共7个方面。

二是要求严格落实全员岗位责任,要求全员落实环境保护岗位责任,从企业主要负责人到一线岗位人员严格遵守环境保护责任规定,严格执行岗位操作规程。

三是要求严格落实生态环境领域安全生产责任,包括加强环境隐患排查治理、加强治污设施安全隐患排查、切实履行固废危废管理要求、强化辐射防护制度共4个方面。

四是要求严格落实业务管理责任,包括加强外包业务环境安全管理、积极开展清洁生产共2个方面。

五是要求严格落实应急处置责任,包括强化应急救援能力建设、严格事故报告和应急处置共2个方面。

3.1.4　建议措施

1. 持续开展生态环境普法宣传

相关机构在日常生态环境执法过程中将执法与普法宣传有机融合,在检查的同时有针对性地开展现场生态环境法律法规的宣传工作,为企业解读相关的生态环境保护法律法规、政策标准等,让企业知标准、明规范,增强企业环保意识,引导企业自觉守法,主动承担起保护生态环境的主体责任。

2. 引导企业切实承担起保护当地环境的责任

企业在生产经营过程中应符合法律规范。虽然企业在履行环境责任时会放弃一些利益,但与此同时有利于提升企业形象和价值。企业应认识到环境保护的价值,对待环境问题持积极态度,重视生态文明建设,遵守法律法规和有关规定。鼓励企业主动制订专项环保计划,在企业内部开展广泛的宣传和培训,强化员工的环保意识,重视环保科技人才队伍建设。

3. 严惩企业环境违法行为

相关部门应对改善环境质量、查处违法问题的导向抓住不放,对重点行业重点领域专项执法与重点区域"点穴式"执法的工作路线坚定不移,向天津市污染防治攻坚战的最后胜利发起冲刺,加强执法行动统筹协调,在守法不扰、违法必究上出实招。

4. 建议出台落实企业环境治理主体责任相关制度

相关部门应明确企业环境保护责任清单,包括依法采取措施防治污染、遵守环评及"三同时"要求、明确排污方法、构建环保责任机制、建立信息披露制度、防范环境风险等。

3.2　督促企业履行责任

3.2.1　企业清洁生产

1. 国家政策要求

1)建立健全法律法规体系

自引入清洁生产理念开始,我国的清洁生产工作通过试点推行,逐步从政策研究转向政策制定。2002 年 6 月 29 日,我国颁布了《中华人民共和国清洁生产促进法》(以下简称《清洁生产促进法》),清洁生产工作进入了有法可依的阶段。2003 年至今,随着《清洁生产促进法》的颁布实施,国家有关部门陆续制定出台了一系列配套政策和制度,如《关于加快推行清洁生产的意见》《清洁生产审核暂行办法》《重点企业清洁生产审核程序的规定》《关于深入推进重点企业清洁生产的通知》《中央财政清洁生产专项资金管理暂行办法》等,为进一步推行清洁生产工作提供了保障。2012 年 7 月 1 日,新修订的《清洁生产促进法》正式实施,标志着源头预防、全过程控制的战略已经融入我国经济发展综合策略。2018 年 6 月,《中共中央 国务院关于全面加强生态环境保护 坚决打好污染防治攻坚战的意见》提出,在能源、冶金、建材、有色、化工、电镀、造纸、印染、农副食品加工等行业,全面推进清洁生产改造或清洁化改造。2020 年 3 月,中共中央办公厅、国务院办公厅印发了《关于构建现代环境治理体系的指导意见》,其中明确,加大清洁生产推行力度,加强全过程管理,减少污染物排放。为进一步强化清洁生产审核在重点行业节能减排和产业升级改造中的支撑作用,2020 年 10 月,生态环境部办公厅和国家发展改革委办公厅联合发布了《关于深入推进重点行业清洁生产审核工作的通知》(环办科财〔2020〕27号),对促进我国形成绿色发展方式、推动经济高质量发展具有重要意义。另外,各省(区、市)也在国家政策的支持和引导下,相继制定和发布了配套政策和制度,如《清洁生产促进条例》《清洁生产管理办法》等,为各地区清洁生产工作的落实保驾护航。总体来说,我国清洁生产工作经历了 20 余年的发展,已基本上建立并形成了一套比较完善的、自上而下的清洁生产政策法规体系,为我国清洁生产工作的全面开展提供了政策支持和法律保障。

2)完善标准与评价指标

《清洁生产促进法》(2012 年修订)实施后,为"建立统一、规范的清洁生产技术支撑体系",国家发展改革委会同原环境保护部、工信部整合修编了已有的清洁生产评价指标体系,并陆续发布了钢铁、水泥、电力(燃煤发电企业)、制浆造纸、稀土、平板玻璃、电镀、铅锌采选、黄磷工业、生物药品制造业(血液制品)等行业的清洁生产评价指标体系,其他行业的清洁生产评价指标体系也在陆续整合修编。

3)规范清洁生产审核

为深入开展清洁生产审核工作,原环境保护部分别于 2005 年、2008 年提出了两批《需重点审核的有毒有害物质名录》,又于 2010 年提出了《重点企业清洁生产行业分类管理名录》,作为公布强制性清洁生产审核企业名单的参考,督促"双超""双有"企业积极开展清洁生产审核。此外,原环境保护部还组织编写了钢铁、化工、水泥等 10 余个行业的清洁生产审核指南,强化了清洁生产审核实施的可操作性。

2. 天津市政策现状及实施成效

2008 年,为了促进天津市清洁生产工作,提高资源利用率,减少和避免污染物产生,保护和改善环境,保障人体健康,促进经济和社会可持续发展,根据《清洁生产促进法》,天津市制定通过了《天津市清洁生产促进条例》。为了贯彻国家和天津市清洁生产促进法律法规,加强清洁生产促进工作,依法开展清洁生产执法,天津市制定了《天津市清洁生产执法管理暂行办法的通知》(津工信法规〔2015〕1 号)。

为贯彻国家和天津市清洁生产促进法律法规,天津市每年发布《关于天津市强制性清洁生产审核企业公布企业相关信息的通知》完善清洁生产标准制度;制定了《天津市清洁生产审核评估细则》和《天津市清洁生产审核验收实施细则》等规范性文件,规范了从审核、评估到验收等各环节的工作程序;创建了《天津清洁生产导刊》,及时发布国家政策、法规、标准、工作动态信息,指导清洁生产工作。2017 年和 2018 年天津市分别有 91 家和 51 家企业通过清洁生产验收,节约 510 万吨标准煤,节水 1 615 万立方米,减排 VOCs 1 943.6 吨,减少化学需氧量(COD) 1 225.81 吨,减排 SO_2 1 937.6 吨,减排 CO_2 806 260 吨,减排烟(粉)尘 634 687 吨,减排 NO_x 24 302 吨,减排废水 19 028 吨,节约能源资源和减排效果明显。

3. 建议措施

1）扎实推进重点行业清洁生产审核工作

制定天津市清洁生产审核实施方案，认真落实《清洁生产促进法》《清洁生产审核办法》《天津市清洁生产审核实施办法（暂行）》有关法律法规，深入推进能源、冶金、焦化、建材、有色、化工、印染、造纸、原料药、电镀、农副食品加工、工业涂装、包装印刷等重点行业强制性清洁生产审核，全面落实强制性清洁生产审核要求。把清洁生产审核方案主要内容纳入本地区节能降耗、污染防治等行动计划中，加大对清洁生产审核工作情况的日常监督和检查力度，开展清洁生产水平和绩效整体评估。

2）压实企业实施清洁生产审核的主体责任

依法必须开展强制性清洁生产审核的企业，应积极主动配合各级负责清洁生产审核工作的部门开展清洁生产审核工作。被纳入清洁生产审核范围的企业，应提高主动性和责任意识，依法依规自主开展或委托有技术能力的第三方咨询服务机构开展审核工作。将企业开展清洁生产审核情况纳入企业环境信用评价体系和环境信息强制性披露范围，对违反相关规定并受到处罚的企业，依法依规通过"信用中国"网站等渠道向社会公布，并记入其信用记录。

3）积极推进清洁生产审核模式创新

天津市应根据企业的生产工艺情况、技术装备水平、能源资源消耗状况和环境影响程度，探索实施差别化清洁生产审核；积极探索行业、工业园区和企业集群整体审核模式，提升行业、工业园区和企业集群整体清洁生产水平；鼓励其他企业自愿开展清洁生产审核。

4）进一步完善技术咨询服务体系

天津市应动态管理清洁生产专家库，明确专家入库条件，实行记分考核，确保公平公正，科学规范；鼓励清洁生产学会、协会等团体机构充分发挥作用，通过广泛开展技术研讨交流，推动清洁生产审核方法创新，开发便捷有效的清洁生产审核工具，提高清洁生产审核实效；强化培训工作，制订年度培训计划，对专家、咨询机构、企业，以及县级以上相关部门清洁生产管理人员开展有针对性的培训，提升清洁生产管理能力和技术水平。

5）加大宣传引导力度

天津市应组织开展多层次、多元化的宣传教育活动，充分利用各类媒体、公益组织、行业协会等广泛宣传清洁生产法律法规、政策规范、管理制度和典型案例等；开展经验交流和技术推广，增强政府管理人员、企业经营管理者和社会公众的清洁生产意识。

3.2.2 企业信息公开

1. 国家政策要求

《环境保护法》第五十五条要求重点排污单位应当如实向社会公开其主要污染物的名称、排放方式、排放浓度和总量、超标排放情况,以及防治污染设施的建设和运行情况,接受社会监督。2007 年 4 月,国务院颁布《中华人民共和国政府信息公开条例》。为贯彻落实《环境保护法》和《中华人民共和国政府信息公开条例》,进一步推动企业事业单位环境信息公开,加强环境信息公开工作的可操作性和实用性。2013 年 7 月,为建立和完善污染源监测及信息公开制度,原环境保护部组织编制了《国家重点监控企业自行监测及信息公开办法(试行)》和《国家重点监控企业污染源监督性监测及信息公开办法(试行)》。2014 年 12 月 15 日,原环境保护部审议通过了《企业事业单位环境信息公开办法》(部令第 31 号),拉开了中国环境信息公开制度化的序幕。2016 年新修订的《清洁生产审核办法》要求实施强制性清洁生产审核的企业公开相关信息。2018 年 7 月发布的《环境影响评价公众参与办法》对建设单位编制及公开项目环境影响报告做出规范要求。《生态文明体制改革总体方案》第三十八条要求:"健全环境信息公开制度。全面推进大气和水等环境信息公开、排污单位环境信息公开、监管部门环境信息公开,健全建设项目环境影响评价信息公开机制。健全环境新闻发言人制度。引导人民群众树立环保意识,完善公众参与制度,保障人民群众依法有序行使环境监督权。建立环境保护网络举报平台和举报制度,健全举报、听证、舆论监督等制度。"

为引导上市公司积极履行保护环境的社会责任,促进上市公司持续改进环境表现,争做资源节约型和环境友好型的表率,2008 年 2 月 22 日,国家环境保护总局印发了《关于加强上市公司环境保护监督管理工作的指导意见》(环发〔2008〕24 号)。2010 年,为防治地方环保部门现场检查不够充分,对上市公司的环保后督查不够深入,以及极个别省级环保部门违反分级核查管理规定,越权为企业出具上市环保核查意见等严重干扰上市公司环保核查工作秩序的行为,2010 年 7 月,原环境保护部印发《关于进一步严格上市环保核查管理制度加强上市公司环保核查后督查工作的通知》(环发〔2010〕78 号)。2012 年,为规范上市公司环境信息披露行为,促进上市公司改进环境保护工作,引导上市公司积极履行保护环境的社会责任,根据《环境信息公开办法(试行)》(国家环境保护总局令第 35 号)以及《关于进一步严格上市环保核查管理制度加强上市公司环保核查后督查工作的通知》(环发〔2010〕78 号),原环境保护部制定了《上市公司环境信息披露指南》。2015 年 9 月,中共中央、国务院印发的《生态文明体制改革总体方案》要求资本市场建立上市公司强制性环保信息披露机制。2020 年 3 月,中共中央办公厅、国务院办公厅印发的《关于构建现代环境治理体系的指导意见》指出:"排污企业应通过企业网站等途径依法公开主要污染物名称、排放方式、执行标准以及污染防治设施建设和运行情况,并对信息真实性负责。鼓励排污企业在确保安全生产的前提下,通过设立企业开放日、建设教育体验场所等形式,向社会公众开放。"

2. 天津市政策现状及实施成效

1)要求重点企业公开环境信息

《天津市生态环境保护条例》第六十四条提出:"重点排污单位应当通过信息平台,按照国家有关规定公开排污信息、污染防治设施的建设和运行情况、建设项目环境影响评价及其他环境保护行政许可情况、突发环境事件应急预案等环境信息,接受社会监督。重点排污单位还应当公开其环境自行监测方案。"另外,《天津市大气污染防治条例》《天津市水污染防治条例》等法规条例要求排污企业按规定向社会公开监测数据等。

2)公开重点排污单位名录

按照原环境保护部的要求,2015—2019 年,天津市每年在市局政府网站及时主动公开重点排污单位名录。企业自行公开环境信息是环保法律法规确定的内容,也是企业必须履行的义务。天津市要求各区深入企业宣传,将有关条款印发给相关企业,对企业负责人进行培训,要求辖区企业及时主动公开环境信息,认真履行公开责任;将企业环境信息公开列入日常环保执法工作范围,督促相关企事业单位按时、按要求进行环境信息公开,确保全部重点排污单位依法依规开展信息公开。

3)完善天津市重点排污企业自行监测信息发布平台

为建立和完善污染源监测及信息公开制度,天津市环境监测部门开发了天津市重点企业自行监测数据发布系统。天津市国家重点监控企业上传的数据以自动监测数据为主,主要是国家减排考核要求的 4 种污染物数据。而一些企业的特征污染物将根据环评要求和企业制定的监测方案,由企业定期通过天津市污染源监测数据管理系统上传监测结果。公众可通过天津市生态环境局官网的天津市污染源监测数据管理与信息共享平台,查看企业公开的环境信息。天津市污染源监测数据管理系统的首页如图 3-3 所示;天津市污染监测数据管理与信息共享平台的首页如图 3-4 所示。

图 3-3　天津市污染源监测数据管理系统首页

图 3-4　天津市污染源监测数据管理与信息共享平台首页

4）公开国家重点监控企业污染源监督性监测结果、污染源监管信息

天津市生态环境局官网上定期公开国家重点监控企业污染源监督性监测结果、污染源监管信息（其中包括重点污染源名录、污染源监测、清洁生产审核企业名单及审核结果、监察执法情况、行政处罚情况等）。

3. 天津市污染源监管信息公开情况评估

公众环境研究中心（Institute of Public and Environmental Affairs，IPE）① 对全国 120 个

---

① 公众环境研究中心（IPE）是一家在北京注册的公益性环境研究机构，致力于收集、整理和分析政府和企业公开的环境信息，搭建环境信息数据库、蔚蓝地图网站和蔚蓝地图 APP 这两个应用平台，整合环境数据服务于绿色采购、绿色金融和政府环境决策，通过企业、政府、公益组织、研究机构等多方合力，撬动大批企业实现环保转型，促进环境信息公开和环境治理机制的完善。

城市（以环保重点城市为主）开展污染源监管信息公开指数（PITI）评估。评价项目包括"监管信息""自行监测""互动回应""排放数据""环评信息"5 个一级指标，8 个二级指标；每个指标设置各自的权重；每个指标均通过系统性、及时性、完整性、友好性 4 个维度进行量化评估。污染源监管信息公开指数的评价项目见表 3-1。

表 3-1　污染源监管信息公开指数的评价项目

评价项	监管信息		自行监测		互动回应		排放数据	环评信息
	日常超标违规记录	企业环境行为评价	国控自动监测	重点排污单位	环保督察与信访投诉	依申请公开	企业排放数据	环评信息
权重	25%	5%	20%	6%	7%	8%	14%	15%

2008—2019 年，天津市 PITI 由 25.2 上升为 68.7，在 120 个城市中排名由 62 上升到 27；十年平均分数为 49.6，在 120 个城市中排第 39 位。2018 年，天津市污染源监管信息实际公开的监管记录量远小于理论应公开量。在 4 个直辖市中，天津市 PITI 近期高于重庆市，长期远远低于北京市和上海市。2008—2019 年主要城市的 PITI 见表 3-2。

表 3-2　2008—2019 年主要城市的 PITI

城市	时间									
	2008	2009—2010	2011	2012	2013—2014	2014—2015	2015—2016	2016—2017	2017—2018	2018—2019
宁波	72.9	82.1	83.7	85.3	65.9	69.1	72.8	70.0	77.7	69.0
北京	49.1	43.5	72.9	72.9	58.7	67.0	77.1	75.7	79.6	76.0
青岛	38.4	37.7	70.6	74.4	55.8	66.8	74.8	75.1	78.5	78.8
杭州	48.0	36.8	60.2	70.8	53.1	65.2	75.9	72.5	75.0	78.8
上海	56.5	67.2	68.8	65.6	53.0	64.6	66.2	71.6	66.4	67.5
深圳	51.1	74.5	83.3	73.1	35.4	47.6	64.0	69.0	65.0	68.8
广州	44.4	51.9	61.2	71.4	34.0	46.0	71.9	76.9	67.5	80.8
苏州	47.0	60.3	60.1	63.8	42.5	60.3	67.8	72.2	59.5	63.7
南京	47.2	58.4	62.7	65.5	50.9	66.5	55.7	63.6	64.5	59.1
厦门	26.6	37.6	29.4	27	37.7	62.3	67.6	73.3	73.4	82.4
成都	34.2	36.5	36.7	47.8	37.9	47.9	57.2	65.7	64.3	71.9
石家庄	29.5	34.2	55.0	50.4	31.9	48.2	54.4	56.6	63.7	72.6
天津	25.2	26.2	50.0	57.5	38.3	43.2	48.7	59.2	60.4	68.7
重庆	56.7	53.9	67.1	70.7	18.8	39.7	44.0	50.1	45.4	46.4
长沙	26.8	35.8	27.5	32.0	25.0	47.7	38.2	47.6	59.5	53.6

4. 其他省市经验

随着环境信息化建设的进一步推进,我国各类型环境数据的发布趋于平台化、系统化,常见的环境数据平台包括企事业单位环境信息公开平台、实时空气质量发布平台、行政处罚/审批结果双公示平台、监督性监测信息发布平台、重点监控企业在线监测数据公开平台、12369 投诉举报平台、环境影响评价信息公示平台等。

随着污染源环境监管信息公开工作的加强,从北京等城市的举措开始,环境行政处罚决定书的全文公开渐成常态,公众可以清晰地看到当事人名称、法定代表人、统一社会信用代码、地址、详细违法事实(超标信息包括污染物名称、监测浓度、超标倍数等)、处罚依据、处置意见等详细信息。广东省环境行政处罚数据查询平台如图 3-5 所示。

图 3-5 广东省环境行政处罚数据查询平台

随着移动互联大潮的来临,一批城市尝试借助社交媒体开展污染源监管信息发布。微博、微信及多种 APP 都成为信息发布渠道,这些渠道不但便于公众获取信息,还可以开展有效互动,提高信息透明度和用户体验。济南环境 APP 的首页如图 3-6 所示。

图 3-6　济南环境 APP

5. 建议措施

1）强化企业责任落实

督促排污企业依法公开排污信息、污染防治设施的建设和运行情况、建设项目环境影响评价及其他环境保护行政许可情况、突发环境事件应急预案等环境信息，并对信息真实性负责，接受社会监督。

2）完善企事业单位环境信息公开平台

将企业自行监测信息、排污许可信息、企业环境信用信息、环境影响评估及批复信息（不涉密部分）、环境行政处罚信息、环保"领跑者"等企业环境信息进行整合公布，做好信息的实时更新，减少环境信息披露的错乱、迟滞、空缺、标识不明等情况。

3）强化企业监督

鼓励排污企业在确保安全生产的前提下，通过设立企业开放日、建设教育体验场所等形式，向社会公众开放。健全重点排污单位自行监测及环境信息公开监管体系，将行政处罚信息录入市场主体信用信息公示系统，实施联合惩戒。

4）完善信息发布界面

提升用户打开界面、搜索界面、阅读界面的友好性，便于环保组织及公众查询及监督。

3.2.3　安装使用监测设备并确保正常运行

1. 国家政策要求

《环境保护法》规定重点排污单位应当按照国家有关规定和监测规范安装使用监测设备,保证监测设备正常运行,保存原始监测记录。严禁通过暗管、渗井、渗坑、灌注或者篡改、伪造监测数据,或者不正常运行防治污染设施等逃避监管的方式违法排放污染物。《水污染防治法》规定实行排污许可管理的企业事业单位和其他生产经营者应当按照国家有关规定和监测规范,对所排放的水污染物自行监测,并保存原始监测记录。重点排污单位还应当安装水污染物排放自动监测设备,与环境保护主管部门的监控设备联网,并保证监测设备正常运行。《大气污染防治法》规定重点排污单位应当安装、使用大气污染物排放自动监测设备,与生态环境主管部门的监控设备联网,保证监测设备正常运行并依法公开排放信息。重点排污单位应当对自动监测数据的真实性和准确性负责。2020年3月,中共中央办公厅、国务院办公厅印发《关于构建现代环境治理体系的指导意见》,要求重点排污企业安装使用监测设备并确保正常运行,坚决杜绝治理效果和监测数据造假。

2. 天津市政策现状及实施成效

《天津市大气污染防治条例》《天津市水污染防治条例》等法规要求排污企业自行监测,并建立监测数据档案,承担配合环境保护行政主管部门开展监督性监测等企业主体责任。

1)落实企业依法排污责任

2018年,天津市出台《天津市深化环境监测改革提高环境监测数据质量实施方案》,指出到2020年全面建立本市环境监测数据质量保障责任体系,建立环境监测数据弄虚作假防范和惩治机制,确保环境监测机构和人员独立公正开展工作,确保环境监测数据全面、准确、客观、真实。此外,天津市还发布了《天津市生态环境监测质量监督检查三年行动计划(2018—2020年)》,印发了《天津市加强生态环境监测机构监督管理工作实施意见》《关于联合开展2019年生态环境监测机构监督抽查工作的通知》。

2)推进重点排污单位在线监测设施安装工作

天津市印发《天津市2019年重点排污单位自动监测系统建设工作方案》,分别推动155家和76家符合大气环境和水环境安装条件的重点排污单位完成自动监测系统安装工作;每月对"天津市污染源监测数据管理系统"中已取得排污许可证企业的自行监测信息公开情况开展巡查并形成巡查月报,对各区生态环境局相关人员及企业组织自行监测信息公开技术培训。2019年,天津市对60家已核发排污许可证废水企业、污水处理厂自行监测情况和 10 家排放废气企业的自行监测信息公开及废气自动监测设备运行情况进行抽查。

2018 年,天津市组织滨海新区等 8 个区开展固定污染源的挥发性有机物(VOCs)监测工作,筛查 95 家于 2018 年开展 VOCs 检查监测的企业;印发《天津市固定污染源废气挥发性有机物监测工作方案》,完成 85 家(现场检查监测时停产 10 家)企业的现场检查监测工作。

3. 天津市企业监测数据存在的问题

目前,天津市企业监测数据存在的主要问题是企业自动监测数据与真实排污数据差距较大,重点排污单位企业的自动监测设备仍存在不合格现象。企业自建在线监测设备、自行上报排污数据的模式不利于对企业的监督管理。2019 年,生态环境部对珠三角地区和渤海地区开展了排污单位自行监测质量专项检查、抽测和比对监测,并将结果在其官网进行了公布,其中对 229 家企业的自动监测设备进行了比对监测,结果显示有 159 家企业不合格,不合格率高达 70%。被通报的天津企业为津沽污水处理厂和天津海川环保工程有限公司西堤头污水处理厂。

4. 建议措施

建议措施:加大对监测机构、排污单位、运维机构的监测数据质量监督检查的力度,严肃查处弄虚作假行为;加强对本地第三方检测机构的日常监管,并定期公布抽查结果,对采样和数据造假的机构进行停业整改处罚,通过诚信考核,形成公开透明的市场机制;进一步加强对环境监测运维服务的监督管理,加大运维情况双随机检查力度,严肃查处运维服务中出现的问题,完善运维服务退出机制;对环监数据造假实行一票否决,建立环境监测机构"黑名单"制度,对发现违规行为的要责令限期整改,并将责任主体列入"黑名单"。

3.2.4　生产者责任延伸制度

生产者责任延伸(Extended Producer Responsibility,EPR)制度是一项重要的环境保护制度,该制度将生产者的责任延伸到其产品的整个生命周期,特别是产品消费后的回收处理和再生利用阶段。实施此制度的目标是鼓励生产商通过产品设计和工艺技术的改进,在产品全生命周期的每个阶段(生产、使用和使用寿命终结后),尽量防止污染的产生,并减少资源的使用。

1. 国家政策要求

生产者责任延伸制度理念最早出现在我国的《环境保护法》中。该制度在《中华人民共和国固体废物污染环境防治法》(以下简称《固体废物污染环境防治法》)中形成雏形，在《清洁生产促进法》中得到进一步完善，并在《中华人民共和国循环经济促进法》(以下简称《循环经济促进法》)中得到正式确立。《循环经济促进法》第十五条明确规定了生产者的延伸责任，规定："生产列入强制回收名录的产品或者包装物的企业，必须对废弃的产品或者包装物负责回收；对其中可以利用的，由各该生产企业负责利用；对因不具备技术经济条件而不适合利用的，由各该生产企业负责无害化处置。""对列入强制回收名录的产品和包装物，消费者应当将废弃的产品或者包装物交给生产者或者其委托回收的销售者或者其他组织。"从该条款的规定来看，既要求生产者对列入强制回收名录的产品或者包装物承担延伸责任，又要求消费者承担将废弃物返还的义务。《循环经济促进法》中的相关规定对我国完善生产者责任延伸制度有重要作用，它以基本法的形式明确了生产者责任延伸制度，这有利于构建我国"以基本法为依托，以综合性环境资源法律为基础，以各专项法律法规为主体"的完整生产者责任延伸制度法律体系。经过十多年的实践实施，2020年4月29日，第十三届全国人民代表大会常务委员会第十七次会议修订通过《固体废物污染环境防治法》，并于2020年9月1日起施行，该法第六十六条提出"国家建立电器电子、铅蓄电池、车用动力电池等产品的生产者责任延伸制度"，为我国电子废物环境管理工作提供了直接的法律支撑。

随着对生态文明建设和发展循环经济的日益重视，国家在生产责任延伸制度实践推进方面取得关键进展。2016年12月，国务院办公厅印发《生产者责任延伸制度推行方案》(国办发〔2016〕99号)，率先确定对电器电子、汽车、铅酸蓄电池和包装物等4类产品实施生产者责任延伸制度。2018年12月29日，国务院办公厅印发《"无废城市"建设试点工作方案》(国办发〔2018〕128号)，提出以铅酸蓄电池、动力电池、电器电子产品、汽车为重点，落实生产者责任延伸制，到2020年，基本建成废弃产品逆向回收体系，并持续打击非法收集和拆解废铅酸蓄电池、报废汽车、废弃电器电子产品行为。2019年11月15个部门联合印发《关于推动先进制造业和现代服务业深度融合发展的实施意见》，指出以家电、消费电子等为重点，落实生产者责任延伸制度，健全废旧产品回收拆解体系，促进更新消费。2020年3月11日，国家发展改革委、司法部印发《关于加快建立绿色生产和消费法规政策体系的意见》(发改环资〔2020〕379号)，提出以电器电子产品、汽车产品、动力蓄电池、铅酸蓄电池、饮料纸基复合包装物为重点，加快落实生产者责任延伸制度，适时将实施范围拓展至轮胎等品种，强化生产者废弃产品回收处理责任，并进一步扩大了实施生产者责任延伸制度的产品品种。目前，我国的相关部委已相继印发了《关于开展电器电子产品生产者责任延伸试点工作的通知》《汽车产品生产者责任延伸试点实施方案》《饮料纸基复合包装生产者责任延伸制度实施方案》等通知和实施方案。

2. 天津市政策现状及实施成效

1）初步试行生产者责任延伸制度

2012 年，为深入贯彻落实《国务院办公厅关于建立完整的先进的废旧商品回收体系的意见》（国办发〔2011〕49 号）精神，建立现代废旧商品回收体系，天津市商务委发布实施《建立完整的先进的废旧商品回收体系实施意见》（津政办发〔2012〕150 号）。为了贯彻落实国家关于积极推进"互联网＋"行动的有关要求，天津市印发《天津市商务委关于推进"互联网＋再生资源回收体系建设"工作的通知》（津商务流通〔2015〕36 号），要求各区县结合地缘实际，鼓励和推动再生资源回收行业转型升级，搭建城市废弃物回收平台，创新再生资源回收模式。此外，天津市还印发实施了《天津市循环经济发展"十三五"规划》，统筹全市循环经济发展，重点在天津经济技术开发区率先对电器电子、汽车、铅酸蓄电池和包装物等 4 类产品实施生产者责任延伸制度推行方案。

2）推进资源再生利用

天津市开展"五废"再生利用行业清理整顿，非正规固体废物堆场排查和未利用地专项执法检查。在废铅蓄电池收集和转移管理制度试点工作中，截至 2017 年底，各收集点累计收集废铅蓄电池 514 吨。"十三五"以来，天津市工业固体废物综合利用率均保持在 99% 左右。

3. 建议措施

1）逐步扩大实施范围

加快落实生产者责任延伸制度，在总结天津经济技术开发区对电器电子、汽车、铅酸蓄电池和包装物等 4 类产品实施生产者责任延伸制度经验的基础上，适时将实施范围拓展至动力蓄电池、轮胎等品种，拓展生产者责任延伸制度的覆盖范围。

2）科学规划

建立多形式的废旧产品回收处置体系，根据废弃物的种类和数量，整合资源，逐步在天津市范围内建立起再生资源回收利用的网络体系，鼓励有条件的企业建立其专用的废弃物品回收体系，充分发挥企业自身对产品废弃物进行回收再利用的作用。

3）整顿规范再生资源回收市场

提高从业人员的素质，对目前的个体回收户和小微回收企业进行规范和引导，并进行统一管理，划行规市。

4）鼓励企业开展技术研发

制定政策鼓励企业进行废弃物回收利用的核心技术研发，推动产业升级，建立相关废弃物回收利用的技术体系，以此提高再生资源的回收利用率。

5）加大财税政策支持

对使用可回收利用原材料、开展产品生态设计、积极实施产品废弃物回收利用的企业生产者,对销售可回收利用产品的经营者,对选择有环境标志和绿色能源标志产品的消费者制定相应的激励政策,以此促使各方责任主体重视废弃物的回收利用和环境保护,主动履行责任义务。

6）加强思想宣传

加强企业生产者责任延伸制度宣传,鼓励企业自觉履行生产者全过程生态环境责任。充分调动公众参与生产者责任延伸制度实施的积极性,引导公众形成绿色消费观念,鼓励公众主动对垃圾进行分类处理,引导公众自愿将使用后的废弃产品按要求分类放至指定的废弃物回收站,从而推动生产者责任延伸制度的实施。

3.3　激励企业绿色发展

3.3.1　绿色制造体系

1. 国家政策要求及成效

实体经济是财富之源,制造业是立国之本,而绿色制造是制造强国的重要着力点。《中国制造2025》明确提出,全面推行绿色制造,实施绿色制造工程。为贯彻落实《中国制造2025》《绿色制造工程实施指南(2016—2020年)》,加快推进绿色制造,工业和信息化部办公厅印发《关于开展绿色制造体系建设的通知》,要求以促进全产业链和产品全生命周期绿色发展为目的,以企业为建设主体,以绿色工厂、绿色产品、绿色园区、绿色供应链为绿色制造体系的主要内容,建立高效、清洁、低碳、循环的绿色制造体系,把绿色制造体系打造成制造业绿色转型升级的示范标杆。

2017年起,工业和信息化部组织开展绿色制造评选活动,截至2021年初,已开展评选5批,累计建成绿色工厂2 121家、绿色工业园区171个、绿色供应链企业189家,累计推广绿色产品近2万种,拉动了绿色消费增长,促进了数字经济蓬勃发展和绿色制造体系初步形成。

2. 天津市绿色制造创建成效

天津市深入推进绿色制造,扎实构建绿色制造体系,加快推动工业绿色发展。自2016年以来,天津市着力打造绿色工厂、绿色园区、绿色供应链、绿色产品、绿色数据中心,努力实现用地集约化、原料无害化、生产洁净化、废物资源化、能源低碳化、管理精细化。

1）创建国家级绿色园区

截至目前,天津市累计创建国家级绿色园区3个,其中天津市经济技术开发区、西青经济技术开发区、天津港保税区(空港、临港片区)分别获得第一批、第三批和第五批国家绿色工业园区称号。我国的 4 个直辖市在 5 批绿色制造评选活动中获得绿色园区称号的园区数量如图 3-7 所示。

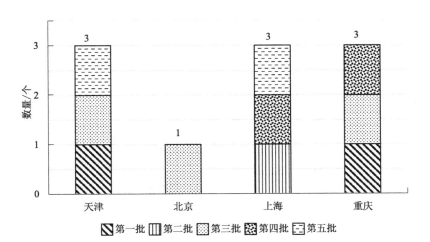

图 3-7   4 个直辖市在 5 批绿色制造评选活动中获得绿色园区称号的数量

数据来源:工业和信息化部办公厅公布的绿色园区公示名单

2)创建国家级绿色工厂

截至目前,天津累计创建国家级绿色工厂 58 家,在前 5 次评选中天津市获得绿色工厂的工业企业数量分别为 1、4、9、16 和 28。天津市获得国家绿色工厂符号的工业企业总数在 4 个直辖市中排名第 2,但与排名第一的北京市相比仍有较大差距。4 个直辖市在 5 批绿色制造评选活动中获得绿色工厂称号的工业企业数量如图 3-8 所示。

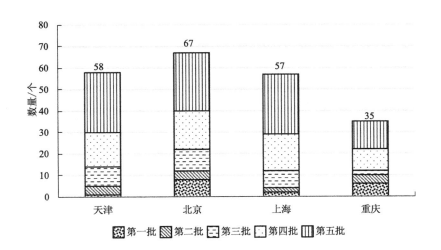

图 3-8   4 个直辖市在 5 批绿色制造评选活动中获得绿色工厂称号的工业企业数量

数据来源:工业和信息化部办公厅公布的绿色工厂公示名单

3）创建国家级绿色供应链管理企业

截至目前,天津市累计创建国家级绿色供应链管理企业 14 家,在 4 个直辖市中排名第一,远超上海市和重庆市。4 个直辖市分别在 5 批绿色制造评选活动中获得绿色供应链管理称号的企业数量如图 3-9 所示。

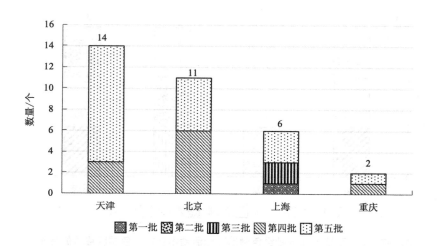

图 3-9　4 个直辖市在 5 批绿色制造评选活动中获得绿色供应链管理企业称号的企业数量

数据来源:工业和信息化部办公厅公布的绿色供应链管理企业公示名单

4）创建市级绿色工厂

2018 年开始,天津市开始创建市级绿色工厂,市工业和信息化局每年组织开展天津市绿色工厂评选活动,截至 2020 年 4 月,累计评选出 111 家绿色工厂,其中天津市市内 6 区(和平区、南开区、河东区、河西区、河北区、红桥区)均没有工业企业成功入选,剩余 10 个区的入选情况如图 3-10 所示。

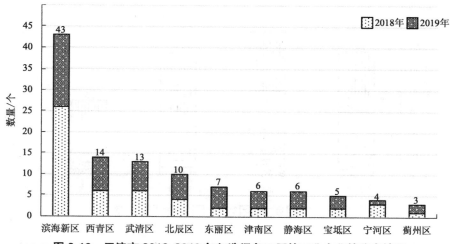

图 3-10　天津市 2018、2019 年入选绿色工厂的工业企业的分布情况

数据来源:天津市工业和信息化局公布的天津市绿色工厂(园区)名单

5）加快构建绿色制造体系，制定财政专项奖励政策

第一，为企业创建绿色工厂提供"全流程"政策支持。天津市在全国率先出台节能与工业绿色发展先进单位创建奖励政策，用"真金白银"支持绿色示范创建。到 2019 年 9 月，天津市已奖励 63 家先进单位 2 492 万元。此外，天津市编制了 11 个行业绿色工厂地方评价标准，突出标准引领作用；编印推广绿色制造试点示范先进案例，加大绿色制造成效宣传，营造工业绿色发展良好氛围；对企业围绕创建工作实施的绿色改造项目给予优先支持，已投入 8 400 万元，推动实施 120 个绿色改造项目，拉动企业绿色投资 14.4 亿元。

天津市支持发展绿色制造奖励政策

对于入选国家绿色工厂、绿色供应链、绿色数据中心、能（水）效"领跑者"名单的企业，分别给予 60 万元一次性奖励。对于入选国家"能效之星"产品目录的产品的生产企业，按每项产品 30 万元给予奖励，每家企业累计最高奖励 60 万元。对于入选国家绿色设计产品名单的产品的生产企业，按每项产品 2 万元给予一次性奖励，每家企业累计最高奖励 30 万元。对于入选市级绿色工厂名单的企业，给予 30 万元一次性奖励。支持绿色化改造，对被评定为国家级绿色制造系统解决方案供应商的且通过国家考核验收的单位，给予国家奖补金额 20% 的配套奖励，最高可达 500 万元。

第二，创建"全免费"服务。天津市通过政府购买服务的方式选定专业机构为企业开展专业服务，主动上门，免费为被纳入天津市绿色工厂创建备选名单的企业提供咨询评价，为企业"量身"，个性化地开展一系列咨询、评价、创建服务，有效降低了企业创建绿色工厂的成本；同时，主动引进首都智力资源，多次邀请相关院士、权威专家、知名学者等免费为本市企业"问诊把脉"，解决企业在绿色转型升级过程中的痛点、难点问题。这一系列免费措施充分调动了企业绿色改造提升的积极性，打造高质量、高标准、高水平的绿色载体。

第三，实施"全生命"动态管理。通过举办全市学习贯彻习近平生态文明思想工信大讲堂等系列宣讲辅导会，天津市深度宣传贯彻绿色发展新理念，增强企业思想自觉和行动自觉；结合"不忘初心、牢记使命"主题教育，开展绿色工厂现场"诊断"帮扶；将绿色制造示范单位作为节能监察重点对象，持续关注企业绿色制造水平指标，确保企业符合绿色制造评价要求。

3. 天津市企业绿色发展存在的问题

根据第二次全国污染源普查结果，天津市部分区市级绿色工厂数量占各区总工业企业数量的比例如图 3-11 所示。滨海新区的市级绿色工厂数占总工业企业数的比例最高，但也只有 1.42%；静海区最低，仅为 0.15%。整体而言，各区市级绿色企业工厂数量占各区总工业企业数量的比例较低，均低于 1.5%。

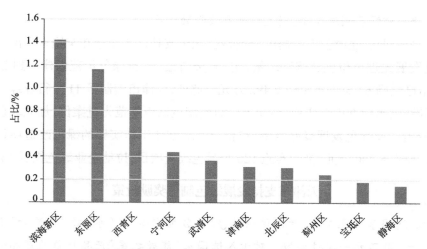

图 3-11　天津市部分区市级绿色工厂数量占各区总工业企业数量的比例

数据来源：由第二次全国污染源普查结果及天津市工业和信息化局公布的天津市绿色工厂（园区）名单计算得到

4. 建议措施

1）培育一批绿色制造试点单位

天津市应实施一批绿色制造示范项目，充分发挥示范引领作用，高质量推进绿色制造示范单位"五个一批"建设，开发一批绿色产品，建设一批绿色工厂，发展一批绿色园区，打造一批绿色供应链，培育一批绿色数据中心。

2）强化绿色监管和服务

天津市应大力培育绿色制造服务机构，建立"有进有出"的绿色制造示范单位动态管理机制，提高工业企业、园区的绿色技术装备服务水平。

3）筹建工业绿色制造专家库

天津市应加强绿色制造领域人才队伍建设，组建工业绿色制造专家库，发挥专业人才在绿色制造技术研发、项目论证、评估验收、决策咨询等领域的服务推动作用，推进绿色制造工程实施，促进工业绿色发展。

4）加强优秀案例整理与宣传

天津市应编制绿色制造示范单位案例集，开展绿色工厂"百家行"、推动工业绿色诊断服务，宣传工业绿色发展新形象，培育绿色发展新动能，推动工业绿色高质量发展。

5）加强绿色制造宣传力度

天津市应加强刊物、网站、微信公众号等媒体对绿色制造的宣传力度，发布绿色制造典型案例，举办绿色制造论坛，为绿色制造创造良好氛围，提升绿色制造的影响力。

3.3.2　环境保护企业"领跑者"制度

1. 天津市政策现状及实施成效

2019 年 8 月 30 日,天津市生态环境局、财政局、发展改革委、工业和信息化局等四部门联合印发了《天津市环境保护企业"领跑者"制度实施办法(试行)》(津环规范〔2019〕4号)(以下简称《办法》),建立环境保护企业"领跑者"制度,核心是协同推进经济社会高质量发展和生态环境高水平保护,在打好污染防治攻坚战的同时,优化营商环境;在推进绿色发展、高质量发展的同时,压实企业治污主体责任。该制度实施的关键是推进两个转变:一是推动环境管理从"底线约束"向"底线约束"与"先进带动"并重转变;二是推动企业从"被动治污"向"主动治污"转变。

《办法》明确了环境保护企业"领跑者"的申报条件、有效期、可享受的九项激励政策和应当遵守的三项要求等。环境保护企业"领跑者"可享受如下政策:在申报生态环境保护相关专项时,可优先入库,优先评审;对于满足生态环境部重污染天气重点行业应急减排措施要求的,在天津市重污染天气应急期间不列入停限产清单;适当降低生态环境保护执法检查频次等。

环境保护企业"领跑者"是同类可比范围内生产工艺技术先进、污染治理处于全市领先水平、生态环境保护管理科学规范的企业,在提高落实治理污染主体责任的主动性、自觉性方面具有先进引领作用。"天津市环境保护企业'领跑者'每年遴选和发布一次,有效期一年,对于不再满足相关要求的企业,将督促整改或取消称号。2019—2020 年,天津市生态环境局共授予 23 家企业天津市环境保护企业"领跑者"称号,其中 2019 年授予 6家企业,2020 年授予 17 家企业。

2. 建议措施

天津市应持续推进环境保护企业"领跑者"制度,完善《办法》,分行业制定"领跑者"考核标准,开展企业环境绩效考核评估;将各行业内生产工艺、节能降耗、环境保护管理和污染治理处于全市领先水平的企业纳为环境"领跑者",使其享受资金、执法检查等方面的多项优惠政策。

第 4 章　全民共治体系

近年来,我国在国家话语体系中不断强调公众参与环境治理的重要性,公众已然成为环境治理不可或缺的主体之一。党的十九大报告提出"构建政府为主导、企业为主体、社会组织和公众共同参与的环境治理体系"和"打造共建共治共享的社会治理格局",公众参与成为促进环境治理体系和治理能力现代化的重要组成部分①。社会主体树立环境保护的社会责任意识,是解决环境问题的关键。

4.1　公众有意识

生态文明教育是一项为了实现生态文明建设目标,实现人、生态环境、社会和谐可持续发展而开展的一项教育实践活动。总体来说,生态文明教育的目标是提升公民的生态文明素质。具体来说,进行生态文明教育不仅要让公民"知晓"生态文明,让公民"认同"生态文明,而且要让公民"践行"生态文明,即要全面提高公民的生态文明素质。

4.1.1　加强生态文明学校教育

1. 国家政策要求

《环境保护法》规定,教育行政部门、学校应当将环境保护知识纳入学校教育内容,培养学生的环境保护意识。2015 年发布的《中共中央国务院关于加快推进生态文明建设的意见》指出,"将生态文明纳入社会主义核心价值体系,加强生态文化的宣传教育,倡导勤俭节约、绿色低碳、文明健康的生活方式和消费模式,提高全社会生态文明意识",明确了生态文明教育在生态文明建设中的重要作用。中共中央、国务院印发的《关于全面加强生态环境保护坚决打好污染防治攻坚战的意见》,生态环境部印发的《贯彻落实〈全国人民代表大会常务委员会关于全面加强生态环境保护 依法推动打好污染防治攻坚战的决议〉实施方案》,中共中央办公厅、国务院办公厅印发的《关于构建现代环境治理体系的指导意见》(以下简称《指导意见》)均要求把生态环境保护知识纳入国民教育体系和党政领导干部培训体系。

---

① 曹海林,赖慧苏. 公众环境参与:类型、研究议题及展望 [J]. 中国人口·资源与环境,2021,31(7):116-126.

2. 天津市政策现状及实施成效

1）将生态文明纳入学校教育体系

2012 年 11 月 1 日起施行的《天津市环境教育条例》规定学校应当按照教育行政部门的统一要求，将环境教育内容纳入教学计划，结合教学实际落实师资和教学内容，并采取多种形式，组织学生参加环境教育实践活动，增强环境保护意识。按照国家政策要求，小学、中学每学年安排的环境教育课时不得少于四课时。高等院校和中等专业技术学校应当通过开设环境教育必修课程或者选修课程进行环境教育，并采取多种形式，提高学生的环境素养和环境保护技能。《天津市生态环境保护条例》规定，教育行政部门、学校应当将生态环境保护知识纳入学校教育内容，培养学生的生态环境保护意识。

2017 年 8 月 28 日新学期开学的第一天，在和平区第 55 中学的礼堂，南开大学教授朱坦为现场 400 名学生代表和通过网络直播收看的全区 5 万余名中小学生，开授了一堂名为《青山就是美丽，蓝天也是幸福》的主题教育课程。从这个学期开始，天津市在全国率先把生态文明教育纳入国民教育体系，实现了大中小幼生态文明教育全覆盖，同时制定了全市大中小学生态文明教育推进方案，将生态文明教育纳入各层次、各学段、各年级、各学科专业教育教学计划，突出教学，教育引导学生养成良好的生态文明意识。在教学上，天津市教委构建"绿色"学科专业，开设"绿色"教育课程，编写"绿色"优秀教材，打造"绿色"教师队伍；结合中小学各学科特点，推动生态文明教育与学科教学有机融合，全程渗透；采取开设选修课、开展综合实践活动等多种方式，分专题、按学段，循序渐进地开展生态文明教育。

2）开设生态环境保护公开课

天津市教委积极组织全市中小学生开展"生态文明你我行动——同上生态文明教育课"活动，全市 1 300 余所中小学的 100 余万名学生通过电视、网络、APP 等多种媒介，共同聆听生态文明教育公开课；与南开大学联合开发《生态文明》网络公开课视频，并对全市高校免费开放，实现共享。

3）广泛开展"绿色"教育活动

在实践活动方面，天津市教委指导学校发展创新生态文明教育理念和手段，以丰富多彩的"绿色"活动，促进生态文明教育活动入脑入心入行。近些年，天津市各大高校在环保宣传方面都加大力度，组织开展一系列活动。例如，2019 年 6 月 1 日，"子牙杯"第一届天津市大学生生态环保创新大赛决赛在南开大学津南校区大通学生活动中心小音乐厅成功举办。

4）纳入党政领导干部培训体系

《天津市环境教育条例》规定，各级国家机关及其各部门主要负责人在任职期间，应当带头接受环境教育培训；公务员主管部门应当将环境教育列入公务员培训计划，并组织实施;国家机关、事业单位应当组织本单位人员每年至少参加一次环境教育培训,受教育人员比例不得低于95%。2019年4月13日,天津市制定出台《〈2018—2022年全国干部教育培训规划》,要求坚持把习近平新时代中国特色社会主义思想作为干部教育培训的首课、主课、必修课。

4.1.2 构建天津市宣传活动品牌体系

1. 用好系列品牌环境宣传教育活动载体

天津市充分发挥世界环境日、世界地球日等重大环保纪念日的作用,精心策划组织全市联动的大型主题宣传活动,全市统筹,上下聚力,各地宣教"一盘棋",形成规模效应,集中展示天津市生态环保成就;重点巩固提升"六五环境日"活动品牌,每年举办"6·5"世界环境日系列活动,举办各种不同主题的环保活动,号召广大环保志愿者积极参与,旨在倡导全社会积极参与生态文明建设,守护共同的家园。

2. 创建天津市特色宣传活动品牌

2010—2014年,天津市举办"大学生志愿者千乡万村环保科普行动"活动,以农民为宣讲对象,将环保科普与农村生态环境建设、致富增收相结合,引导农民建立科学、文明、环保、健康的生产生活方式。该活动自启动以来,共组织全市10多所高校的千名学生在全国13个省市开展了200多场活动,受益农民超30万人次。

2014年,天津市启动首届"我是小小环保局长"公益活动,至今已成功举办六届,活动以环保知识竞赛的形式,向小学生传播生态文明的新理念和环保知识,极大地激发了孩子们作"地球小主人"的使命感和责任感。该活动通过教育一个孩子,带动一个家庭,进而影响整个社会,为建设生态文明新天津营造更加浓厚的氛围。截至2018年,"我是小小环保局长"公益活动共组织环保志愿者先后深入148所小学803个班级,举办了477场"环保进校园"主题班会,3万余名小学生直接参与活动,共评选出32名市级"小小环保局长",持之以恒地通过寓教于乐、寓学于乐的形式,在孩子们心灵深处播撒绿色环保种子,得到了社会各界的广泛认可和大力支持,已成为具有全国影响力的环境教育特色品牌活动。

2015年,天津市启动首届"环境文化节"公益活动,至今已成功举办五届,每届除经典项目"高校环保辩论赛"外,参与文化节活动的各高校环保社团每年还结合当前环保重点工作、热点问题,在校园中开展了一系列形式多样的环境文化宣传创意活动。2018年的第四届活动覆盖了全市"绿色学校"和18所高校,总决赛等主要环节首次安排在津云演播大厅,环保辩论赛的参赛队伍也由学生社团升级到高校层面,实现了品位和宣传双提升。之后,该活动的参与人数和活动规定不断提升。

4.1.3　社会各界广泛开展宣教活动

天津市政府开展户外环保公益宣传活动。天津市委宣传部、市文明办连续举办城市文明展示季活动,其中包括传播城市文明,共建美丽天津系列活动,"讲文明树新风"公益广告大赛,环保公益宣传行动,"迎全会共建美丽天津,讲礼仪点赞文明市民"主题展览等系列活动,以公交站点、户外广告牌、工地围挡以及广场大屏幕等载体为依托,开展"讲文明 树新风 环保公益宣传"等主题户外环保公益宣传工作。在机场、火车站、客运码头等人流量大的场所设立"全民共建美丽天津"等宣传角,内置展架和书架形式的环保宣传栏,供公众免费取阅,展现美丽天津建设成果,面向公众普及环境科普知识,全方位、多层次提升公众环保素养,进一步完善天津市宣传教育栏目和平台建设。

企业大力开展环保公益活动。2019 年 10 月 11 日,在中新天津生态城(生态城)由中新天津生态城管理委员会(生态城管委会)和中新天津生态城投资开发有限公司(生态城合资公司)联合启动了 2020 青年"生态创想·绿色行动"环保大赛,各单位、企业利用闲余时间组织职工参加植树造林、捡垃圾等各项环保活动。该活动通过实际行动呼吁更多的人加入环保队伍,例如, 2018 年 4 月 27 日招商银行天津分行利用周末休息时间,组织青年员工到周边开展志愿捡垃圾活动。

4.1.4　建议措施

1. 推进生态文明学校教育

将生态文明教育纳入国民教育体系,将习近平生态文明思想和生态文明建设纳入学校教育教学活动安排,培养青少年生态文明行为习惯。完善生态环境保护学科建设,加大生态环境保护高层次人才培养力度,推进环境保护职业教育发展。积极推进生态文明教育法律规范建设,有力推动全民生态文明教育工作,逐步形成全社会参与生态文明建设的良好局面。

2. 加强生态文明社会教育

加强生态环境法律宣传教育,加大《中华人民共和国民法典》(以下简称《民法典》)关于"绿色原则"的宣传力度,引导公众增强环保意识,依法加强生态文明建设。把习近平生态文明思想、生态环境保护纳入党政领导干部培训体系。推进生态文明教育进家庭、进社区、进工厂、进机关、进农村,加大对各类党政领导干部、党员、团员、少先队员、企业员工、社区居民、农村村民、环保志愿者、生态环保工作者的知识和技能培训,提升各类人群的生态文明意识和环保科学素养。

3. 进一步提升宣传活动品牌的影响力

组织开展主题鲜明、内容丰富、形式多样、贴近基层、贴近群众的社会宣传活动,组织和引导公众参与生态环境保护工作,努力提升活动的参与度和影响力,打造社会宣传活动品牌。精心组织"六五环境日"宣传活动,促进各地社会宣传工作水平提升。结合天津市工作重点办好生物多样性日、世界海洋日、国际保护臭氧层日和全国低碳日等主题宣传活动。

4.2　监督举报有奖励

4.2.1　环保举报

增强公众环保参与意识,提高公众参与程度,形成"公众广泛而有深度的参与,社会共治的大格局",是预防环境风险向社会风险转化的有效途径,是深入打好污染防治攻坚战、建设美丽中国的力量源泉。

1. 国家政策要求

推动公众依法有序参与环境保护是党和国家的明确要求,也是加快转变经济社会发展方式和全面深化改革步伐的客观需求。党的十八大报告明确指出,"保障人民知情权、参与权、表达权、监督权,是权力正确运行的重要保证"。为了提高公众参与环境保护的积极性和保障其对环境污染行为进行举报投诉的合法权益,我国相继修订《环境保护法》《大气污染防治法》等。2014 年,新修订的《环境保护法》在总则中明确规定了"公众参与"原则,并对"信息公开和公众参与"进行专章规定。2015 年 7 月 13 日,原环境保护部印发了《环境保护公众参与办法》,该办法是自新修订的《环境保护法》实施以来,首个对环境保护公众参与做出专门规定的部门规章,用来切实保障公民、法人和其他组织获取环境信息、参与和监督环境保护的权利,畅通参与渠道,规范引导公众依法、有序、理性参与,促进环境保护公众参与更加健康的发展,为公众参与环境保护提供了法律依据。《中共中央、国务院关于加快推进生态文明建设的意见》提出鼓励公众积极参与;完善公众参与制度,及时准确披露各类环境信息,扩大公开范围,保障公众知情权,维护公众环境权益;完善公众监督和举报反馈机制,充分发挥 12369 环保举报热线作用,畅通环保监督渠道。

环保举报热线是公众参与环保最有效、最简单的途径之一。2009 年 8 月 19 日,国家环境保护总局办公厅印发了《010-12369 环保热线系统举报件调查处理情况填报规范(试行)》,规范了工作人员填写环保热线举报案件调查处理情况的流程。2011 年 12 月 15

日,原环境保护部发布《环保举报热线工作管理办法》,要求各地使用"12369"环保举报热线,地方各级环境保护主管部门可以结合本地实际情况制定实施细则。

群众的投诉举报等社会监督为国家监督提供了大量的"地方知识",使国家监督更为精准有力,进而落实地方政府环境保护主体责任,增加企业环境违规违法行为成本,倒逼地方政府和企业增加环境治理投资、减少污染物排放,改善环境治理绩效。可以说,中国环境治理特别是大气污染治理取得了举世瞩目的成绩,国家监督与社会监督的良性互动功不可没。

2. 天津市政策现状及实施成效

天津市于 2012 年 12 月 31 日正式开通"12369"环保举报热线,次年 3 月出台了《天津市 12369 环保举报热线考核管理办法》,确保了天津市环保举报热线正常运行。2015 年 1 月,天津市出台了《天津市环境违法行为有奖举报暂行办法》,规定了电话举报、来信来访举报、网络举报、政务微博 4 种环保举报途径,并明确了视情节给予举报人或者举报单位 200 元至 5 000 元不等的奖励规定。次年 6 月,天津市环保局修订并印发了《天津市环境违法行为有奖举报暂行办法》,修订后的版本将微信举报纳入有奖举报途径,将篡改、伪造监测数据等逃避监管的行为纳入有奖举报对象范围,将奖励金额最高提高至原来的 10 倍。自天津市开通"12369"环保举报热线以来,该举报热线 24 小时畅通;自实施《天津市环境违法行为有奖举报暂行办法》以来,公众参与积极性逐渐提高。

3. 2019 年天津市公众举报情况

2019 年,天津市共接到公众环保举报 6 867 件,同比下降 26.9%。所有举报中,电话举报 2 792 件,微信举报 1 703 件,网络举报 961 件,其他渠道举报 1 411 件。与 2018 年的数据相比,电话举报数量下降 18.6%,微信举报数量下降 16.5%,网络举报下降 38.6%,详见表 4-1。

表 4-1　2017—2019 年天津市环保举报受理情况

来源	2017 年		2018 年		2019 年		
	数量	占比	数量	占比	数量	占比	同比增长率
电话	2 291	24.8%	3 430	36.5%	2 792	40.7%	-18.6%
微信	2 113	22.9%	2 039	21.7%	1 703	24.8%	-16.5%
网络	2 267	24.6%	1 566	16.7%	961	14.0%	-38.6%
其他	2 550	27.7%	2 365	25.1%	1 411	20.5%	-40.3%
合计	9 221	—	9 400	—	6 867	—	-26.9%

注:结果由天津市生态环境执法总队提供的数据计算所得,其中包含了生态环境部渠道的举报数据;其他来源包含留言、不作为不担当专项治理、大阅兵督查、公仆接待日、国务院大督查、行风坐标、华北督查中心来函、环保部环监局来函、环保部投诉受理中心、环保督察员、局办转办、来信来访、区县有奖举报报送、自查自纠大检查、自行采集等。

1）天津市公众整体举报情况

从 2019 年全国环保举报的地理分布情况看,举报事件高度集中在华北平原、华东平原、东南沿海、四川盆地等人口相对密集的区域。在 31 个省（区、市）中,天津市环保举报数量在全国排第 23 名,低于北京市,远远低于重庆市和上海市。

从 2015—2019 年全市环保举报地理分布情况看,环保举报数量与天津市工业企业分布重合度很高,各区的渠道投诉量和生态环境部渠道投诉量不同。具体来看,环保举报数量最多的 5 个区由高到低依次为滨海新区、河东区、北辰区、静海区、西青区,其环保举报量之和占全市环保举报总量的 49.9%。2017—2019 年天津市各区环保举报数量分布如图 4-1 所示。

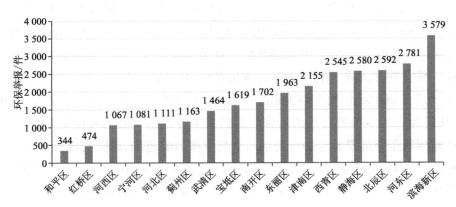

图 4-1　2017—2019 年天津市各区环保举报数量分布

数据来源:结果由天津市生态环境执法总队提供的数据计算得到

2）大气污染举报占比逐年下降,固废污染举报占比明显上升

2019 年,在各类举报中,大气污染举报占 36.0%,噪声污染举报占 39.6%,水污染举报占 8.0%,固废污染举报占 4.1%,辐射污染举报占 2.5%,其他污染举报占 22.1%。2017—2019 年,大气污染、水污染、固废污染、辐射污染举报占比持续下降,而噪声污染和其他污染的举报占比持续上升,见表 4-2。

表 4-2　2017—2019 年天津市举报污染类型占比

类型	2017 年	2018 年	2019 年	变化趋势
大气污染举报	52.6%	39.9%	36.0%	下降
噪声污染举报	25.8%	32.5%	39.6%	上升
水污染举报	10.4%	9.0%	8.0%	下降
固废污染举报	2.5%	5.4%	4.1%	下降
辐射污染举报	5.3%	6.3%	2.5%	下降
其他污染举报	10.8%	20.2%	22.1%	上升

续表

污染类型	2017 年	2018 年	2019 年	变化趋势
占比叠加	107.3%	113.3%	112.3%	基本持平

注：结果由天津市生态环境执法总队提供的数据计算得到；一件举报中可能同时涉及多种问题，因此各污染举报的占比类型之和≥100%。

3）恶臭/异味为大气污染举报重点

在 2017—2019 年天津市大气污染举报总数中，反映恶臭/异味问题的举报占比最高，且三年呈不断上升趋势。以 2019 年为例，涉及恶臭/异味举报的占比达 45.2%；其次为反映烟粉尘和工业废气问题的举报，2019 年涉及烟粉尘和工业废气举报的占比分别为 26.1% 和 24.5%；油烟问题的举报占比最低，为 12.0%。2017—2019 年天津市大气污染举报情况如图 4-2 所示。

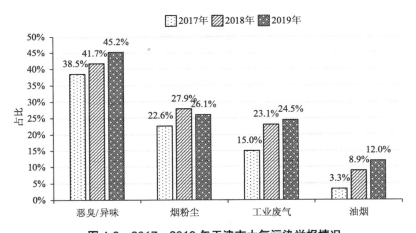

图 4-2　2017—2019 年天津市大气污染举报情况

数据来源：结果由天津市生态环境执法总队提供的数据计算得到

4）施工噪声和工业噪声为噪声污染举报焦点

在 2017—2019 年天津市噪声污染举报总数中，反映施工噪声和工业噪声问题的举报占比较高。以 2019 年为例，施工噪声和工业噪声举报的占比分别为 18.6% 和 13.4%，施工噪声举报的占比变化较平稳，工业噪声举报的占比呈下降趋势；社会生活/娱乐噪声和交通噪声举报的占比较低，但呈上升趋势。2017—2019 年天津市噪声污染举报情况如图 4-3 所示。

5）工业废水约占水污染举报的七成

在 2017—2019 年天津市水污染举报总数中，工业废水举报的占比为 69.5%~71.2%，是水污染举报的主要投诉内容；生活废水举报的占比为 5.2%~19.1%，且呈上升趋势。2017—2019 年天津市水污染举报情况如图 4-4 所示。

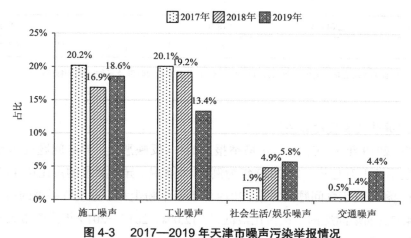

图 4-3　2017—2019 年天津市噪声污染举报情况

数据来源:结果由天津市生态环境执法总队提供的数据计算得到

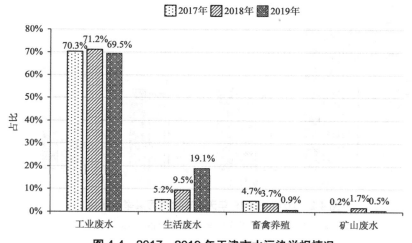

图 4-4　2017—2019 年天津市水污染举报情况

数据来源:结果由天津市生态环境执法总队提供的数据计算得到

6)一般工业固废约占固废污染举报的六成

在 2017—2019 年天津市固废污染举报总数中,一般工业固废举报的占比为 28.2%~69.4%,且上升迅速。以 2019 年为例,一般工业固废举报的占比为 69.4%;其次为有毒有害危险品举报,约占固废污染举报的三成左右,且占比有缓慢上升趋势。2017—2019 年天津市固废污染举报情况如图 4-5 所示。

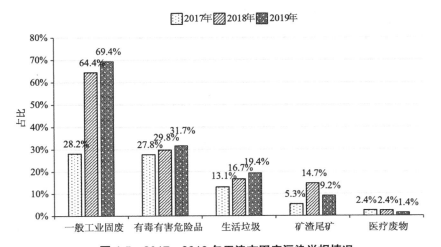

图 4-5　2017—2019 年天津市固废污染举报情况

数据来源：结果由天津市生态环境执法总队提供的数据计算得到

不同于全国生活垃圾举报数量约占固废污染举报总数的三成[1]，天津市生活垃圾举报数量不到固废污染举报的二成（2019 年为 19.4%），但呈上升趋势。

7）电磁辐射占辐射污染举报的九成以上

在 2017—2019 年天津市辐射污染举报总数中，电磁辐射举报的占比为 94.2%~99.4%，有缓慢下降趋势。以 2019 年为例，电磁辐射举报数量占辐射污染举报总数的 94.2%；放射性辐射举报占比较小（7.0%），不到电磁辐射举报总数的一成，但上升迅速。2017—2019 年天津市辐射污染举报情况如图 4-6 所示。

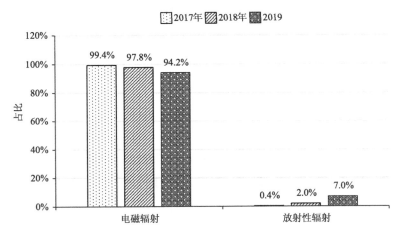

图 4-6　2017—2019 年天津市辐射污染举报情况

数据来源：结果由天津市生态环境执法总队提供的数据计算得到

---

[1] 数据来源于生态环境部公布的 2019 年度全国"12369"环保举报情况。

4.2.2　加强生态文明建设新闻宣传

1. 国家政策要求

2015 年 1 月 1 日起正式实施的新《环境保护法》规定,新闻媒体应当开展环境保护法律法规和环境保护知识的宣传,对环境违法行为进行舆论监督。《指导意见》提出,加强舆论监督,鼓励新闻媒体对各类破坏生态环境问题、突发环境事件、环境违法行为进行曝光。

2. 天津市政策现状及实施成效

2012 年 11 月 1 日起施行的《天津市环境教育条例》(以下简称《教育条例》)和 2019 年 3 月 1 日起施行的《天津市生态环境保护条例》(以下简称《环保条例》)都明确要求各类媒体应当开展生态环境保护法律法规和生态环境保护知识的宣传,对生态环境违法行为进行舆论监督。

从 2015 年开始,天津市主要媒体逐渐设立面向社会环境的违法行为曝光专栏,定期对查处的典型环境违法案例及落实环保措施不到位现象进行曝光,首期专栏曝光了包括"天保爱华(天津)热力有限公司大气超标按日连续处罚案"在内的 10 起典型案例。为了加强新媒体战略合作,2018 年 6 月 2 日天津市环保局与津云新媒体集团签署了"全媒体时代生态环境保护宣传教育战略合作",借助津云新媒体的独特优势,把传统的传媒和新媒体高度融合,最大限度扩大受众面,实现个性化传播,同时充分发挥新闻舆论的正面引导作用,对污染、违法行为进行曝光。目前,天津市"天津环保发布"政务"双微"(微博、微信)每天发布环境问题举报件,同时开设了"秋冬季大气污染综合治理攻坚行动"执法检查问题曝光台。

4.2.3　建议措施

1. 继续推进环保举报工作

继续做好鼓励公众参与生态环境保护监督管理的工作,严厉打击各类环境违法行为,鼓励群众通过登录"12369"环保举报平台(或拨打 88908890 便民服务热线)对各类生态环境问题、突发环境事件、环境违法行为进行举报,对查证属实并符合有奖举报发放条件的给予奖励,有效动员社会监督力量,同时各相关部门还应做好技术支持和网站后期运营及维护工作。

2. 坚持正面新闻宣传

市委、市政府以开展生态文明建设、打好打赢污染防治攻坚战的决策、部署和成效为重点,全面加强生态文明建设新闻宣传工作,加大对生态文明建设政策举措、进展成效的信息公开力度,规范优化新闻发布工作,加强新闻发言人队伍建设,通过召开新闻发布会,主动发布生态文明建设相关工作进展和成效,并对热点舆情问题进行回应。对主动践行生态文明理念、积极参与生态环境保护、事迹感人、贡献突出的先进典型进行宣传推广,发挥榜样示范和价值引领作用,形成全社会崇尚生态文明、践行绿色生产、绿色生活的生动局面。

3. 主动曝光负面典型

以企事业单位违法排污、环保督察等为重点,主动曝光阻碍绿色发展和生态文明建设的突出问题,及时通报负面典型案例,注重对问题整改过程和结果的监督反馈,及时回应公众关切的问题,充分体现公众监督、舆论监督成效。有效运用媒体监督手段,形成舆论监督合力。

4. 加大新媒体舆论监督

切实提高政治敏锐性,全面梳理辖区内生态环境舆情风险点,深入掌握舆情传播及暴发特点,对易引发重大舆情的生态环境保护问题列出清单,做到心中有数。要制定网络舆情应对预案,明确舆情分级应对流程,对舆情日常监看、舆情事件预警、舆论引导和形象修复等环节,要明确责任部门、落实到人。要加强网评队伍建设,打造"专家＋核心＋基层"三级网评队伍,将口径拟定、观点输出、声势营造等功能相融合,关键时刻能冲得上、顶得住,发挥多端引导作用。

5. 积极争取外部支持

一要与市、区两级网信部门建立联动机制。处理网络中歪曲事实,损害党和国家、政府形象的信息时,要坚决争取网信部门支持,做到有力打击、有力管控,坚决不给有害信息传播的空间。二要与主流媒体保持良好的沟通,充分发挥主流媒体的品牌优势,将其作为占领主流舆论场的有效平台,增强舆论引导的立体性、实效性、权威性。三要建立协同处置机制,对跨区域的生态环境舆情,要统一战线、统一口径,共享处置信息,及时对接处置进度,避免产生次生舆情。

4.3　社会有担当

4.3.1　环保群团组织

1. 国家政策要求

2018 年 6 月 5 日，生态环境部、中央文明办、教育部、共青团中央、全国妇联合发布并实施《公民生态环境行为规范（试行）》，旨在共同引导公民成为生态文明的践行者和美丽中国的建设者。《指导意见》要求工会、共青团、妇联等群团组织要积极动员广大职工、青年、妇女参与环境治理。2021 年 1 月 29 日，生态环境部、中央宣传部、中央文明办、教育部、共青团中央、全国妇联等六部门共同制定并发布《"美丽中国，我是行动者"提升公民生态文明意识行动计划（2021—2025 年）》，要求发挥人民团体作用，充分发挥共青团、妇联等群团组织及行业协会和商会的作用，壮大生态环境保护统一战线。2021 年 6 月 2 日，生态环境部和中央文明办联合印发的《关于推动生态环境志愿服务发展的指导意见》强调要坚持统筹推进，加强跨部门的交流沟通，逐步建立由生态环境部与中央文明办牵头，民政、教育、共青团、妇联及相关单位参与的生态环境志愿服务协同工作机制，联合制定生态环境志愿服务工作推进方案，明确合作内容和方式，共同推动生态环境志愿服务工作规范有序开展。

2. 天津市政策现状及实施成效

《教育条例》要求工会、共青团、妇联等人民团体应当结合工作特点，加强对职工、青少年、妇女等群体的环境教育，增强其环境保护意识。2016 年天津市文明办、市教委、市环保局、市体育局、市总工会、团市委、市妇联联合发布《市民绿色出行文明出行倡议书》，号召天津市市民积极选择绿色、低碳、环保的出行方式共建美丽天津，共享健康的体魄、清新的空气、晴朗的天空。2019 年 6 月 5 日，天津市妇联组织开展了"纪念世界环境日最美家庭在行动"环保志愿服务活动，引导广大家庭自觉增强环保意识、生态意识，养成简约适度的生活习惯，为改善空气质量，实现天蓝、地绿、水净的美丽天津做出积极贡献。

3. 其他省市的经验和做法

2018 年，浙江省平湖市出台《平湖市群团组织助力全市环境整治工程实施意见》，市总工会、团市委、妇联分别牵头美丽厂区、美丽校园、优美庭院创建，市科协以"互联网 + 科普"模式开发推广垃圾分类科普游戏。

4.建议措施

工会、共青团、妇联等群体组织要发挥带头作用,积极动员广大职工、青少年、妇女参与环境治理。各级共青团组织要在美丽中国建设中积极发挥青年力量,以推进"美丽中国·青春行动"为统揽,深化实施以减霾、减塑、减排、资源节约和垃圾分类为重点,动员青少年践行绿色生活、参与生态环保实践、助力污染防治。各级妇联组织要发挥妇女在家庭领域的作用,依托妇女之家、儿童之家等阵地,广泛开展绿色家庭创建。组织动员技术专家、模范人物等到广大群众中特别是青少年中传播生态文明理念。结合群众生产生活,把生态文明宣传教育体现到百姓宣讲、广场舞、文艺演出、邻居节等群众性活动之中。充分发挥行业协会和商会的桥梁纽带作用,强化行业自律和诚信建设,规范约束行业污染排放、污染治理,推动将先进绿色生产理念和管理模式引入企业。

4.3.2　环保协会商会

1.国家政策要求

2007 年 5 月 13 日,国务院办公厅印发的《国务院办公厅关于加快推进行业协会商会改革和发展的若干意见》明确提出,要积极拓展行业协会的职能,充分发挥桥梁和纽带作用。该意见要求行业协会、商会发挥桥梁纽带作用,促进行业自律。

2.天津市政策现状及实施成效

2005 年 6 月 28 日,天津市人民政府出台《天津市行业协会管理办法》,规范天津市行业协会的行为,促进天津市行业协会健康发展。2017 年 11 月 15 日,中共天津市委 天津市人民政府出台《关于营造企业家创业发展良好环境的规定》,依法保障企业自主加入或退出行业协会、商会的权利。2017 年 12 月 18 日,天津市社管局会同市发展改革委、市财政局、市国资委印发《关于转发进一步规范行业协会商会收费管理意见的通知》,进一步明确规范行业协会商会收费管理的 15 项重点任务和部门分工。2018 年,天津市社管局会同相关部门共同印发了《天津市行业协会商会涉企收费投诉举报受理机制》,依托"天津社会组织"网、热线、投诉举报专用邮箱、信访举报信箱 4 个举报渠道接受社会各方监督,及时依法处理涉企收费违法违规行为,维护行业协会商会及会员企业的合法权益。2017 年 11 月 15 日,中共天津市委、天津市人民政府出台了《关于营造企业家创业发展良好环境的规定》,依法保障企业自主加入或退出行业协会商会的权利。

天津市不断规范行业协会。截至目前,天津市出台了《天津市行业协会管理办法》《关于全面推进社会组织登记审批改革工作的通知》《关于转发进一步规范行业协会商会收费管理意见的通知》《天津市行业协会商会涉企收费投诉举报受理机制》等一系列管理办法和通知,一方面保障了行业协会、商会的权利,另一方面也维护了各协会、商会成员的合法权益。

天津市不断壮大组织力量,成立了天津市节能协会、环境保护产业协会、生态道德教育促进会等诸多产业协会。各协会结合自身定位积极开展环境保护相关工作。2019 年 12 月 7 日,天津市首个生态环境产业的商会组织——天津市环境治理业商会成立,其搭建了天津市生态环境产业企业家与政府、企业家之间、企业家与社会之间的对话沟通合作平台。该商会的会员单位共 140 余家,涉及智慧生态水务方案规划设计、污水处理及再生回用、危险废物治理、环保新材料、盐碱地原土改良等诸多领域。天津市环境治理业商会的成立,旨在整合生态环境产业上下游各优秀企业资源,服务会员单位可持续绿色发展,搭建生态环境产业企业家与政府、企业家之间、企业家与社会的对话沟通合作平台,推动天津市生态环境产业健康蓬勃发展。

3. 天津市环保协会商会存在的问题

目前,天津市行业协会、商会与政府机关的沟通较好,但桥梁纽带作用不明显,与企业沟通欠佳,需进一步发挥桥梁纽带作用。在环境保护方面,行业协会、商会的桥梁纽带作用更加薄弱,尤其是商会在环境保护方面还需进一步加大桥梁纽带力度。

4. 建议措施

1)提高政治站位

认真学习贯彻习近平生态文明思想。全市各行业协会、商会等社会组织,要认真学习领会习近平总书记相关重要讲话精神,树立强烈的使命感和荣誉感,在政府、企业、社会中充分起到桥梁纽带作用。

2)加强调查研究

充分掌握行业企业在生产和发展过程中的问题和困难。各行业协会、商会可通过网络问卷、微信问卷等形式,了解企业需求,梳理行业存在的问题,并积极提出应对措施和解决问题的建议。

3)加强沟通联系

帮助企业解决生产和发展过程中遇到的问题。各行业协会、商会要充分发挥桥梁纽带作用,加强与政府、金融、法律等方面的资源对接,协调和解决企业在用工、运输、原材料、市场开拓等方面的需求和企业在复工复产中遇到的金融、法律方面的问题,支持会员企业用足用好财税、金融、保险、社保等各项优惠政策,大力解决企业绿色生产问题和困难;将服务行业的宗旨贯穿于为企业排查困难、化解问题、推动发展的实际工作中,为企业提供有针对性、有实效性的全方位、多层次服务。

4.3.3　环保社会组织

1. 国家政策要求

党中央高度重视志愿服务工作,习近平总书记对做好志愿服务工作做出一系列重要指示和批示,把志愿服务摆到治国理政的重要位置。党的十九届五中全会明确提出"健全志愿服务体系""畅通和规范市场主体、新社会阶层、社会工作者和志愿者等参与社会治理的途径"等工作要求。

2017 年 1 月 26 日,原环境保护部、民政部联合印发了《关于加强对环保社会组织引导发展和规范管理的指导意见》,要求各级环保部门、民政部门高度重视环保社会组织工作,提出到 2020 年在全国范围内建立健全环保社会组织有序参与环保事务的管理体制,要求加强对社会组织的管理和指导,积极推进能力建设,大力发挥环保志愿者的作用。为落实《志愿服务条例》和《"美丽中国,我是行动者"提升公民生态文明意识行动计划(2021—2025 年)》,进一步推动生态环境志愿服务,促进生态环境志愿服务常态化、制度化、规范化, 2021 年 6 月 2 日,生态环境部和中央文明办联合印发《关于推动生态环境志愿服务发展的指导意见》,这是国内首份专门针对生态环境志愿服务工作的全国性行动纲领文件,从指导思想、基本原则、丰富内容形式、加强队伍建设、完善服务管理和强化保障措施六个方面为推动生态环境志愿服务发展提供了指引,回答了生态环境志愿服务工作要做什么、如何做、怎么保障等问题,为推动生态环境志愿服务持续健康发展提供了制度保障。

2. 天津市政策现状及实施成效

《天津市环境保护条例》提到,要鼓励基层群众性自治组织、环境保护志愿者及社会组织开展生态环境保护宣传,参与生态环境教育、环保科普和生态保护实践,倡导绿色生活方式,推动环境信息公开,监督生态环境违法行为。2017 年 12 月 1 日起施行的《天津市志愿服务条例》,保障了天津市志愿者、志愿服务组织、志愿服务对象的合法权益。2018 年 5 月 18 日,市社会组织管理局联合市行政审批办推出《关于全面推进社会组织登记审批改革工作的通知》,简化了社会组织登记审批流程。

2018 年 7 月,天津检察机关出台《关于发挥检察职能保障打好污染防治攻坚战促进生态文明建设的意见》,要求全市各级检察机关将打好污染防治攻坚战作为当时检察机关的重点工作,建立公益诉讼专门办案机构,整合专业人才,加强生态环境检察专业化建设。《天津市环境保护条例》规定要鼓励和支持符合法律规定的社会组织依法提起环境公益诉讼。

(1)健全规范体制。《天津市志愿服务条例》保障了天津市志愿者、志愿服务组织、志愿服务对象的合法权益。此外,天津市建立了"天津市志愿服务网"网站,该网站由市文明办、市民政局、团市委、市妇联、市红十字会主办,由北方网、天津文明网承办,为天津市志愿者提供了便捷参与各项公益活动的途径。

(2)逐渐壮大志愿者力量。近年来,天津市环保志愿者队伍和环保社团以及天津市各高校环保社团的人数迅猛增长。志愿者们采取各种易于被居民和公众接受的宣传形式,向公众发放环境保护宣传教育手册、折页,张贴环保宣传画,捡拾路边垃圾和打捞海河河道中的漂浮物,参加"六五环境日""地球日""水日"等环保纪念公益宣传活动,监督和举报企业的环保方面的违法行为,组织骑行活动到外地开展环保宣传等。这些环保志愿者和环保社团的身影无处不在,为天津市创建环境保护模范城市、国家卫生城市(区)和全国文明城市(区)等做出了重要贡献,也影响和带动了一大批群众自觉参与到环境保护中来。2019 年,全国开展的"美丽中国,我是行动者"活动共选出百名最美生态环保志愿者,共有 4 名天津环保志愿者入选。

3. 天津市环保社会组织存在的问题

天津市环保社会组织的主要问题是发展滞后。根据中国社会组织公共服务平台上的社会组织登记信息,在 2010—2020 年,天津市环保类社会组织数量几乎没有增加,目前天津市的环保类社会组织总数不超过 20 个,大多是行业协会、环境学会等产业或学术组织,仅有个别几家公益性民间环保社会组织,其业务主要为野生候鸟保护、环保宣传教育、垃圾分类宣传以及环境污染防治,业务较为分散。在全国所有省、区、市中,天津市的环保社会组织发展处于末尾水平。究其原因,主要有 3 个方面。第一,环保类社会组织注册登记门槛过高,2017 年,市民政局为响应民政部注册登记政策,要求环保类社会组织将政府部门作为业务主管单位、法人代表必须有天津户口或在天津有房产等,只有满足上述条件的环保类社会组织才能登记注册、变更业务范围等,这在实操层面比较困难。第二,环保类社会组织没有稳定的资助方。目前,环保类社会组织工作人员收入较低,难以吸引专职人才长期发展,甚至难以生存。第三,环保类社会组织工作能力有限。目前,环保类社会组织与政府的配合度不高,因此工作价值尚未体现。

4. 其他省市的经验和做法

1)设立专项基金

目前,多个省、区、市均设立了环境公益诉讼专项基金。广西壮族自治区设立了首个环境公益诉讼专项基金;江苏省海州区检察院名下的海州区公益诉讼专项基金获批;云南省出台《昆明市环境公益诉讼救济专项资金管理暂行办法》,确保环境公益诉讼救济专项资金正规使用,昆明市据此建立了独立的环境公益诉讼救济专项基金账户,统一管理使用专项基金。

2）设立审判庭

目前,多个省、区、市设立环境保护审判庭等场所。贵州省贵阳市中级人民法院设立了环境保护审判庭、清镇市法院设立了环境保护法庭;江苏省无锡市两级法院相继成立环境保护审判庭和环境保护合议庭,且无锡市中级人民法院和无锡市检察院联合发布了《关于办理环境民事公益诉讼案件的试行规定》;云南省昆明市中级人民法院、市检察院、市公安局、市环保局联合发布了《关于建立环境保护执法协调机制的实施意见》,规定环境公益诉讼的案件由检察机关、环保部门和有关社会团体向法院提起诉讼。

5. 建议措施

1）动员整合生态环境志愿服务队伍

生态环境部门会同文明办,联合民政、教育、共青团、妇联等单位,在坚持志愿参与和社会化动员的基础上,广泛动员整合社会各方力量加入生态环境志愿服务行列。鼓励国家机关、企事业单位、人民团体、社会组织、高校社团等结合自身优势建立各具特色的生态环境志愿服务队伍。鼓励和支持具备专业知识、技能的优秀人才和公众人物加入生态环境志愿服务队伍,鼓励企事业单位的管理者和职工主动参与生态环境志愿服务,形成广泛的生态环境志愿服务力量。

2）发展培育生态环境志愿服务组织

积极降低环保类社会组织注册登记门槛,提供较为合理可行且标准清晰的登记注册要求。加强对生态环境志愿服务组织的培育扶持,通过政策引导、重点培育、项目资助等方式,建设一批枢纽型、支持型、社会影响力强的生态环境志愿服务组织。支持生态环境志愿服务组织通过承接公共服务项目、积极参加公益创业和公益创投、争取政府补贴与社会捐赠等多种途径,妥善解决志愿服务运营成本问题,增强组织造血功能。建立生态环境志愿服务组织与国家机关、群团组织、企事业单位、其他社会组织和基层群众性自治组织的沟通交流平台。建立健全生态环境志愿服务组织的管理制度,加强业务指导,促进生态环境志愿服务组织规范发展。

3）提供生态环境志愿服务平台

整合现有基层公共服务平台资源,紧密依托新时代文明实践中心,充分发挥生态文明教育场馆、对外开放设施、研学实践基地、生态环境宣传教育基地、生态环境科普基地、自然保护地、志愿服务站点及各种公共文化设施的作用,为生态环境志愿服务提供场所和便利条件。

4）规范生态环境志愿服务工作

建立健全生态环境志愿服务各项制度,规范和推行注册管理、服务记录、交流培训、激励保障等制度,保障志愿者、志愿服务组织、志愿服务对象的合法权益,不断提高志愿服务组织的服务效能和管理水平。充分利用互联网手段,依托便捷的信息平台,对志愿服务队伍和志愿者登记注册、项目发布、在线报名、时长记录、效果评价等进行线上管理。推动环保社会组织提供更加规范化、制度化、法制化和科学化的环保公益性服务,提升社会组织参与现代环境治理的能力和水平。

5)提升生态环境志愿服务专业化水平

建立健全分级分类的生态环境志愿服务培训体系。依托生态环境保护专业力量,结合志愿服务工作需求开发系列培训课程,开展志愿者岗前基础培训、项目知识技能专项培训、志愿者骨干管理培训等,不断扩大培训覆盖面,加强对生态环境志愿者骨干的培养,提升志愿服务规范化、专业化水平。生态环境部门每年至少组织 1 次面向志愿服务工作者、志愿服务组织负责人和志愿者的培训。

4.4　践行有行动

推动形成绿色发展方式和生活方式,是发展观的一场深刻革命。全国生态环境保护大会指出,我国要坚定不移贯彻新发展理念,坚定不移推进生态文明建设,推动"美丽中国"建设迈出重要步伐,倡导简约适度、绿色低碳的生活方式。将简约适度、绿色低碳的生活方式落到实处,是摆在我们面前的历史使命和现实任务。

2018 年 6 月 5 日,生态环境部、中央文明办、教育部、共青团中央、全国妇联联合发布并实施《公民生态环境行为规范(试行)》,从关注生态环境、节约能源资源、践行绿色消费、选择低碳出行、分类投放垃圾、减少污染产生、呵护自然生态、参加环保实践、参与监督举报、共建美丽中国等 10 个方面推动公民践行保护生态环境。

4.4.1　践行垃圾分类

1. 国家政策要求

2017 年起我国大力推进垃圾分类工作。2017 年 3 月 18 日,国家发展改革委、住房和城乡建设部出台《生活垃圾分类制度实施方案》,要求 2020 年底前,北京、天津、上海等 46 个重点城市先行实施生活垃圾分类。同年 6 月 12 日,国管局(国家机关事务管理局)、住房和城乡建设部、发展改革委、中央宣传部、中直管理局等五部委联合发布《关于推进党政机关等公共机构生活垃圾分类工作的通知》,要求 2017 年底前,中央和国家机关及省(区、市)直机关率先实现生活垃圾强制分类;2020 年底前,直辖市、省会城市、计划单列市及住房和城乡建设部等部门确定的生活垃圾分类示范城市的城区范围内公共机构实现生活垃圾强制分类。2017 年 12 月 20 日住房和城乡建设部印发《关于加快推进部分重点城市生活垃圾分类工作的通知》,要求 2018 年 3 月底前,北京、天津、上海等 46 个重点城市出台生活垃圾分类管理实施方案或行动计划。

2019 年 11 月 15 日,住房和城乡建设部发布了《生活垃圾分类标志》标准,相比于 2008 年版的标准,新标准的适用范围进一步扩大,生活垃圾类别被调整为可回收物、有害垃圾、厨余垃圾和其他垃圾 4 个大类 11 个小类,标志图形符号共删除 4 个、新增 4 个、沿用 7 个、修改 4 个。

2. 天津市政策现状及实施成效

1)建立制度体系

2017 年 12 月,天津市容园林委、市发展改革委印发《关于我市生活垃圾分类管理的实施意见》,要求生活垃圾在分类原则上采取"干湿分类",到 2020 年底,形成可复制、可推广的生活垃圾分类模式,每个区建成 2 个以上生活垃圾分类示范社区。2019 年 3 月,天津市出台《天津市生活垃圾分类指南》,将 2017 年规定的"干湿垃圾"调整为"可回收物、厨余垃圾、有害垃圾、其他垃圾" 4 类,规范了天津市生态垃圾分类收集、运输、处理的全流程。2019 年 6 月,天津市城市管理委印发了《推进生活垃圾分类工作的实施方案》,要求 2019 年底居民生活垃圾分类居民知晓率不低于 80%,全市各级公共机构垃圾强制分类覆盖率达 100%,居民社区垃圾分类覆盖率达 60% 以上,全市生活垃圾回收利用率达 20% 以上,到 2020 年,天津市生活垃圾分类的法律法规和制度体系基本建立。2019 年初,天津市城市管理委制定了《2019 年天津市生活垃圾分类工作实施方案》,明确指出,到 2020 年,天津市生活垃圾分类的法律法规制度体系基本建立。

2)组织垃圾分类宣传活动

2017 年,"天朗之声"环保志愿者走进公园、广场、社区,发放垃圾分类各类宣传资料 1 500 余份,发放垃圾桶 600 余个、垃圾袋 800 余卷、分类垃圾贴纸 1 800 余份,设置"教你垃圾分类"服务点 18 个,参与垃圾分类互动游戏的居民达 3 200 余人次。其中,一些优秀的垃圾分类宣传志愿者,还在宣传活动的推进过程中,形成了各具特色的做法,为城市环保创新管理贡献了金点子。在这些成绩的背后,凝聚了许许多多环保志愿者的心血和才智,他们利用公共场所以海报、知识板及微视频等多种形式进行宣传,在潜移默化中培养市民的垃圾分类习惯。

3)编写垃圾分类教育读本

2019 年,天津市科委共编印了 15 万册垃圾分类知识教育读本,于春季开学之前,发放给所有中小幼教师;根据各区统计,目前全市已经有 92% 的学校把垃圾分类知识教育纳入各学段教育教学体系,95% 的学校组织开展了不同形式的垃圾分类校园文化或社会实践活动。

3. 天津市公众践行垃圾分类存在的问题

1）成本高，难以长期维持

垃圾分类处理是一项涉及居民、政府、物业等多方主体的公共服务，居民是制造垃圾的主体，垃圾分类首先离不开居民的积极参与，政府和物业都是垃圾分类的推动者。从2013年4月开始，天津中新生态城开展垃圾分类推广工作，在示范小区内设置了垃圾分类指导员、垃圾分类巡查员等岗位，在一定程度上提高了居民垃圾分类的意识。但由于这种垃圾分类宣传方式成本很高，难以长时间维持，导致后期垃圾分类效果不理想。

2）居民潜在意识薄弱

垃圾分类的内生动力机制的代表主要分为3种。第一类以日本为代表。日本是全世界垃圾分类做得最好的国家之一，同时又是全世界资源最为匮乏的国家之一，长期的反正进化，使日本国民养成了强烈的生存忧患意识，"垃圾是资源"的理念已真正深入日本国民的内心。此外，日本人认为给他人"添麻烦"是一件非常糟糕的事情，正因为有了这种意识和修养，日本人很少在公共场所或街上扔垃圾，也十分自觉地遵守当地垃圾分类的管理规定。第二类以欧美发达国家为代表。欧美发达国家经过上百年的发展，其社会文明程度高，人们不会因为乱扔垃圾这类小事冒险影响自身的社会信用度，而且，居民将垃圾分类视为生活的一部分，已经形成了一种行为习惯。第三类是以经济利益驱动垃圾分类的机制。如我国目前有近600万社会拾荒者，他们通过翻捡垃圾桶维持或补贴日常的生活开销。但我国居民自发的垃圾分类意识还较为淡薄，全社会缺乏垃圾分类的内生动力。对于天津而言，目前垃圾分类宣传比较到位，但居民潜在的垃圾分类意识仍比较薄弱。

4. 建议措施

1）完善分类投放收集系统建设

应做到居住社区、商业空间和办公场所的生活垃圾分类收集容器、箱房、桶站等设施设备齐全，生活垃圾分类标志统一规范、清晰醒目，使居民分类投放生活垃圾简便易行，确保有害垃圾单独投放。鼓励设置垃圾分类智能化设备，引导居民精准、便捷地进行生活垃圾分类，因地制宜逐步推行"撤桶并点建箱房"。

2）引导群众普遍参与

将生活垃圾分类作为加强基层治理的重要载体，强化基层党组织的领导作用，统筹居（村）民委员会、业主委员会、物业单位力量，发挥网格员作用，加强生活垃圾分类宣传，普及垃圾分类知识，提高居民参与率和知晓率，实现从"要我分类"到"我要分类"的转变。产生生活垃圾的单位、家庭和个人，依法履行生活垃圾源头减量和分类投放义务。

3）切实从娃娃抓起

将生活垃圾分类纳入各级各类学校教育内容,依托各级少先队、学校团组织等开展"小手拉大手""垃圾去哪了"等知识普及和社会实践活动,组织到生活垃圾处理环节现场教学,动员家庭积极参与。支持有条件的学校、社区建立生活垃圾分类志愿服务队,积极开展志愿服务行动和公益活动,加强生活垃圾分类宣传、培训、引导和监督。

4）营造全社会参与的良好氛围

加大生活垃圾分类的宣传力度,注重典型引路、正面引导,全面客观地报道生活垃圾分类政策措施及其成效,营造良好的舆论氛围。天津广播电视台、天津日报和今晚报等主流媒体加大生活垃圾分类宣传报道频次;各区大型宣传活动每月举办不少于 1 次,入户宣传每季度至少全覆盖 1 次;充分利用户外电子显示屏、宣传牌等载体,加大机场、火车站、公交场站(车厢)、地铁站(车厢)等人员密集场所的宣传力度,广泛宣传生活垃圾分类知识和政策法规。

5）发挥公共机构示范带动作用

机关、事业单位、国有企业以及使用财政资金的其他组织和驻津部队应高标准落实生活垃圾分类要求,对厨余垃圾、可回收物、有害垃圾、其他垃圾等实施分类投放。

6）积极创建生活垃圾分类示范街镇

在全面推行生活垃圾分类的基础上,采取创建生活垃圾分类示范街镇的方式,逐步提升全市生活垃圾分类水平。示范街镇要达到生活垃圾分类管理主体责任全覆盖、生活垃圾分类别全覆盖、生活垃圾分类投放收运处理系统全覆盖、居民生活垃圾分类知晓率和参与率达到 100%。示范街镇应当配备专职、兼职督导员和引导员,指导居民准确完成生活垃圾分类投放。

7）深入推进农村生活垃圾分类

因地制宜选择适合农村特点和农民习惯、简便易行的分类处理模式,有序推进农村生活垃圾分类工作。合理建设或配置生活垃圾分类收集房(站、点),提升乡镇生活垃圾分类运输能力,协同推进农村厨余垃圾与农业生产有机废弃物处理,以乡镇或村为单位探索垃圾就近就地资源化利用路径。

4.4.2　践行绿色消费

绿色消费,是指以节约资源和保护环境为特征的消费行为,主要表现为崇尚勤俭节约,减少损失浪费,选择高效、环保的产品和服务,降低消费过程中的资源消耗和污染排放。我国人口众多,资源禀赋不足,环境承载能力有限。近年来,随着经济较快发展、人民生活水平不断提高,我国已进入消费需求持续增长、消费拉动经济作用明显增强的重要阶段,绿色消费等新型消费具有巨大的发展空间和潜力。与此同时,过度消费、奢侈浪费等现象依然存在,绿色的生活方式和消费模式还未形成,这些加剧了资源环境瓶颈约束。

促进绿色消费,既是传承中华民族勤俭节约传统美德、弘扬社会主义核心价值观的重要体现,也是顺应消费升级趋势、推动供给侧改革、培育新的经济增长点的重要手段,更是缓解资源环境压力、建设生态文明的现实需要。

1. 国家政策要求

《中共中央 国务院关于加快推进生态文明建设的意见》《生态文明体制改革总体方案》《国务院关于积极发挥新消费引领作用加快培育形成新供给新动力的指导意见》等文件要求,促进绿色消费,加快生态文明建设,推动经济社会绿色发展。2016 年 2 月 17 日,国家发展改革委、中宣部、科技部、财政部、原环境保护部、住房和城乡建设部、商务部、质检总局、旅游局、国管局十部门联合印发《关于促进绿色消费的指导意见的通知》(发改环资〔2016〕353 号),要求加强宣传教育,在全社会厚植崇尚勤俭节约的社会风尚,大力推动消费理念绿色化;规范消费行为,引导消费者自觉践行绿色消费,打造绿色消费主体;严格市场准入,增加生产和有效供给,推广绿色消费产品;完善政策体系,构建有利于促进绿色消费的长效机制,营造绿色消费环境。2018 年 9 月 20 日,《中共中央、国务院关于完善促进消费体制机制 进一步激发居民消费潜力的若干意见》指出,推进绿色消费,建立绿色产品多元化供给体系,丰富节能节水产品、资源再生产品、环境保护产品、绿色建材、新能源汽车等绿色消费品生产;鼓励创建绿色商场、绿色饭店、绿色电商等流通主体,开辟绿色产品销售专区;鼓励有条件的地方探索开展绿色产品消费积分制度;推进绿色交通体系和绿色邮政发展,规范发展汽车、家电、电子产品回收利用行业;全面推进公共机构带头绿色消费,加强绿色消费宣传教育。

2. 天津市政策现状及实施成效

为大力倡导生态消费理念,培养居民绿色、安全的可持续消费方式,2012 年 3 月 11 日,天津市在南开大学成立了国内首家绿色消费教育研究基地——天津市绿色消费教育研究基地。该基地以提高全民绿色消费观念、大力发展绿色产业为目标,积极开展调研实践并提出建议,助力推动天津市绿色消费变革。2015 年,为充分发挥流通环节引导消费和生产的作用,提高流通领域节能发展水平,培养消费者绿色消费、节约消费的意识和习惯,形成勤俭节约、保护环境的良好社会氛围,市商务委会同市委宣传部、市发展改革委在全市组织开展十项活动,进一步促进流通发展方式的转变,实现流通业提质增效、建设美丽天津、促进国民经济健康可持续发展、构建节约资源和保护环境的生产方式和生活方式。2019 年 3 月 11 日,天津市人民政府办公厅印发《关于完善本市促进消费体制机制进一步激发居民消费潜力实施方案的通知》,要求坚持绿色发展,培育健康理性的消费文化;提高全社会绿色消费意识,鼓励节约适度、绿色低碳、文明健康的现代生活方式和消费模式,力戒奢侈浪费型消费和不合理消费,推进可持续消费;大力推广绿色消费产品,推动实现绿色低碳循环发展,营造绿色消费的良好社会氛围。

天津市通过专版专栏、政务微博、短信平台,以《中华人民共和国消费者权益保护法》为重点,广泛开展普法宣传;深入商场超市开展法律法规培训、消费体察等活动;开展天津市绿色产品认证普法宣传活动;印发《关于转发国家发展改革委等七部门印发的绿色产业指导目录(2019 年版)的通知》,开展生态文明与绿色指标培训,引导绿色产业发展;邀请天津市重点企业、各商会和协会代表,就我国绿色产品的相关法律法规和相关知识进行宣讲。

3. 建议措施

1)深入开展全民教育

加强资源环境基本国情教育,大力弘扬中华民族勤俭节约的传统美德和党艰苦奋斗的优良作风,开展全民绿色消费教育。从娃娃抓起,将勤俭节约、绿色低碳的理念融入家庭教育、学前教育、中小学教育、未成年人思想道德建设教学体系,组织开展第二课堂等社会实践。把绿色消费作为妇女和家庭思想道德教育、学生思想政治教育、职工继续教育和公务员培训的重要内容。

2)倡导绿色生活方式

合理控制室内空调温度,推行夏季公务活动着便装。开展旧衣"零抛弃"活动,完善居民社区再生资源回收体系,有序推进二手服装再利用。抵制珍稀动物皮毛制品。推广绿色居住,减少无效照明,减少电器设备待机能耗,提倡家庭节约用水、用电。鼓励步行、骑自行车和乘坐公共交通工具等低碳出行方式。鼓励消费者旅行时自带洗漱用品,提倡重拎布袋子、重提菜篮子、重复使用环保购物袋,减少一次性日用品使用。制定、发布绿色旅游消费公约和消费指南。支持发展共享经济,鼓励个人闲置资源的有效利用,有序发展网络预约拼车、自有车辆租赁、民宿出租、旧物交换利用等,创新监管方式,完善信用体系。在中小学校试点进行校服、课本循环利用。

3)鼓励绿色产品消费

继续推广高效节能电机、节能环保汽车、高效照明产品等节能产品。加大新能源汽车推广力度,加快电动汽车充电基础设施建设。组织实施"以旧换再"试点,推广再制造发动机、变速箱,建立健全对消费者的激励机制。实施绿色建材生产和应用行动计划,推广使用节能门窗、建筑垃圾再生产品等绿色建材和环保装修材料。推广环境标志产品,鼓励使用挥发性有机物含量低的涂料、干洗剂,引导使用低氨、低挥发性有机污染物排放的农药、化肥。鼓励选购节水龙头、节水马桶、节水洗衣机等节水产品。

4)深入开展全社会反对浪费行动

开展反过度包装行动,着力整治以奢华包装为代表的奢靡之风,开展定期专项检查,加大市场监管和打击力度,严厉整治过度包装行为。

开展反食品浪费行动,贯彻落实《关于厉行节约反对食品浪费的意见》,杜绝公务活动用餐浪费。餐饮企业应提示顾客适当点餐,鼓励餐后打包,合理设定自助餐浪费收费标准。倡导婚丧嫁娶等红白喜事从简操办,推行科学文明的餐饮消费模式,提倡家庭按实际需要采购加工食品,争做"光盘族"。加强粮食生产、收购、储存、运输、加工、消费等环节管理,减少粮食损失浪费。

开展反过度消费行动,严格执行《党政机关厉行节约反对浪费条例》,严禁超标准配车、超标准接待和高消费娱乐等行为,细化明确各类公务活动标准,严禁浪费。各级党政机关及党员领导干部要带头,坚决抵制生活奢靡、贪图享乐等不正之风,大力破除讲排场、比阔气等陋习,抵制过度消费,改变"自己掏钱、丰俭由我"的错误观念,形成"节约光荣,浪费可耻"的社会氛围

4.4.3 推进绿色系列创建

1. 国家政策要求

党的十九大报告明确提出"倡导简约适度、绿色低碳的生活方式,反对奢侈浪费和不合理消费,开展创建节约型机关、绿色家庭、绿色学校、绿色社区和绿色出行等行动"的要求。《中共中央关于制定国民经济和社会发展第十四个五年规划和二〇三五年远景目标的建议》首次提出"开展绿色生活创建活动",并把绿色生活作为推动绿色低碳发展的重要内容之一。2018 年 9 月 20 日,中共中央、国务院印发《关于完善促进消费体制机制 进一步激发居民消费潜力的若干意见》,指出鼓励创建绿色商场、绿色饭店、绿色电商等流通主体,开辟绿色产品销售专区。推进绿色交通体系和绿色邮政发展,规范发展汽车、家电、电子产品回收利用行业。2019 年 11 月 5 日,发展改革委印发实施《绿色生活创建行动总体方案》,指出通过节约型机关、绿色家庭、绿色学校、绿色社区、绿色出行、绿色商场、绿色建筑等创建行动,广泛宣传推广简约适度、绿色低碳、文明健康的生活理念和生活方式,建立完善绿色生活的相关政策和管理制度,推动绿色消费,促进绿色发展。2020 年 1 月至今,相关部委相继印发了《绿色商场创建实施工作方案(2020—2022 年度)》《节约型机关创建行动方案》《绿色建筑创建行动方案》《绿色出行创建行动方案》《绿色社区创建行动方案》《绿色家庭创建行动方案》等,进一步推动绿色创建落地实施。

2. 天津市政策现状及实施成效

1)绿色商场创建

2020 年 3 月 23 日,市商务局印发《天津市绿色商场创建工作实施方案(2020—2022 年度)》的通知,该方案明确了天津市绿色商场创建行动的工作目标、创建内容、创建流程、工作安排和工作要求等内容,旨在通过开展绿色商场创建活动,广泛宣传简约适度的

生活理念,积极倡导绿色低碳的生活方式,营造天津市崇尚、践行绿色新发展理念的良好氛围。创建主体以建筑面积为 5 万平方米(含)以上的大型商场(商业综合体)为主。该方案通过创建打造一批提供绿色服务、引导绿色消费、实施节能减排、资源循环利用的绿色商场,深挖流通业发展潜力,促进绿色消费,践行低碳环保,推动绿色发展。到 2022 年底,力争天津市 40% 以上的大型商场初步达到创建要求,绿色商场创建取得突出成效,绿色消费观念深入人心,绿色消费方式得到普遍实践。

2)节约型机关创建

2020 年 5 月,市机关事务管理局会同市发展改革委、市财政局制定印发了《天津市节约型机关创建行动方案》,在全市各级党政机关中正式启动节约型机关创建行动。该方案对天津市节约型机关创建行动的总体要求、对象、工作目标和实施流程等内容进行了明确规定,提出创建对象为全市处级及以上党政机关,其中包括党的机关、人大常委会机关、行政机关、政协机关、监察机关、审判机关、检察机关,以及工会、共青团、妇联等人民团体和参照公务员法管理的事业单位。《天津市节约型机关创建行动方案》要求,2020 年底,全市不少于 20% 的处级及以上党政机关建成节约型机关;2021 年底,全市不少于50% 的处级及以上党政机关建成节约型机关;2022 年底,全市不少于 70% 的处级及以上党政机关建成节约型机关。

开展节约型机关创建行动,旨在推动市、区、街(镇、乡)三级党政机关厉行勤俭节约、反对铺张浪费,健全节约能源资源管理制度,提高能源资源利用效率,降低机关运行成本,推行绿色办公,率先全面实施生活垃圾分类制度,引导干部、职工养成简约适度、绿色低碳的生活和工作方式,形成崇尚绿色生活的良好氛围,为生态文明建设不断贡献力量。

3)绿色建筑创建

2020 年 10 月 20 日,天津市住房城乡建设委等九部门印发《天津市绿色建筑创建行动实施方案》的通知(津住建科〔2020〕46 号),明确了天津市绿色建筑创建行动的工作目标、重点任务、组织实施等内容,旨在推动全市绿色建筑高质量发展。该方案要求到 2022年,当年城镇新建建筑中绿色建筑面积占比达到 80%,星级绿色建筑规模持续增加,推进公共建筑能效提升重点城市建设,提升既有建筑能效水平,完善以居住者为中心的住宅健康性能,提高新建装配式建筑比例和绿色建材应用比例,推广绿色住宅使用者监督模式,使绿色建筑理念深入人心,形成崇尚绿色生活的社会氛围。该方案提出 8 个方面的重点任务,分别为推动新建建筑全面实施绿色设计、完善星级绿色建筑标识制度、提升建筑能效水平、提高住宅健康性能、推广装配化建造方式、推动绿色建材应用、加强技术研发推广、建立绿色住宅使用者监督机制,全力推动目标的实现。

4)绿色社区创建

2020 年 11 月 3 日,市住房城乡建设委等八部门印发《天津市绿色社区创建行动实施方案》的通知,明确了天津市绿色社区创建行动的创建对象、创建目标、创建内容、实施步骤、保障措施等内容,提出创建对象为天津市城市社区,即天津市城市社区居民委员会所辖空间区域。

开展绿色社区创建行动,要求将绿色发展理念贯穿社区设计、建设、管理和服务等活动的全过程,以简约适度、绿色低碳的方式,推进社区人居环境建设和整治,不断满足人民群众对美好环境与幸福生活的向往。该方案旨在通过绿色社区创建行动,使生态文明理念在社区进一步深入人心,推动社区最大限度地节约资源、保护环境。

《天津市绿色社区创建行动实施方案》提出到 2020 年,全市各区每个街道至少启动 1~2 个社区试点;到 2021 年,全市各区 30% 以上的城市社区参与创建行动并达到创建要求;到 2022 年,全市绿色社区创建行动取得显著成效,全市各区 60% 以上的城市社区参与创建行动并达到创建要求,基本实现社区人居环境整洁、舒适、安全、美丽的目标。

5)绿色出行创建

天津市较早开始倡导绿色出行,持续推动城市交通健康发展,以创国内一流水平、建设公交都市为目标,通过落实优先发展城市公共交通各项政策措施,构建以轨道交通为骨干、公共汽车为主体、其他公共交通方式为补充、智能化管理系统为手段、交通枢纽为衔接的天津市城市公共交通新格局,增强公共交通的吸引力,确立公共交通在城市交通中的主体地位。2013 年 9 月 17 日,天津市出台《关于我市优先发展城市公共交通的实施意见》。2016 年,市文明办、市教委、市环保局、市体育局、市总工会、团市委、市妇联联合发布《市民绿色出行文明出行倡议书》,号召天津市市民自觉践行绿色发展、低碳的生活理念,踊跃参与绿色出行行动。2019 年 12 月,经全面考评验收,天津市被授予"国家公交都市建设示范城市"称号。《2019 年 Q2 中国主要城市交通分析报告》首次发布的"绿色出行意愿指数"显示天津市市民绿色出行意愿指数在全国位居前列。

2020 年 12 月 29 日,天津市交通运输委员会关于印发《天津市绿色出行创建行动方案》的通知(津交发〔2020〕224 号),明确了天津市绿色出行创建行动的行动意义、创建目标、创建重点任务、保障措施等内容,同时指出开展绿色出行创建是推进生态文明建设的重点举措,是推进交通强国建设的关键工作,是创建公交都市示范城市和文明城市、打造美丽天津的重要途径,对于全市推进绿色出行稳步发展,提高绿色出行方式吸引力,增强公众绿色出行意识,进一步提高城市绿色出行水平具有重要意义。

该方案提出到 2022 年,初步建成布局合理、生态友好、清洁低碳、集约高效的绿色出行服务体系,绿色出行环境明显改善,公共交通服务品质显著提高,公众出行主体地位基本确立,绿色出行装备水平明显提升,人民群众对选择绿色出行的认同感、获得感和幸福感持续增强。

该方案提出 5 大重点任务:一是完善基础设施建设;二是推进绿色车辆规模应用;三是加快推进公交优先发展;四是实现交通服务创新升级;五是大力培育绿色出行文化。

6）绿色家庭创建

2003 年 6 月,天津市正式启动"天津市首届创建绿色家庭活动",以"倡导绿色生活,营建绿色家庭"为主题,得到了全市百万家庭热烈响应。在天津市开展的首届"创建绿色家庭"活动中, 109 户家庭荣获"绿色家庭"称号并受到表彰。该活动以唤起更多家庭成员保护环境的自觉意识为目的,结合各自实际,组织开展了丰富多彩的宣传活动。通过活动的深入开展,全市家庭成员的环保意识进一步增强,市民参与环保事业的自觉性进一步提高,涌现出一大批环保热心人士和绿色文明家庭。

为深入贯彻落实习近平生态文明思想和党的十九大和十九届二中、三中、四中全会精神,按照全国妇联、国家发展改革委的部署要求,天津市妇联、发展改革委、生态环境局、教委共同研究制定了天津市《绿色家庭创建行动方案》,面向全市广大家庭开展绿色生活宣传和绿色生活主题实践活动,引导家庭成员提升生态文明素养、节约资源、绿色消费、绿色出行。天津市《绿色家庭创建行动方案》提出,到 2022 年力争全市 80% 以上的城乡家庭初步达到创建要求,生态文明理念进一步深入人心,家庭中简约适度、绿色低碳的生活方式普遍形成,涌现出一批绿色家庭优秀典型,全社会形成崇尚绿色生活的文明新风尚。

天津市鼓励街区大型商业企业创建绿色商场、绿色餐饮等,实施各类节能设施改造项目, 2016—2019 年,天津市成功创建国家绿色商场 5 家。该项目周密部署推进,广泛动员发动群众。2021 年 8 月底,天津市市机关事务管理局等 627 家党政机关单位成功创建第一批全国节约型机关,占全市副处级以上党政机关总数的 37.3%,超出计划创建目标 290 家,超额完成了创建任务。天津市创新绿色建筑激励机制,率先在全国实施居住建筑四步节能设计标准、公共建筑三步节能设计标准,开展被动式超低能耗建筑示范,运用市场和行政手段调动各方积极性,提升高星级绿色建筑比例。"十三五"期间,天津市累计获得绿色建筑评价标识项目 280 个,建筑面积达 2 649.87 万平方米,新建民用建筑 100% 执行绿色建筑标准,高星级绿色建筑项目数量占比为 67.15%;4 个项目获得国家绿色建筑创新奖,超额完成"十三五"的发展目标;绿色建筑面积位居全国前列,实现绿色建筑全覆盖发展。2018 年,天津市对 250 所市级绿色学校进行首批复查认定,包括 32 所优秀市级绿色学校和 194 所合格市级绿色学校。

3. 建议措施

（1）广泛开展绿色生活行动。全面贯彻实施《绿色生活创建行动总体方案》（发改环资〔2019〕1696 号）,深入实施绿色生活创建行动,开展节约型机关、绿色家庭、绿色社区、绿色学校、绿色出行、绿色商场、绿色建筑等创建活动。到 2025 年,绿色生活创建行动取得显著成效。

（2）加强教育引导。提升广大青少年绿色生活创建的主动性和自觉性,把节约资源作为从源头上保护环境的治本之策,不断强化社会成员,特别是广大青少年的节约意识,积极践行绿色低碳的消费模式和生活方式。以绿色家庭创建为依托,面向广大城乡家庭,调动家庭成员绿色生活创建的积极性。

（3）强化组织管理。天津市发展改革委要加强对各单项创建行动的统筹协调,组织各单项创建行动牵头部门对工作落实情况和成效开展年度总结评估,及时推广先进经验和典型做法,督促推动相关工作。各级财政部门要对创建行动给予必要的资金保障。各级宣传部门要组织媒体利用多种渠道和方式,大力宣传推广绿色生活理念和生活方式,营造良好的社会氛围。

4.4.4　开展公益诉讼

1. 国家政策要求

新修订的《环境保护法》规定,对污染环境、破坏生态,损害社会公共利益的行为,依法在设区的市级以上人民政府民政部门登记并且专门从事环境保护公益活动连续五年以上且无违法记录的社会组织可以向人民法院提起诉讼。2017年1月26日,原环境保护部、民政部联合印发《关于加强对环保社会组织引导发展和规范管理的指导意见》,明确有条件的地方可申请财政资金支持环保社会组织开展社会公益活动,到2020年,在全国范围内建立健全环保社会组织有序参与环保事务的管理体制。2018年7月10日,人民检察院出台《关于全面加强生态环境保护 依法推动打好污染防治攻坚战的决议》,强调要继续加强与环保协会等社会组织的沟通联系,在法律咨询、证据收集等方面提供专业支持和帮助,形成相关职能部门、社会公益组织、司法机关同心合力保护生态环境的格局。《关于加强对环保社会组织科学发展和规范管理的指导意见》提出要引导具备资格的环保组织依法开展生态环境公益诉讼等活动。

2. 天津市公益诉讼进展情况

自2017年7月1日起,天津市全面推进公益诉讼工作。市检察机关依法对污染环境、破坏生态的行为提起公益诉讼。2015年12月10日,国内环保团体——中国生物多样性保护与绿色发展基金会诉德国大众汽车排放超标环境公益诉讼案在天津市第二中级人民法院立案,这是天津市首例环境公益诉讼案,也是中国首例与机动车尾气污染有关的公益诉讼案。2018年7月23日,由天津市津南区检察院提起的天津首例破坏生态环境刑事附带民事公益诉讼案件在津南区人民法院开庭审理。2019年6月5日,天津市检察院第二分院提起诉讼的天津市首例环境民事公益诉讼案件在天津市第二中级人民法院开庭审理。截至2018年6月15日,全市检察机关共收集环境公益案件线索178件,立案环境公益案件55件,办理环境诉前程序案件32件,办理环境民事公益支持起诉案件 1 件,提起环境公益诉讼 2 件。

3. 天津市环保组织公益诉讼存在的问题

环保组织公益诉讼力量薄弱。截至目前,天津市只有一起环境公益诉讼是由天津市环保组织提起的。这可能有以下原因:一是由于天津市环保组织主要从事环境保护相关的宣传教育工作;二是环保组织的能力普遍较弱,环境法律能力欠缺,法律资源获取能力有限;三是提起公益诉讼是需要成本的,环保组织经费缺乏也是一大问题。环境公益诉讼不同于其他诉讼,其关键证据需要鉴定,而鉴定结果往往是环境诉讼的"制胜法宝",但鉴定费少则需要 10 万元左右,多则需要上百万元,此外还有高额的诉讼、律师费用。鉴定费需要由委托人先行垫付,在胜诉后作为一项败诉责任由被告承担,但一旦败诉高额的鉴定费用则会由委托人承担。同时,环保组织资金来源匮乏,作为非营利性质的组织,大部分环保组织没有稳定的资金来源,环保组织在维持日常运作之余无力负担高额的鉴定费用,资金问题成为环保组织提起环境公益诉讼的拦路虎[①]。因此,需要制定落实措施,加强引导天津市具备资格的环保组织依法开展生态环境公益诉讼。

4. 建议措施

1)提升环保组织的法律能力

联合高校加强对专业人才的培养力度,鼓励律师等专业人才积极参与,为环保组织提起公益诉讼提供专业支持。同时鼓励引导环保组织,充分借鉴各专业领域的宝贵经验,联合高校环境资源法研究中心,以及法院、检察院等司法部门,在环保社会组织内部建立培训业务能力的长效机制,提高环保组织工作人员的业务水平。

2)建立检察机关提起民事公益诉讼与社会组织提起环境公益诉讼的衔接程序

一方面检察机关可发挥监督指导作用,减轻社会组织的诉讼压力;另一方面,检察机关在必要时可作为共同原告参与公益诉讼,在为社会组织提供专业支持的同时,增强社会组织提起公益诉讼的信心和热情,有利于高效便捷地解决问题。

3)建立环境公益诉讼基金制度

根据实际,可设立环境公益诉讼专项基金,专款专用,进一步推进天津市环保组织开展环境公益诉讼。同步推进公益诉讼奖励制度,以此增强相关组织参与公益诉讼的信心。鼓励有一定经济能力或财政宽松的公益组织联合成立环境公益诉讼支持基金,实现组织之间的相互帮扶。

---

① 马煜,曾彩琳. 公益诉讼中环保组织的困境及其"破局"[J]. 广西政法管理干部学院学报,2021,36(4):98-104.

4.5 提升生态环保系统宣教能力

生态环境宣传教育是新时代生态环境保护工作和生态文明建设的基础性、先导性工作,是生态环境保护事业永恒的主题,担负着凝聚思想共识、团结稳定鼓劲的重任,是全面打好污染防治攻坚战和生态文明建设持久战的重要手段,也是鼓励公众参与生态环保工作、提高公众环境意识的重要抓手。

2020 年 7 月 23 日,生态环境部办公厅发布《关于印发〈居民生态环境与健康素养提升行动方案(2020 — 2022 年)〉》,要求各地生态环境部门贯彻《环境保护法》《健康中国行动(2019 — 2030 年)》《关于构建现代环境治理体系的指导意见》等法律规范和要求,实施居民生态环境与健康素养提升行动,到 2022 年全国居民生态环境与健康素养提升水平达到 15% 及以上。这就要求我们加强生态环境宣传教育,不断提升生态环境保护的社会影响力、社会支持度和公众参与度,推动形成公众“美丽中国·我是行动者”的自觉环保实践和高尚价值追求,为有力推进生态宜居的美丽天津市建设奠定坚实基础。

4.5.1 天津市生态环境保护宣传能力建设成效

1. 强化宣教队伍建设

(1)加强宣教人才引进。通过公开招聘引进专业人才,主要涉及环境科学、新媒体宣传和行政管理领域,主要负责新媒体宣传工作,承担环境新闻信息采集、撰写、发布及环境应急摄录像等任务,为应对新媒体形势下开展生态环境宣教工作注入坚实力量。

(2)加大宣教人员培训力度。举办生态环境系统宣教岗位培训班、观摩交流现场会等,提升宣教队伍的理论水平和业务能力。认真履行主体责任,紧抓实抓硬抓党风廉政建设和行风建设,深入落实市委《关于充分调动干部积极性激励担当作为创新竞进的意见(试行)》的精神,不断完善正向激励、容错纠错机制,为敢担当、有作为的干部撑腰作劲,通过专项活动、实战任务锤炼干部,努力建设一支特别能吃苦、特别能战斗、特别能奉献的环保宣教铁军。

2. 完善宣教平台

(1)实施例行发布会制度。天津市深入贯彻落实生态环境部办公厅《关于进一步加强环境信息发布工作的通知》有关要求,以改善环境质量为核心,紧扣水、气、土“三大战役” 等环保中心工作和重点任务,围绕环境保护重大政策、法律法规、环境质量、重大突发环境事件等,定期召开例行发布会,组织重点时段新闻发布会,及时进行权威发布和解读,在强化与中央驻津媒体机构和天津市主流媒体沟通联系的基础上,守好《环境保护》

《中国环境报》和《今日环境》等专业媒体的主阵地,不断拓展国内外多媒介的新闻报道渠道。

（2）构建天津市生态环境宣教平台。目前,天津市着力打造大宣传工作格局,构建横纵十字形宣传渠道,目前形成了线下平台、传统媒体、互联网新媒体全覆盖的环境教育宣传平台体系。线下平台主要包括公共场所宣传语、环境保护读本、环境教育示范基地、环保设施开放、培训教育等;传统媒体主要包括报纸、杂志、电视、广播;互联网新媒体包括政务新媒体("双微")、津云等各级互联网媒体、网络公开课。天津市生态环境宣教平台细分如图 4-7 所示。

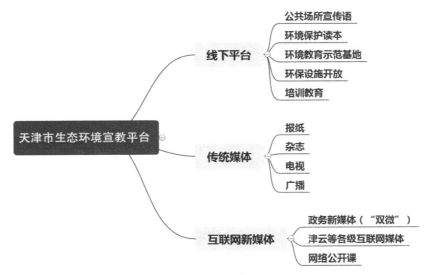

图 4-7　天津市生态环境宣教平台细分

（3）编制《天津市志·环境保护志》。2014 年底,天津市启动环保志编纂工作,历时 4 年,编制完成了记录天津环境保护大半个世纪历史的鸿篇巨制。2018 年底,《天津市志·环境保护志》出版,它是天津市首部记述环境保护事业的地方志。成书上、下两册,计 220 万字, 8 篇 53 章,重点记载了从 1957 至 2015 年天津环境保护事业发展的历史。《天津市志·环境保护志》以较翔实的数据、珍贵的资料和图片,系统、客观、真实地展示出天津环境保护事业发展的历史全貌,是一部集专业性、技术性、实践性、系统性为一体的环保文献,也是市情教育的宝贵资料。《天津市志·环境保护志》同时记载了天津的自然环境概况,以及各个区县的环境质量状况,包括空气环境质量、水环境质量、声环境质量、辐射环境质量和生态环境状况,还介绍了关于环境信访、环保举报热线办理和环境保护社会监督等信息公开与公众参与的内容,为社会公众提供了大量的资料。通过阅读该志,可以纠正一些人头脑中"环保工作可有可无"的思想,有利于人民群众了解天津的环境保护事业的发展情况,并对提升大众的环境保护意识起到一定的积极作用。

（4）推动公众设施开放。2017年,天津市印发《天津市2017—2018年环保设施和城市污水垃圾处理设施面向公众开放实施计划》,规定了4家开放单位,要求各开放单位可根据工作实际自行安排开放时间,原则上每两个月至少组织开展一次公众开放活动,预约参观人数较多时应适当增加开放次数。随后,天津市逐渐增加面向公众开放的环保设施单位,仅2019年5月27日至6月5日,天津市的14个行政区的30家环保设施单位就开放31次,共接待参观群众747人次;开展环境教育示范基地创建,共创建了11个市级环境教育示范基地,其中有5个被生态环境部、教育部联合命名为全国中小学环境教育社会实践基地。

（5）强化传统媒体支撑。天津市持续加强与《人民日报》、中央人民广播电视总台、《中国环境报》等10余家中央驻津和地方媒体的交流与合作,不断加大对《新华日报》《中国环境报》、新华网等主流媒体的投稿力度,以改善生态环境质量、实现经济高质量发展为出发点,以重大节日和主题活动宣传为着力点,以解读打好污染防治攻坚战政策措施为切入点,创新宣传形式,以鲜活生动的语言讲好环保故事、传递科学信息、宣传治理成效,为打赢污染防治攻坚战贡献力量。

（6）建设全市环保"两微"新媒体矩阵。2014年起,天津市及16个区生态环境部门相继开通了官方微博和微信公众号,全市环保系统新媒体矩阵基本构建完成,并派专人运营管理。天津市生态环境政务微矩阵如图4-8所示。截至目前,天津市生态环境"双微"已有粉丝50多万人,每天发布信息2~3次,每天发布空气质量日报,长期发布本地环保工作动态,宣传省级和国家级的环保有关政策,开展环保案例分析和解读,同时定期组织开展环保宣传活动。2018年9月1日至2019年8月31日,相关部门共在微博平台发布文章23 257篇,转发16 424篇,点赞数达8 616,评论达3 278条,总阅读量近2 000万次;在微信一年发布文章941篇,阅读量近100万次,点赞数达10 735。"两微"每月发布环境违法典型案例,每天发布环境问题举报事件,开设了"秋冬季大气污染综合治理攻坚行动"执法检查问题曝光台,参与互动人数创新高;策划"童心童声·声声环保"视频大赛、"环小津"卡通形象征集等互动活动8次,累计参与人数10万余人。新媒体产品开发制作种类多样,天津市发挥新媒体优势,创新宣传手段,制作《美丽中国我是行动者》等微视频8部,《蓝天保卫战如何打?"三年作战计划"一图读懂》等图解产品19件,2019年生态环境日历等H5产品8件。"两微"影响力排名稳居全国前列,根据《中国环境政务新媒体2018—2019年度报告》,中国环境政务新媒体综合影响指数为1 365.4,"两微"在中国环境政务新媒体最具影响力机构微博、微信综合省级榜单中排名第8,其中微博影响力指数为1 863.5,微信影响力指数为2 066.8,在全国省级微信、微博单榜中均排名前十。

（7）开拓其他新媒体宣传力量。紧跟新媒体形式,加大津云媒体宣传,天津市生态环境局(原天津市环保局)副局长陆文龙与津云新媒体集团董事长韩颖新,分别代表双方签署了"全媒体时代生态环境保护宣传教育战略合作"协议,进一步加强全面合作(图

4-9）。津云新媒体集团形成了以北方网、天津网、今晚网、天津网络广播电视台（IPTV）等为一体的多元传播矩阵，将与天津市生态环境局在线上线下宣传、舆情监测、舆论引导、主题宣传活动策划执行、宣传品制作、新媒体技术开发等多方面开展长期合作，以便最大限度地扩大受众面，更个性化地进行传播，同时做好新闻舆论的正面引导，对污染、违法行为进行曝光，并反映群众呼声，为早日实现天蓝、地绿、水清的共同美好愿景营造良好的舆论氛围，打下坚实的社会基础，努力实现合作"放大效应"。

图 4-8　天津市生态环境政务微矩阵

**图 4-9　天津市生态环境局副局长陆文龙与津云新媒体集团董事长韩颖新,分别代表双方签署了
"全媒体时代生态环境保护宣传教育战略合作"协议**

4.5.2　其他地区或领域的宣传教育经验和做法

1. 创新宣传教育手段

近年来,抖音、快手等移动应用(APP)上的短视频、视频直播为代表的移动视频传播迅猛发展,已成为互联网中不折不扣的流量"收割机"。诸多政务部门敏锐地意识到其在树立良好公共形象、推进政务公开上的潜力,纷纷试图通过移动政务视频的制作与推出抢占一片新的注意力高地,相关政务账号数量迅速增长,相关视频播放量屡创新高。根据中国互联网络信息中心(CNNIC)第 47 次调查报告,截至 2020 年 12 月,各级政府共开通政务头条号 ①82 958 个,开通政务抖音号 26 098 个,我国 31 个省(区、市)均开通政务抖音号。2018 年 6 月至 12 月,诸多政务头条号同一时间段内开展的政务直播累计多达 3 988 场,月度排名第一的政务部门累计创造了超过 1 525 万次的收看数。势头强劲的"网红"移动政务视频、头条号正在成为与政务微博、政务微信并驾齐驱的政务新媒体矩阵单元。

为了利用新媒体用户密、流量大的优势,扩大自身号召力和可信度,目前中国政府网实现了"三连开",生态环境部和多地生态环境部门在抖音、快手等微视频平台上开通了自媒体账号。

与传统方式比较,网络直播宣教会议的登记人数和注册地点增多,提问方式和随访资料填写更加便捷;参会者无须承担任何费用,没有场地限制,可节省更多时间;且不受疫情影响,数据统计方法更加优化;便于实时与受众沟通,及时了解受众疑问并进行解

---

① 政务头条号:指今日头条的政务公共信息发布平台。

答。网络直播作为一种新型媒介具有更多的优势,为生态环境保护宣教提供了新的形式。例如:上海市通过直播开展生态环境损害赔偿企业培训会;湖北省通过直播向广大网友展示湖北动植物宝库的"家底",进行生物多样性的宣传与教育。

2. 适应用户文化

网络舆论有鲜明的特色,语言独树一帜,官方在推送文章或者制作视频时,如果使用通俗的语言和画面,利用偶尔穿插的闲聊、冗余的口语表达或使用某些段子降低言语的枯燥乏味程度,会显得十分接地气,在质朴平凡的日常点滴中实现与用户的情感共鸣,有利于展示公务人员温情的一面,从而拉近政务人员与受众的心理距离、提升互动亲密度。例如,《主播说联播》这一栏目,是中央广播电视总台新闻新媒体中心于 2019 年 7 月 29 日正式推出的短视频栏目,其内容密切关注热点,结合当天重大事件和热点新闻,用通俗语言传递主流声音,将《新闻联播》的内容用更新颖,更接地气、更风趣幽默的方式表达出来。《主播说联播》用风趣幽默的语言,拉近了主播和观众之间的距离,带动了年轻人对新闻联播的关注。

4.5.3　天津市生态环境保护宣传能力存在的问题

1. 对传统媒体和新兴媒体融合发展适应性不足

2018 年,全国宣传思想工作会议指出:"要推动融合发展,主动借助新媒体传播优势。""要适应分众化、差异化传播趋势,加快构建舆论引导新格局。"全媒体时代的到来,要求我们树立"大传播"观念,既注重传统媒体"权威""理性"的宣教平台,也要加强新媒体平台建设;既重视政务平台的优化,也要充分利用第三方新媒体全面搭建生态环境宣教平台。对于生态环境政务部门而言,推进绿色发展,倡导简约适度、绿色低碳的生活方式等,对生态环境宣传教育工作提出了全新的任务和要求,全面搭建生态环境宣教平台是时代的要求和历史的选择。目前,天津市生态环境宣教在新媒体应用中还存在以下问题。

(1)线下线上融合不足。传统的线下活动存在资金投入大、受众面小、宣传内容难以重复使用等弊端,投入和产出往往难成正比。近期由于新冠肺炎疫情在一定程度上限制了人们的日常外出活动,对线下宣教工作也提出了挑战。因此,天津市生态环境保护宣教工作应加大线下线上的融合,例如借助虚拟现实(VR)全景参观平台,使受众不用到现场就可以"身临其境",不再受时间、地点限制,可以随时、随意地参观、体验、查看。

(2)宣传教育手段创新突破不足。目前,天津市生态环境部门尚未开通新闻头条、抖音、快手、微视等社交平台账号,网络直播手段运用不足。政务工作应主动利用短视频平台"接地气"的优势,创新舆论引导方式,不仅可以在群众心中树立良好形象,而且可以发挥重要的宣传教育作用。从融媒体发展的政策方向来说,运营政务短视频账号是必然趋势。

（3）宣传教育与用户文化尚未充分融合。天津市生态环境宣教以传统媒体中高高在上的"庙堂式"文化为主,以自我为中心,对受众更多的是俯视的、教化的姿态,强调的是对多元价值观的"统合"。在新媒体形势下,信息传播更多地显现出竞争性的"江湖式"文化,具有开放、分权、兼容、共享、多元等特点。政府官方新媒体平台不仅仅是通过新媒体渠道向受众传递信息,也不仅仅是简单地与受众进行信息互动,而是全方位地、系统性地传播、反馈、沟通,充分调动大众对环保的积极性。

2. 环境宣教硬件支撑能力不足

2019 年 1 月 25 日,中共中央政治局在人民日报社就全媒体时代和媒体融合发展举行第十二次集体学习,学习会议围绕"建设全媒体,推动媒体融合向纵深发展"强调,推动媒体融合发展、建设全媒体成为我们面临的一项紧迫课题,要运用信息革命成果,推动媒体融合向纵深发展,做大做强主流舆论。"四全媒体"被首次提出,即全程媒体、全息媒体、全员媒体和全效媒体。该提法从四个维度深化了全媒体的内涵,如图 4-10 所示。

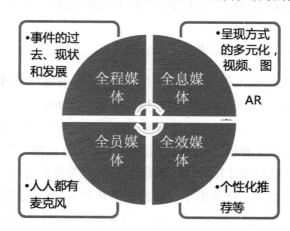

图 4-11 "四全媒体"示意

依据环境宣教的近期发展方向,天津市环境宣教设备还不能满足短视频制作、直播、AR 等宣教的需要。随着"全媒"时代的发展,环境宣教必须提前谋划建设,加强环境宣教硬件,追上"全媒体"时代潮流。

3. 舆论引导能力不足

当前,新的互联网传播手段不断涌现,网民数量不断增加,任何事件(话题)均有可能在网民关注下不断放大,形成社会热点,并对政府乃至国家和社会产生巨大影响。相关部门对一些负面事件若不能及时有效处置与引导,就容易引发舆情风波。还有一些舆情信息可能涉及面广、关注者众、煽动性强,易成为向线下群体行动转化的情绪铺垫。因此,防范与化解舆情风险,成为新时代政府部门必须面对的课题。在新媒体时代背景下,天津市现有环境宣教网评队伍建设及新闻发布舆情风险预判能力支撑不足。

4. 引导公众践行能力不足

当前,天津市存在公众环境保护高认知、低践行(绿色生活践行低)的问题,绿色出行、绿色生活尚未形成社会践行之风。

5. 企业绿色化生产宣传教育力度不足

目前,天津市生态环境部门的宣传多为违法典型案例曝光,未来环境治理的重点将由末端治理转向源头治理,天津在宣传优秀企业及其绿色生产成效方面远远不足,无法达到激励企业践行绿色生产的效果。

4.5.4　建议措施

1. 打造高质量宣教队伍

加大人员培训力度,加强人才交流,适应新环保宣教形势要求,提升市区两级人员专业水平及专业素质,加强人才引进,提升宣教人员的新媒体运用能力,紧跟时代媒体潮流。充实基层人员力量,优化基层宣教人员人才结构。完善鼓励激励机制,充分激发宣教人员工作的积极性,切实提高环保宣教能力。加强网评队伍建设,打造一支战时拉得出、用得上、打得赢,兼具战斗力、传播力、引导力、影响力的网评队伍。

2. 改进政务新媒体宣传

加强全市生态环境政务新媒体矩阵建设,建立新媒体内容发布、排名、奖惩等机制。集中力量做优做强政务新媒体主账号,不断提升信息发布时效、发布频次、原创水平和内容质量,增强发布信息的形式多样性、内容可读性,提升公众阅读量、网络传播度和社会影响力,实现上下联动,重大信息传播同频共振。

3. 创新报道形式

综合运用"双微"、直播、VR 等多种形式及抖音、微视、哔哩哔哩等多样载体,推动教育基地、环保设施、培训等线上活动的开展。通过精细化制作、可视化呈现、互动化传播,打造人民群众喜闻乐见的环境宣教产品,形成多方位、多层次、多声部的宣教矩阵。创新推广形式,推出群众喜闻乐见的宣传微视频、微电影、漫画读物等。结合重要节点,深入社区、学校、农村,用好新媒体平台及各方面社会资源开展线上线下宣传。

4. 积极与用户文化融合

适应分众化、差异化传播趋势，探索将生态文化与流行文化有机结合，开发推介类型多样的新媒体宣传产品。创新话语表达，进行精准的自身定位，掌握主动权和引导权。同时也需要满足与尊重那些仍停留在受众文化中的群体，特别是满足和尊重老年群体的需求与文化特质，减少文化性"数字鸿沟"。

5. 完善宣教设备

结合新媒体的发展，立足当前宣教需求，提前制订宣教硬件设备采购计划，为生态环境保护宣教提供保障支撑。

6. 强化舆情监控能力

建立大数据舆论监控平台。通过互联网大数据实现社会心态预警。借助大数据分析动态，监控大众舆论导向、群体行为、社会态度、公众情绪、社会认知等。通过对互联网大数据的挖掘与整合，可防范重大风险，为实现政府决策科学化、社会治理精准化、公共服务高效化提供有力的数据支撑。

提升新闻发布舆情风险预判能力，新闻宣传与舆论引导应紧密结合，形成闭环工作机制。对涉及生态文明建设的全局性、综合性或敏感热点舆情开展专题研究，提高对重大舆情事件分析研判的质量，提前将可能发声的群体、各类相关话题引导出来，必要时组织民意听证；在政策推进中做好舆情监测，把控民意反弹，并相应地调整工作的力度和节奏。重大公共项目开放公众决策参与。及时准确地把脉公众关切的热点，有针对性地做好新闻热点回应，把政务新媒体作为突发公共事件信息发布和政务舆情回应的重要平台，加强与新闻媒体互动，形成线上线下同步、协调的工作机制。

7. 推动形成践行绿色生活方式的良好社会风尚

大力开展《公民生态环境行为规范（试行）》宣传活动，倡导简约适度、绿色低碳的生活方式，引领公民以实际行动践行生态环境责任。打造一批环保"网红"，发起一系列"环保"网红活动，以切身实践为公众践行环保提供可仿效的环保行动与环保习惯。

8. 发挥绿色生产企业典型引领示范作用

借助环境"领跑者"、绿色工厂、绿色园区创建、自愿清洁生产审核等制度，选择典型企业从绿色生产、节能减排、资金支持、专家把脉等多维度进行宣传，鼓励企业在确保安全生产的前提下，通过设立企业开放日，向同行及公众开放。

第5章 行政监管体系

5.1 推行排污许可制度

5.1.1 国家政策背景

我国从 20 世纪 80 年代开始进行排污许可制度的试行工作,在经过一段时间的探索之后,颁布了不少关于环境污染方面的法律法规。原环境保护部(生态环境部前身)在 1988 年发布《水污染物排放许可证管理暂行办法》;1989 年出台了《中华人民共和国水污染防治法实施细则》,规定企业单位、事业单位将污染物排放至水体之前,应当取得排污许可证,同时还规定了环境保护部门另行制定排污许可证管理办法;2007 年和 2008 年曾先后两次起草《排污许可证管理条例》,公开征求意见,但是最终均未出台。

现阶段,国务院对关于排污方面的管理进一步加强了力度,正不断在法律制度方面对其进行完善。近年来,关于排污许可制度方面的规范性文件越来越多,国务院也进一步加强了排污许可制度方面的改革步伐。从"十三五"起,国家政府开始在政策和法律等层面支持排污许可制度改革。基于法律角度来说,2016 年的《大气污染防治法》、2015 的《环境保护法》以及 2017 年的《水污染防治法》等都明确了排污许可管理制度的推行,并提出更加具体的奖惩措施,基于政策角度来说,党的十八大、十八届三中、四中、五中全都明确提出要逐步健全污染物排放许可制度。《中共中央国务院关于加快推进生态文明建设的意见》要求,逐步健全污染物排放许可制度,不允许出现过量排放以及与排放标准不符的排放行为,对于无证排放行为,做到严惩不贷;《中共中央关于全面深化改革若干重大问题的决定》要求,逐步健全污染物排放许可制度,控制企业、事业单位的污染物排放总量;《中共中央关于制定国民经济和社会发展第十三个五年规划的建议》要求,逐步完善环境治理基础制度,构建覆盖面包括所有固定污染源的企业、事业单位排放许可制度;《生态文明体制改革总体方案》要求,逐步健全污染物排放许可制度,在全国范围内建立起公平且统一的企业、事业单位排放许可制度,按照法律规定颁发排污许可证,排污者必须有排污许可证才能向环境中排放污染物,针对那些无证排污行为以及与规定不符的排污行为,决不轻饶。

2016 年 11 月,国务院办公厅印发《控制污染物排放许可制实施方案》,这预示着排污许可制度改革正式拉开帷幕。《控制污染物排放许可制实施方案》指出了排污许可制度的重要性,进一步明确了到 2020 年,我国各个省(区、市)关于固定污染源在污染排放证方面的发放工作要落到实处,指出对于我国在生态文明方面的建设工作、环保工作以及可持续发展建设情况来说,在有了更为完善的排污许可制度之后,能够取得更好的工作成效。《控制污染物排放许可制实施方案》的发布不仅可以在很大程度上改善环境治理工作的成效,同时还可以在我国污染物排放方面取得一个良好的监督作用。《控制污染物排放许可制实施方案》提出,排污许可制度的有效实施在很大程度上要加强相关环境管理制度的协同作用,逐步建成以排污许可制度为主,其他类型的环境保护制度为辅助的局面,通过排污许可制度的有效实施,最大限度地控制企业、事业单位污染物的排放量情况。

为有效落实《控制污染物排放许可制实施方案》,原环境保护部在 2016 年 12 月正式颁布了《排污许可证管理暂行规定》。《排污许可证管理暂行规定》的实施不仅有利于排污许可制度改革的推进,同时对排污许可证的核发工作产生积极影响,同时也对企事业单位排污许可证管理工作进行整体规划。但其只是指导性文件,不是部门规章,为了能进一步推动排污许可证的改革,原环境保护部在总结各方成功经验的基础上于 2017 年 1 月 10 日发布并实施了《排污许可管理办法(试行)》,这是排污许可制度的重要支撑法律文件,是原环境保护部继《排污许可证管理暂行规定》之后制定的第二份关于排污许可制度的法律文件,彰显出加强以排污许可管理为核心的环境监管新趋势。《排污许可证管理暂行规定》《控制污染物排放许可制实施方案》的出台有效弥补了现有污染排放管理法律中的缺失,同时制定了明确的排污许可证的颁发和管理标准,为有关法律规定的完善提供了理论支持,得益于此,我国即将形成有关排污许可管理的法律保障体系。

2019 年 3 月,生态环境部印发《关于开展固定污染源排污许可清理整顿试点工作的通知》,决定在北京、天津、河北、山西、江苏、山东、河南、陕西开展固定污染源排污许可清理整顿试点。2020 年 3 月,中共中央办公厅、国务院办公厅印发《关于构建现代环境治理体系的指导意见》指出依法实行排污许可管理制度。加快排污许可管理条例立法进程,完善排污许可制度,加强对企业排污行为的监督检查。按照新老有别、平稳过渡原则,妥善处理排污许可与环评制度的关系。

到 2020 年 3 月,生态环境部共颁布了 75 个行业的排污许可证申请与核发技术规范, 10 个行业的自行监测指南等配套技术文件。与此同时,与编制《排污许可管理办法(试行)》相结合,为指导无行业技术规范排污许可证的申请与核发工作。2018 年 2 月,原环境保护部下发了《排污许可证申请与核发技术规范 总则》(HJ942—2018)。

5.1.2　天津政策背景

2017 年 4 月,天津市制定《天津市控制污染物排放许可制实施计划》(津政办发〔2017〕61 号),明确要求深入推进排污许可制度,构建符合天津市实际情况的排污许可管理体系,落实企事业单位环保主体责任,有机衔接各项环境管理制度;到 2020 年,完成覆盖所有固定污染源的排污许可证核发工作,实现固定污染源全过程管理和多污染物协同控制的"一证式"管理。

2018 年 6 月,天津市生态环境局制定《2018 年排污许可管理工作要点》。对开展排污许可制度后的相关工作进行管理,推进企业自行监测、执行报告和信息公开制度。对全市火电、造纸等 15 个行业排污许可证执行报告、台账记录、监测数据、信息公开等执行检查,对未在全国排污许可证管理信息平台上报送执行报告或执行报告编制质量差的企业进行通报。开展排污许可证质量抽查。组织开展全市火电、造纸等 15 个行业排污许可证核发质量抽查,重点检查污染因子、执行标准、许可排放限值、环境管理要求等内容,对不符合排污许可证申请与核发技术规范的排污许可证,依据《排污许可管理办法(试行)》实行撤销或督促变更处理,对排污许可证核发质量较差的区进行通报。

2018 年,为贯彻党的十九大和天津市生态环境保护大会精神,全面支撑打好污染防治攻坚战,落实天津市打好污染防治攻坚战作战计划中关于固定污染源的管理要求,强化固定污染源环境治理,加快推动排污许可制实施,减少污染物排放总量,依据《关于印发〈排污许可制全面支撑打好污染防治攻坚战工作方案〉的通知》(环规财〔2018〕90号),印发《排污许可制全面支撑打好污染防治攻坚战工作方案(2019—2020)》的通知(环规财〔2018〕90 号)。2020 年 2 月 12 日,天津市生态环境局发布《市生态环境局关于全面开展申领排污许可证及排污信息登记工作的公告》。

2020 年 3 月,中共中央办公厅、国务院办公厅印发《关于构建现代环境治理体系的指导意见》,指出依法实行排污许可管理制度;加快排污许可管理条例立法进程,完善排污许可制度,加强对企业排污行为的监督检查。

《天津市环境保护条例》第二十二条明确指出,实行排污总量控制和排污许可证制度。排污许可的范围、种类、条件、程序按照国家和本市有关规定执行。2017 年 4 月,天津市环保局拟定的《天津市控制污染物排放许可制实施计划》(津政办发〔2017〕61 号)提出向企事业单位核发排污许可证,作为生产运营期排污行为的唯一行政许可,并明确其排污行为依法应当遵守的环境管理要求和承担的法律责任和义务。排污许可证是企事业单位在生产运营期接受环境监管和环境保护主管部门实施监管的主要法律文书。企事业单位依法申领,按证排污,自证守法。排污许可证核发机关基于企事业单位守法承诺,依法发放排污许可证;环境保护主管部门依证强化事中事后监管,对违法排污行为实施严厉打击。

到目前为止天津市还没有出台排污许可证管理地方法规。由于国家《排污许可管理办法(试行)》要求不明确,与核发技术规范存在冲突现象,且不具有地方针对性,因此各区依据自己理解进行弹性执法,导致各区排污许可执法水平参差不齐。

地方立法实践

2020 年 1 月 13 日,海南省出台《海南省排污许可管理条例》,这是全国首个排污许可证管理地方法规,于 2020 年 3 月 1 日起实施。

一是给出了"一证式"的综合管理路径。《海南省排污许可管理条例》首次以地方立法的形式明确了生态环境部门通过排污许可证载明水、大气、土壤、固废、噪声等各要素环境管理要求,实施系统化、科学化、法治化"一证式"管理,对企事业单位排放污染物的所有要求将全部在排污许可证上予以明确。实施"一证式"管理,一方面是为了更好地减轻企业负担,逐步减少行政审批数量;另一方面是为了避免单纯降低某一类污染物排放而导致污染转移,切实实现各要素的综合管理。

二是强化了排污单位环境保护主体责任,注重守法激励、违法惩戒。《海南省排污许可管理条例》提出"排污单位应当建立生态环境管理制度,遵守排污许可证规定,按照生态环境管理要求运行和维护污染防治设施",进一步强化了排污单位治污主体责任,明确要求企事业单位应当持证排污、按证排污,并按照排污许可证要求自行监测、建立台账、定期报告和主动公开相关信息,以确保其排污行为符合排污许可证要求。对主动承诺执行更严格排放限值的,将给予财政补贴、政府采购、银行贷款等优惠政策;对存在无证排污、不按证排污、偷排、篡改监测数据等行为的予以严厉处罚。

三是提升环境监管精细化水平。《海南省排污许可管理条例》首次提出"设置污染物排放口信息化标志牌"的规定,对排污单位的排放口实行"卡片式管理",执法检查人员到现场直接扫描二维码即可知道每个排放口的所有环境信息和要求,避免执法部门面对大量的排放口不知道怎么查、查什么的问题;首次提出将生态环境领域有关固定污染源的执法检查集中到依照排污许可证监管上,生态环境部门将通过执法监测、核查台账等现场执法以及查阅执行报告提交情况、相关污染物监测数据公开情况等非现场执法手段,依证加强事中事后监管。

四是提出与现行环境管理制度衔接融合的要求。《海南省排污许可管理条例》明确了环境影响评价工作应当依据排污许可证申请与核发技术规范、自行监测技术指南等核定建设项目的产排污环节、污染物种类及污染防治设施等;明确将执行报告中的实际排放数据作为生态环境统计、污染物排放总量考核、污染源排放清单编制等的统一数据,并为环境保护税征收、环保电价核定提供依据;明确对主要污染物应根据环境质量改善的要求,实施更为严格的总量控制等。

五是明确企业和第三方的法律责任。《海南省排污许可管理条例》规定了排污单位及第三方责任的罚则,明确无证排污、不按证排污、逃避监管、未开展自行监测等各种情形对应的罚则;对无证排污行为"由县级以上人民政府生态环境主管部门责令改正或者责令限制生产、停产整治,并处十万元以上一百万元以下的罚款;情节严重的,报经有批准权的人民政府批准,责令停业、关闭"。首次规定对违反执行报告、信息公开、台账记录、降级管理等情形的罚则;首次对开展排污许可证业务的技术服务机构提出要求并规定罚则,明确规定"技术服务机构弄虚作假的,由县级以上人民政府生态环境主管部门责令改正,并处所收费用一倍以上三倍以下的罚款,记入社会诚信档案",倒逼排污许可证技术服务行业逐步规范化。

六是压缩审批时限。《海南省排污许可管理条例》贯彻落实当前生态环境领域"放管服"改革服务高质量发展的工作要求,将排污许可证的核发时限由当前的二十个工作日压缩为二十个自然日,减少了审批时限,优化生态环境保护的公共服务。

5.1.3　天津市排污许可证核发现状

天津市是全国固定污染源排污许可清理整顿 8 个先期试点省市之一。自排污许可清理整顿及 2020 年发证登记工作正式启动以来,天津市按照生态环境部的统一部署,统筹调度、强化培训、深入帮扶,督促、指导各区及时完成"摸、排、分、清"四项工作任务,统筹调度,严密推进;坚持"先发证后到位,排污单位全覆盖"的原则,组织全市摸清底数、分类处置,建立固定污染源管理清单,依单发证;制定工作方案,明确各成员单位工作内容和生态环境部门内部分工安排,以污普数据清查出的排污单位清单为基础做加法,增加 2018 年以来投入运行的排污单位,以及生态环境监管企业名单、排污费征收企业名单等,整合行政审批、生态环境、税务、执法、验收等部门的数据资源,全面开展固定污染源企业清单的核实工作。同时,采取周调度、月总结工作模式,形成全市一盘棋的工作格局。

2019 年,全市共计导入系统污普清单单位 34 825 家,导入新增企业清单单位 1 290 家,对导入的清单 100% 完成了清理整顿、2020 年工作任务及非固定污染源的情形分类,100% 完成了清理整顿情形中管理类别的分类。排污许可管理系统数据显示,截至 2020 年 4 月 3 日,天津市辖区发证量为 3 005,申请发证量为 3 204。天津市申请发证量历史趋势如图 5-1 所示。

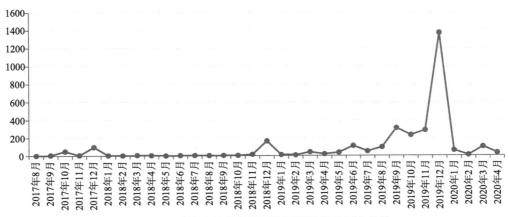

图 5-1　天津市申请发放排污许可证数量的历史趋势

2016 年 11 月,国务院办公厅印发的《控制污染物排放许可制实施方案的通知》明确要求到 2020 年,完成覆盖所有固定污染源的排污许可证核发工作。2020 年,《关于做好固定污染源排污许可清理整顿和 2020 年排污许可发证登记工作的通知》(环办环评函〔2019〕939 号)要求在 2020 年 5 月底前完成固定污染源发证和登记清单;在 2020 年 7 月底前发证率、登记率不少于 60%;在 2020 年 9 月底前基本完成排污许可发证和登记工作。

天津市《排污许可制全面支撑打好污染防治攻坚战实施方案(2019—2020 年)》要求按照生态环境部进度要求核发排污许可证,2019 年,将排污许可制覆盖涉及污染防治攻坚战的所有重点行业,2020 年实现排污许可制覆盖所有固定污染源。

5.1.4　天津市按证监管工作现状

1. 执行报告上报情况

上海青悦网站① 的数据显示,对于排污许可证,2020 年 4 月 3 日,天津市应有年报企业 1 136 家,其中实有年报企业 426 家,占比 37.50%,应发未发企业 710 家,占比 62.50%。与全国及主要省市相比,天津市实有年报企业比例远高于全国平均水平、重庆市、河北省及海南省,略高于上海市,略低于北京市。

天津市应有季报企业 1 643 家,其中实有季报企业 333 家,占比 20.27%,应发未发企业 1 310 家,占比 79.73%。天津市实有季报企业比例高于北京市、重庆市及海南省,与全国平均水平差异较小。

天津市应有月报企业 22 家,实有月报企业 6 家,占比 27.27%,应发未发企业 16 家,占比 72.73%。天津市实有月报企业比例远高于全国平均水平、重庆市、河北省及海南省,远低于北京市和上海市。

整体来看,天津市执行报告上报情况较全国及其他省市较好,但年报、季报、月报上报企业比例仍较低,分别为 37.50%、20.27%、27.27%,距离全部企业完成执行报告上报差距较大。

以武清区为例,截至 2020 年 4 月 11 日,武清区共计核发排污许可证 400 张,其中天津市生态环境局核发 2 张,武清区行政审批局核发 398 张。从执行报告上报企业数量来看,天津市生态环境局核发的 2 家企业全部提交执行报告,而武清区行政审批局核发的 398 家企业中,仅有 53 家企业提交了执行报告,占核发企业的 13.81%。因此,区级排污许可监管能力有待进一步提高。天津市武清区排污许可证发证机关及执行报告上报企业数量见表 5-1。

---

① 由上海闵行区青悦环保信息技术服务中心研发,为上海市闵行区民政局注册的民办非企业单位,业务主管单位为上海市闵行区环保局。网站数据来源于政府发布的公开数据,只进行数据整理,均未修改。

表 5-1　武清区排污许可证发证机关及执行报告上报企业数量

发证机关	企业数量			所占比例	
	已获取许可证	未提交执行报告	已提交执行报告	未提交执行报告	已提交执行报告
天津市生态环境局	2	0	2	0.00%	100.00%
武清区行政审批局	398	345	53	86.68%	13.32%
合计	400	345	55	86.25%	13.75%

整体来看,天津市执行报告上报情况较全国及其他省市较好,但年报、季报、月报上报企业比例仍较低,分别为 37.50%、20.27%、27.27%,距离全部企业完成执行报告上报差距较大。区级排污许可监管能力有待进一步提高。

2. 自行监测数据公开情况

截至 2020 年 4 月 3 日,天津市总计为 3 010 家企业发放排污许可证,进行自行监测的企业有 1 600 家,占比为 53.15%,其中含未公开自行监测数据企业 1 家,占比为 0.03%;公开自行监测且有数据的企业 546 家,占比为 18.14%;公开但无数据企业 1 053 家,占比为 34.98%。

与全国及主要省(区、市)相比,天津自行监测企业占比高于全国平均水平、上海市、河北省、北京市,远低于重庆市、海南省。天津市 1 600 家自行监测企业中,34.1% 公开自行监测情况且有数据,基本与全国水平及上海市持平,高于北京市、重庆市及海南省,远低于河北省。

整体来看,天津市企业展开自行监测及公开质量处于全国中等水平,但企业展开自行监测比例(53.2%)仍较低,公开且有数据的企业占自行监测企业的 34.1%,自行监测数据公开质量仍不乐观。

3. 异常数据情况

截至 2020 年 3 月,天津排放限值数量为 27 425 个,其中限值为空的数量 1 516 个,占比为 5.53%,未发现问题数量 25 909 个,占比为 94.47%;天津监测值数量为 804 713 个,其中监测值为空的有 44 799 个,占比为 5.57%;监测值为负的有 3 242 个,占比为 0.4%;未发现问题的 756 672 个,占比为 94.03%。

与全国及主要省市相比,天津市异常数据比例整体较低,限值为空的比例远远低于全国平均水平、重庆市、河北省、上海市,略高于北京市和海南省。监测值异常(空或负)的比例远远低于全国平均水平、重庆市、北京市、河北省,略高于上海市和海南省。

整体来看,天津市排污许可异常数据比例普遍低于全国平均水平,仍有小部分数值存在异常,仍需提高排污许可质量监管水平。

4. 天津市按证监管工作存在的问题

1）按证监管工作机制尚未建立

《排污许可管理办法（试行）》（部令 48 号）第三十四条规定，排污单位应当按照排污许可证规定，安装或者使用符合国家有关环境监测、计量认证规定的监测设备，按照规定维护监测设施，开展自行监测工作，保存原始监测记录。第三十五条规定，排污单位应当按照排污许可证中关于台账记录的要求，根据生产特点和污染物排放特点，按照排污口或者无组织排放源进行记录。第三十七条规定，排污单位应当按照排污许可证规定的关于执行报告内容和频次的要求，编制排污许可证执行报告；排污许可证执行报告包括年度执行报告、季度执行报告和月执行报告。第三十九条规定，环境保护主管部门应当制定执法计划，结合排污单位环境信用记录，确定执法监管重点和检查频次。第四十二条规定，鼓励社会公众、新闻媒体等对排污单位的排污行为进行监督；排污单位应当及时公开有关排污信息，自觉接受公众监督。

目前，天津市按证监管工作机制尚未建立，排污许可证执行和监管执法技术体系有待加强。排污单位自行监测数据、执行报告情况及环境保护主管部门监管执法信息在全国排污许可证管理信息平台上的记载与公开程度不高。天津市年报、季报、月报上报企业比例仍较低，分别为 37.50%、20.27%、27.27%，距离全部企业完成执行报告上报差距较大。企业展开自行监测比例（53.2%）仍较低，公开且有数据的企业占自行监测企业的 34.1%，自行监测数据公开质量仍不乐观。仍有小部分数值存在异常，仍需提高排污许可质量监管水平。

2）在排污许可证监管中，第三方环境服务有待加强

天津市武清区、河西区、宝坻区等地区生态环境局委托第三方机构进行排污许可证核发技术审核，但全国第三方环境服务刚刚起步，尚存在很多问题，特别是第三方环境服务的制度化、标准化、规范化问题较多。我国出现过中国环境监测总站委托第三方环境服务监测的数据无法被地方政府接受而引起争议的问题。

3）在排污许可证监管中，公众参与力度有待加强

天津市排污单位信息记载与公开程度不高，且主要排放口尚未实现二维码信息化，公众无法获得足够信息来判断排污许可证是否合法。排污企业在生产过程中的监测数据与环境报告等也未完全公开，导致公众难以监督排污许可制度的执行情况。

5.1.5　排污许可制度与各项环境管理制度的衔接现状

目前，天津市通过改革实现对固定污染源从污染预防到污染管控的全过程监管，环评管准入，许可管运营。排污许可与环评在污染物管理上进行衔接。在时间节点上，新建污染源企业必须在产生实际排污行为之前申领排污许可证；在内容要求上，环境影响评

价审批文件中与污染物排放相关的内容要被纳入排污许可证;在环境监管上,对需要开展环境影响后评价的,排污单位的排污许可证执行情况应作为环境影响后评价的主要依据。

在执行过程中,排污许可与项目环评初步完成"同步"对接,企业完成环评手续后才能申领排污许可证。同时,强化建设项目环评事中事后监管,将排污许可制度与"三同时"制度相衔接,建设项目无证排污或不按证排污的,建设单位不得出具环境保护设施验收合格意见。在逐步建立以排污许可为核心的固定污染源管理制度的前提下,以分类管理为基本原则,逐步优化环境影响评价审批环节,将对环境影响很小的项目纳入登记表备案管理范围。

1. 区域总量控制、企事业单位污染物排放总量控制制度仍不健全

国务院办公厅印发的《控制污染物排放许可制实施方案》国办发要求:融合总量控制制度,建立健全企事业单位污染物排放总量控制制度;通过实施排污许可制,落实企事业单位污染物排放总量控制要求,逐步实现由行政区域污染物排放总量控制向企事业单位污染物排放总量控制转变,控制的范围逐渐统一到固定污染源;环境质量不达标地区,要通过提高排放标准或加严许可排放量等措施,对企事业单位实施更为严格的污染物排放总量控制,推动改善环境质量。

目前,天津市缺乏区域总量控制的根基,排污许可制仍完全脱离区域总量控制制度。依据国家要求,基于行业排放标准进行排污许可核算的这种"自下而上"的排污许可核发过程,无法直接与环境质量改善挂钩。同时,天津市企事业单位污染物排放总量控制制度仍不健全。排污许可的排放总量限值远超企业实际排放量,无法发挥企事业单位污染物排放总量控制制度的管理效能。第二次全国污染源普查结果显示,2017 年天津市 1 470 家黑色金属冶炼和压延加工业排放 SO_2 8 961.95 吨、NO_x 14 271.61 吨、颗粒物 6 243.19 吨、挥发性有机物 1 825.15 吨;2019 年仅钢铁行业大气污染物许可排放总量就为 SO_2 14 473.34 吨、NO_x 28 786.11 吨、颗粒物 11 688.57 吨、挥发性有机物 2.57 吨。1 470 家黑色金属冶炼和压延加工业企业实际排放的 SO_2、NO_x、颗粒物、挥发性有机物分别为排污许可总量限值的 2.32 倍、2.02 倍、1.87 倍、0.001 4 倍。

2. 尚未实现与其他环境管理制度的衔接融合

国务院办公厅印发的《控制污染物排放许可制实施方案》要求:排污许可制衔接环境影响评价管理制度,为排污收费、环境统计、排污权交易等工作提供统一的污染物排放数据,减少重复申报,减轻企事业单位负担,提高管理效能。

目前,天津市排污收费、环境统计、排污权交易等仍未基于统一的污染物排放数据,根据天津市 9 家钢铁企业环境税、环统数据、在线监测数据来看,三者数据差距较大,且

出现环境税、环统数据大于排污许可总量限值的情况。2018 年、2019 年天津市钢铁企业主要污染物排放量见表 5-2 和表 5-3.

表 5-2   2018 年天津市钢铁企业主要污染物排放量

纳税人名称	NO$_x$		SO$_2$		烟尘	
	环境税占排污许可限值比例	环统数据占排污许可限值比例	环境税占排污许可限值比例	环统数据占排污许可限值比例	环境税占排污许可限值比例	环统数据占排污许可限值比例
天津冶金集团轧三钢铁有限公司	45.20%	224.19%	43.98%	67.72%	223.09%	74.49%
天津钢管制造有限公司	34.20%	44.66%	1.86%	54.35%	189.44%	279.54%
天津市天重江天重工有限公司	37.36%	73.43%	14.01%	93.14%	87.21%	133.63%
天津钢铁集团有限公司	44.30%	43.82%	18.11%	45.15%	50.07%	123.35%
天津天钢联合特钢有限公司	36.48%	39.59%	18.32%	17.16%	67.59%	29.42%
天津荣程祥矿产有限公司	33.31%	52.89%	12.42%	182.18%	75.42%	441.10%
天津荣程联合钢铁集团有限公司	18.30%	22.76%	47.41%	59.99%	395.72%	90.67%
天津钢管制铁有限公司	60.10%	152.90%	50.62%	100.97%	283.86%	378.66%
天津天丰钢铁股份有限公司	29.33%	20.47%	7.87%	54.81%	39.83%	20.84%

表 5-3   2019 年天津市钢铁企业主要污染物排放量

纳税人名称	NO$_x$		SO$_2$		烟尘	
	环境税占排污许可有组织排放限值比例	在线监测数据占排污许可有组织排放限值比例	环境税占排污许可有组织排放限值比例	在线监测数据占排污许可有组织排放限值比例	环境税占排污许可有组织排放限值比例	在线监测数据占排污许可有组织排放限值比例
天津荣程联合钢铁集团有限公司	6.02%	2.47%	31.03%	16.18%	49.76%	9.10%
天津冶金集团轧三钢铁有限公司	49.34%	50.20%	31.84%	31.18%	19.54%	25.95%
天津钢铁集团有限公司	48.67%	43.95%	22.62%	16.21%	5.93%	8.98%
天津天钢联合特钢有限公司	20.81%	—	16.76%	—	3.92%	—
天津钢管制铁有限公司	35.51%	39.58%	38.65%	32.37%	22.88%	20.31%
天津钢管制造有限公司	39.08%	19.95%	3.72%	0.00%	16.31%	3.82%
天津荣程祥矿产有限公司	16.86%	19.26%	3.92%	5.85%	2.99%	3.73%
天津市天重江天重工有限公司	31.97%	24.28%	15.41%	12.60%	5.53%	6.16%
天津天丰钢铁股份有限公司	21.77%	23.80%	5.96%	8.35%	2.04%	8.73%

3. 尚未开展先进行业排放标准研究

天津市尚未开展先进行业排放标准研究。目前很多行业标准更新速度赶不上最佳适用技术(Best Available Technology, BAT)的更新速度,依据国家行业排放标准核算出来的排污许可限额无法鼓励企业采用先进的环境技术。

4. 未充分考虑天津市环境容量资源在时空分布上的差异。

现行排污许可制度没有充分考虑环境容量资源在时空分布上的差异,未对污染源在不同季节、不同时段的允许排放总量和浓度做出具体规定,从而降低了排污许可制度的执行效率,没能充分利用环境容量资源。

5.1.6　国内先进经验

生态环境部建立排污许可证执行报告公开通报机制,对外公布了未按要求提交排污许可证执行报告的火电、造纸企业清单。截至 2018 年 5 月 31 日 24 时,在 2017 年全国核发排污许可证的火电、造纸企业中,161 家火电企业、559 家造纸企业未按要求提交排污许可证执行报告。生态环境部表示,鼓励社会公众参与监督,督促企业落实环境保护主体责任,推动形成政府综合管控、企业依证守法、社会共同监督的良好氛围。

河北省在全国率先启用排污许可证后监管系统。重点行业企业的排放口均被纳入二维码监管系统。二维码包含该企业的污染源基本信息、许可年排放量限值、在线监测实时数据等企业主要环境信息。河北省排污许可证后监管系统还预设了环境监察子菜单,可记录环保部门执法检查、企业环境违法等情况,为执法检查提供了便利,且人人均可监督企业排污,有利于公众查询监督。

浙江省德清市在探索证后监管中,建立信息化监管模式,创新地推出了"企业环保自主巡查系统"。该系统每天会派发当日检查事项,企业环保专员需依照任务单逐一排查,每到一处,便扫描贴在设备上的二维码,填写相关数据,并拍照上传至系统。系统每天下发的任务单对应该企业排污许可证上载明的内容,重点检查生产设施、产排污环节、污染防治设施、排放口的信息与实际情况是否相符。企业在系统的帮助下,开展自行监测,上报执行报告,完成环境管理台账记录,确保了生产稳定运行、按证排污;数据信息共享,让依证监管"活"起来,实现智慧环保 APP 在线监测数据。排污许可证后管理方式需环境管理部门的分工和合作,为了进一步完善排污许可证后监管体系,德清市在探索信息化平台的建设中,实现了移动执法和数据监测的互联互通。执法人员可通过移动执法平台,对企业进行日常监察,现场上传监察记录,实现了现场执法数据的快速传输;若在环境监察执法中发现问题,还可以通过移动终端执法取证,向监测站派送"采样交接委托单",监测站也会第一时间传回样品的检测数据,完成相应处罚和后续督查工作。本方式实现了现场执法数据的快速传输,让监管、监测的联动更加高效;建立了信息化监管模式,以智慧环保大数据平台为依托,日常企业自主巡查、定期环境监察相结合,监测数据和移动执法检查记录信息数据互联互通;建立"智能化、信息化"证后管理模式;建立动态企业环境信用评价体系,并于2019年7月1日开始实行,采用动态记分制,以绿色、蓝色、黄色、红色、黑色5个等级反映企业当前的环境信用状况。

5.1.7 对策建议

1.加速推进,全面覆盖

落实污染防治攻坚战要求,开展固定污染源清理整顿工作,对暂不能达到许可条件的企业开展帮扶、督促整改,实现"核发一个行业,清理一个行业,规范一个行业,达标一个行业"。依据生态环境部《固定污染源排污许可分类管理名录》增加登记管理类别,实现行业全覆盖。依法将固体废物、噪声逐步纳入排污许可管理,强化与温室气体协同管理,实现环境要素全覆盖。逐步将入河入海排污口、海洋污染源等纳入排污许可管理,实现陆域、流域、海域全覆盖。

2.完善法律法规

坚持依法治污,加强与国家法律法规的衔接与统一,研究制定排污许可等方面的法律法规,完善排污许可制度,明确排污许可证作为企业生产运营期间唯一行政许可的核心地位。建立基于最佳适用技术的污染物排放许可核定技术体系。

3.实施差别化精细化管理

根据排污单位污染物产生量、排放量及环境影响程度大小,科学分类管理。研究构建基于区域环境质量的许可排放量核定方法,对重点区域和一般区域、达标区域和非达标区域、重点行业和非重点行业分类施策,实现精准减排。结合国家、区域、流域、行业管理需求,进一步统一规范许可事项和许可管理要求,按"生产设施—治污设施—排放口"工序关系优化、简化排污许可证内容。以企业实际排放量数据为基础确定重污染天气期间"一厂一策"应急减排要求,并将其纳入排污许可证制度。

4.证监管工作机制

落实生态环境保护责任。加强对企业排污行为的监督检查,落实企业主体责任,增强企业持证排污、依证排污责任意识,推动企事业单位建立环境管理台账,按规定开展自行监测,定期上报执行报告,定期公开信息,自觉接受监督检查。建立企业环境守法和诚信信息共享机制,强化排污许可证的信用约束机制,将违法企业名单移交给征信平台,实施联合惩戒。

严格依证监管执法。将排污许可证执法检查纳入年度执法计划,按照"双随机、一公开"要求,围绕排污许可证开展固定污染源的"一证式"监管执法,统一执法尺度、公开执法信息、宣传执法情况、推动移动执法试点。规范依证执法工作内容,重点检查许可事项和管理要求落实情况,通过执法监测、核查台账和执行报告等手段,判定排污单位的合规性。构建固定污染源一体化信息平台,开展许可证和执行报告质量自动检查,逐步接入执法信息,对接污染源在线监控数据。

创新许可证实施监管模式,推行第三方监督监测。落实企业如实申报排污许可和依法按照许可证排放责任,鼓励企业采购第三方服务。加大对独立评估机构的法律保障和政策扶持力度,制定完善第三方评估机构的评估办法和评估指标体系,确保评估结果客观科学。建立健全评估结果应用和检验机制,针对第三方评估发现的问题,由相关责任部门加以整改落实并承担相关责任。公开评估结果,接受公众和舆论监督,保证第三方评估机构的社会公信力。同时,建立充分竞争的激励机制,全面调动第三方评估机构的积极性。

建立完善的排污许可证公众参与监管机制,提高监管效率。在排污许可证申请受理阶段,及时向公众公布,在法定期间内任何有异议者都可以向相关责任部门陈述意见,对公众反映强烈的问题一定要举行听证会。在排污许可证审查发放阶段,通过立法,切实保证公众可以通过合法途径获取与排污许可证相关的所有资料(要求保密的除外)。在排污许可证监督管理过程中,通过立法立规,鼓励公众参与对排污者的监管活动,设置固定举报投诉电话,建立专门机构对投诉举报进行切实调查,一经查实应严厉处罚相关单位并及时向社会公布。

5. 推动固定污染源环境管理制度的衔接融合

分阶段建立实施基于排放总量控制、行业先进水平、环境容量控制的排污许可管理制度。改革总量控制制度,完善企事业单位总量控制制度,以许可排放量作为固定污染源总量控制指标,以许可证执行报告中的实际排放量考核固定污染源总量控制指标完成情况。探索实施基于流域/区域总量控制的排污许可制度,结合天津市环境质量改善需求、污染物总量控制目标要求,逐步实现总量减排与环境质量改善的协调联动,推动污染物总量减排工作。系统谋划、超前研究、制定污染排放标准、治理技术规范,分阶段设定排放限值,推进相关技术逐步达到先进水平。依据环境质量、水文、气象等条件,动态实现环境容量管控,探索实施基于环境容量控制的排污许可制度。

推动固定污染源环境管理制度的衔接融合,使其与环境影响评价制度相衔接,推动形成环评与排污许可"一个名录、一套标准、一张表单、一个平台、一套数据";打通有效支撑"环评—许可—执法"的技术规范体系,统一污染物排放量核算方法;推进固定污染源监测、执法监察、环境统计、环境保护税征收、第二次全国污染源普查等与排污许可管理的衔接与融合,优化环境统计制度,统一固定污染源排放数据统计报送口径,形成生态环境数据"一本台账、一张网络、一个窗口",引导企事业单位按证排污并诚信纳税。

6. 加强排污许可制度管理能力建设

推动排污许可信息化管理。按照生态环境部的部署,结合实际情况,加快推动天津市环境管理信息系统与全国排污许可证管理信息平台对接。组织开展排污许可信息化工作调研,推动建立以二维码为切入点的排污许可证后监管系统。

5.2　完善环保专职网格员政策

2014 年 3 月,天津市为积极推动清新空气行动,持续改善环境空气质量,建立了大气污染防治网格化管理制度,聘用大气污染防治专职网格员,这在组织动员更广泛的社会力量共同做好大气污染防治、落实大气污染防治工作责任、明确大气污染防治工作要求等方面发挥了积极作用。2015 年,为进一步落实乡镇、街道环境保护职责,推动生态环境质量改善,天津市又聘用了环保专职网格员(将大气污染防治专职网格员并入)。

5.2.1　环保专职网格员职责

《天津市环保专职网格员管理办法》中要求,环保专职网格员履行下列职责。

(1)参与调查摸底。配合有关单位做好辖区污染源情况调查。

(2)进行现场巡查。第一时间发现辖区环境污染问题,并填写巡查台账和污染源信息。

(3)协调处置问题。对巡查发现的环境污染问题,及时制止,督促落实整改措施。

(4)及时报告情况。对巡查发现的环境污染问题,第一时间向乡镇、街道报告;对乡镇、街道处理不了的,向区网格化管理平台报告,由区环保部门协调相关单位进行处置。

(5)反馈整改情况。对向乡镇、街道或区网格化管理平台报告的环境污染问题整改情况进行及时复查,并将有关情况按原渠道反馈。

(6)协助开展执法。协助环境监察执法人员和乡镇、街道综合执法人员开展环境执法工作。

(7)参与应急工作。参与重污染天气和水污染事故应急工作。

(8)参与环保宣传。

(9)做好其他工作。积极落实乡镇、街道交办的其他环境保护工作。

5.2.2　环保专职网格员财政拨款情况

通过分析对比天津市各区环保专职网格员财政拨款情况发现,天津市各区的补助资金金额总体呈稳定上升趋势, 2018 年和 2019 年蓟州区此项工作补助资金最多,武清区、宝坻区、静海区补助资金较多。天津市各区对环保专职网格员财政拨款情况见表5-4。

表 5-4　天津市环保专职网格员财政拨款情况　　　　　　　　　单位:万元

序号	各区	2015 年补助资金	2016 年补助资金	2018 年补助资金	2019 年补助资金
1	和平区	23.1	50.4	50.4	50.4
2	河北区	12.0	72.0	66.0	72.0
3	河西区	0	66.3	100.8	100.8
4	河东区	21.6	86.4	86.4	86.4
5	南开区	29.1	86.4	86.4	86.4
6	红桥区	23.4	95.4	86.4	86.4
7	东丽区	31.2	93.6	158.4	158.4
8	津南区	26.2	79.2	133.4	144.0
9	西青区	24.0	72.0	158.4	158.4
10	北辰区	39.4	122.4	186.6	216.0
11	宝坻区	35	120	353.8	388.8
12	武清区	83.6	259.2	283.2	417.6
13	宁河区	39.9	136.8	189.8	259.2
14	静海区	127.5	158.4	302.4	302.4
15	滨海新区	14.4	172.8	259.2	259.2
16	蓟州区	—	—	432.0	432.0
17	海河教育园区	27.0	64.8	64.8	64.8
	合计	557.4	1 736.1	2 998.4	3 283.2

5.2.3　环保专职网格员配备情况

　　各区按照中心城区每个街道不少于 3 名,其他各区每个乡镇、街道不少于 6 名,海河教育园区每个三级网格不少于 3 名的要求配备环保专职网格员。同时鼓励各区根据实际工作需要,增加环保专职网格员数量,增加的经费由区财政保障。目前,全市聘用环保专职网格员 1 368 人。经数据分析,各区每个网格员负责行政区面积差异较大,市内六区每个网格员负责行政区面积均小于 1.1 平方千米,其余区中,滨海新区每个网格员负责行政区面积高达 21 平方千米,由此可以反映出各区网格员工作量差异较大。每个网格员平均负责面积对此如图 5-2 所示。

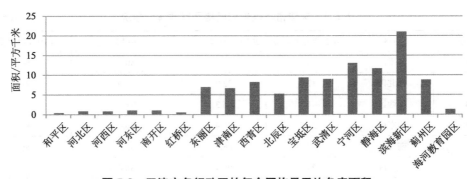

图 5-2　天津市各行政区的每个网格员平均负责面积

5.2.4　环保专职网格员管理情况

各区环保专职网格员管理主要分为区有关部门或镇街自行管理、劳务派遣、服务外包 3 种方式。津南区的由区环保局管理;海河教育园区的由区综合执法大队管理;东丽区、西青区、宁河区的由各镇街管理;北辰区的由各区生态环境局和各镇街分别管理;武清区、宝坻区、静海区、滨海新区、河东区、河西区、和平区的采用服务外包的方式进行管理;河北区、南开区、红桥区的采用劳务派遣方式进行管理。环保专职网格员每人每月工资标准为 4 000 元(含五险一金等各项的工资总额),2019 年天津市平均工资为 5 607 元,环保专职网格员的工资远低于天津市平均工资水平。环保专职网格员的工资待遇低,导致了人员流动大、人员素质不高等特点。

5.2.5　环保专职网格员模式创新

北辰区青光镇开始探索建立"网格员 + 环保管家"模式。以前,青光镇环保办公室只有 5 个人,相对于 200 多家被管理企业来说,人力严重不足,每天检查企业都忙不过来,而且是粗放式管理。现在一个专职网格员和环保管家一起对企业进行规范化管理。其他网格员可以关注餐饮油烟、散煤治理、建筑工地扬尘、秸秆焚烧等镇里其他环境问题。环保管家和部分专职网格员一起帮企业提前发现问题,实现规范化运营,这样其余网格员处理其他环境问题就更高效了。

5.3　创新执法模式

在排污口排查时做好"天上看、地上查、水里测",在水源地整治、清废行动中运用"卫星遥感 + 大数据",再加上"物联网平台化"的集成式监管,如今的环保执法可谓是绝招频出,在精准度上也更趋于"一击制敌"。虽然从形式上看,各类先进科技的执法"绝招"各有千秋,但从实质上看却是殊途同归,即通过更隐蔽的执法形式,快速锁定违法排污行为,实现执法工作效率的显著提升,有效督促企业切实落实环保主体责任,同时持续盯牢后续整改进度、对时对点跟踪,有效震慑潜在的不法行为,真正实现从人防到技防,从结果监测到"过程＋结果"监测,从随机执法到精准执法的转变。当然,对于任何执法行为来说,再高端的科技装备都只是辅助的工具,要实现更高质量的监管,做好科学灵活的管理部署、构建行之有效的防控机制才是环保工作的根本所在。

5.3.1　无人机助力环境监测执法

借助无人机,环境监察人员可不受时间、空间与地形等条件制约,迅速锁定污染问题发生地,有效获取证据,为查处环境污染行为奠定基础。这项工作可利用八旋翼无人机飞行系统搭载监测设备对高空垂直断面大气污染情况进行立体监测;研发搭载式大气污染物智能传感器、有毒有害气体监测仪,集成无人机飞行平台、摄像、大气监测系统、数据链路和地面子系统等,满足小型无人机对大气数据监测装置微型化、高精度、高实时性的要求;建立无人机监测值误差修正模型,实时监测多类别污染因子,并应用于城市低空大气质量状况监测、风险场区的常规大气质量状况巡查等,定位污染事故源头,助力"眼观六路"的立体部署。目前,天津全市生态环境执法系统已配备近 70 架无人机。天津市执法总队正在着力探索实施无人机巡查巡控制度化管理,通过科技手段加大对敏感区域的巡查力度,以便能及时发现问题和解决问题。

5.3.2　走航车助力环境监测执法

走航监测是区域 VOCs 污染治理管控的重要手段。走航车上安装有 VOCs 取样、监测、显示等设备,在走航车缓慢行驶过程中,可对指定区域内的 VOCs 浓度进行实时监测,绘制走航情况图。在锁定 VOCs 峰值异常点位后,通过对问题区域、问题企业周边 VOCs 组分的分析对比,快速锁定排污企业。

2020 年 12 月,广州市执法部门通过对某工业区进行 VOCs 走航监测,发现了两处总挥发性有机物浓度异常点位。经核查,在排除其中一处因上风向导致的浓度异常后,最终确认了另一处的某装饰工程有限公司在生产过程中产生挥发性有机废气,但该公司未配置污染治理设施,涉嫌违法排污行为,执法人员现场责令其立即整改,并由公安机关依法查处。

5.3.3　电量监控

工况用电监测系统主要是由在排污企业生产设施和污染治理设施关键点位安装的用电量监控设备组成的,能实时采集用电数据并上传至云平台。该系统能够区分生产设施、污染防治设施的正常生产工况、限产工况及停产工况,能够正确识别污染防治设施是否闲置、是否落实停限产措施,并针对异常情况设定报警值,一旦达到报警值,可以通过手机 APP、短信等方式向环境管理人员发送报警信息。

工况用电监控系统就是执法人员的"天眼"。通过 PC 端和移动端,执法人员可实时查看企业用电监管数据,从而实现对目标单位环保设备进行 24 小时不间断远程监控,真实掌握企业生产状况,判定企业停产、限产的措施落实和企业错峰生产要求的执行情况。

工况用电监控系统是一种基于大数据分析模式的非现场执法手段,已多次帮助天津生态环境执法人员精准打击违法行为。近年来,天津市执法总队突出精准治污、科学治污、依法治污,不断创新探索生态环境执法与电力企业新型合作模式,积极利用污染源在线监控、用电监控等科技化手段开展非接触式监管,高效利用物联网数据、无人机数据等多源数据,并同步通过突击检查、交叉检查、联动执法、专项行动等四种常态化执法,依法严厉打击生态环境违法行为。下一步,天津市执法总队将研究制定非现场执法工作机制,加强视频监控和环保设施用水、用电监控等物联网监管手段的使用,并将无人机、无人船、走航车、卫星遥感等科技手段用于非现场监管,切实利用好问题线索查办典型案件,切实提高环境执法的科技含量。

5.4　加强生态环境应急管理

5.4.1　生态环境应急管理现状

1. 完善区域环境风险监控预警系统

天津市环境应急中心建设了应急资源数据库,正在建设和完善天津市环境风险源管理及事故应急管理系统,2018 年 7 月底,完成该系统的需求分析及详细设计,后期按计划开展系统开发工作。

2015 年以来,滨海新区以及临港经济区、空港经济区、南港工业区分别开展了区域环境风险评估,逐步完善了环境风险管理系统。滨海新区针对危险化学品企业建立了包括指挥中心、机房、值守监控设备、基础硬件设备(含存储及网络设备)、在线监测平台应用系统的安防网。值守平台实行 24 小时在线监控、画面定时巡检、每日定时点名等值守制度,并每日向市级安防网平台报送安全数据"日报表"。

南港工业区按照生态环境部的要求建设了化工园区环境风险预警应急体系,建立了应急指挥平台,并将企业基本信息、生产工艺流程、主要风险因子、应急物资配备等内容整合到统一的管理平台。

临港经济区与清华大学、天津气象科学研究所等单位共同完成了"863"计划重大环境污染事件应急技术系统研究开发应用示范项目"中的"典型工业集群区环境污染事故防范与应急示范",建成了集信息收集、传输、反馈、分析,区域安全和风险监控,事故灾害预警、应急决策支持、有效调度指挥、快速处理处置、合理应急培训演练于一体的综合性安全与环境应急响应平台,开发了基于物联网的风险管理与应急系统,建设了环境监测与应急管理中心。临港经济区具备大气环境质量监测能力,区域环境质量应急监测依托于滨海新区环境局监测队伍。临港经济区协同环境监测部门负责组织协调环境污染事件发生场所或地点的环境应急监测工作。

滨海新区大型化工企业设有先进的自动控制系统和有毒、可燃气体视频监控系统,且未与安监部门联网。南港工业区正在建设的"两化"搬迁项目具有智能化控制系统,将厂区安全、环保、消防、职业卫生相关信息全部整合到统一的健康、安全与环境(HSE)智能化管理平台,同时与生产控制系统建立接口,并将企业突发事故应急预案嵌入系统平台,通过对视频监控信息、GPS 定位信息等大量数据信息的采集和智能化分析,实现自动预测、预警、综合指挥事故应急处理和救援抢险等。

2. 完善市、区两级应急预案管理体系

按照生态环境部《企业事业单位突发环境事件应急预案备案管理办法(试行)》的规定,天津市持续推动各区做好企事业单位预案管理工作,截至 2019 年 7 月,累计备案企业 4 000 多家,其中包括重大风险源企业 70 家,较大风险源企业 220 家。市、区两级环保部门按规定开展了企事业单位环境风险隐患排查工作,督促企业及时对环境风险隐患采取治理措施,按应急预案要求开展应急培训与演练。临港经济区管委会每年组织各企业和管委会各部门开展联合演练,企业之间按照应急预案相关要求签订应急互助协议。

3. 提升环境应急处置能力

目前,滨海新区应急物资主要依托辖区内各大型企业的应急物资储备。临港经济区结合区内企业的资源配置情况建立了环境应急资源清单,主要包括应急物资、应急装备等,同时临港经济区管委会与相关技术企业(天津滨海合佳威立雅环境服务有限公司、天津市江达扬升工程技术有限公司等)签订了突发环境事件应急处置服务框架协议。南港工业区在现有应急物资的基础上,采用环境应急物资社会化管理模式,依托社会机构进行应急物资储备。

南港工业区已建立南港环境应急指挥部,指挥部办公室设在南港环保局,由南港环保局主要负责人兼任办公室主任。目前,南港工业区将南港消防大队作为处置队伍,并签约了 4 家社会化队伍,用于突发事件的应急处置。

全市广泛开展了环境应急管理培训、重污染重点企业操作方案培训,提升各区及企事业单位等基层部门的环境安全意识和环境应急管理水平;开展突发环境事件应急演练,组织市、区企业进行"废水、废液处置演练",将接报、调度、监测、处置等环节作为演练重点,理清各级单位应急状态下的工作职责和程序,实现环境应急的统一指挥协调、统一

资源调配、统一数据管理,提高各单位对环境突发事件应急处置的水平,确保对突发事故响应快;严格落实地方政府属地监管责任,开展汛期环境安全隐患大排查,明确企事业单位排查、治理环境安全隐患的法律义务,保障汛期环境安全。

4. 提升海洋环境污染应急能力

根据《天津市防治船舶溢油污染海洋环境应急能力建设专项规划》要求,天津市分别在大沽口和天津港集团公司建设了两座溢油应急设备库。天津港北疆溢油应急设备库于 2012 年开始筹备建设,2015 年 4 月正式启用,应急防护范围覆盖北疆港区南侧、南疆港区北侧、南疆南港区各单位及天津港主航道等水域。为提高海洋环境应急能力,天津市持续做好为可能发生重大海洋环境污染事故的单位制定海洋环境污染事故应急方案的备案、监管工作;完善海上船舶污染监测监控系统,实现无人机常态化监控;实施港口码头防污染应急预案备案制度,完成现有码头应急预案备案;协调环渤海各直属海事局完善区域应急联动机制;以海上污染应急"联防联控"为原则,分区域、分层次布局应急力量,建立溢油应急设备库管用养修制度;完成沿海危化品风险源排查工作。

5.4.2　天津市生态环境应急存在的问题

1. 环境风险防范相关技术规范体系不健全

在环境风险防范措施方面,《突发环境事件应急管理办法》规定企业事业单位应当按照环境保护主管部门的有关要求和技术规范,完善突发环境事件风险防控措施。而目前企业突发环境事件风险防控措施相关技术规范并不健全。

在环境风险评估和应急预案编制方面,部分重点行业编制的突发环境事件应急预案的技术规范尚不完善,预案缺乏实用性和可操作性。在《企业突发环境事件风险评估技术指南(试行)》《行政区域突发环境事件风险评估推荐方法》中,情景模拟都是很重要的内容,而突发环境事件情景如何构建,目前尚无相关参考规范。

在应急准备方面,目前环境应急救援培训尚无可参考的规范文件。据统计,近一半的突发环境事件是由生产安全事故导致的,在这类事故的应急处置中,应急救援队伍往往更注重对人、财、物的救援,对环境保护的要求和做法了解不多,由处置过程不当引发的二次环境污染事件屡有发生。突发环境事件应急救援队伍的专业水平不足,亟须制定相关规范,对应急救援队伍开展专业培训。

2. 现有环境应急管理机构和管理体系不完善

全市尚未建成一个完整、系统的环境风险应急预警平台。现有环境应急管理机构和管理体系不完善,区级以下没有专门的环境应急管理机构,各区仅由环境监察支队负责应急预案备案工作,企业环境应急预案与园区、行政区之间的衔接需要加强。国家现行应急预案备案管理办法发布时间较早,对需制定应急预案的行业、企业类型规定比较笼统,不够具体,重点不突出,指导性不强。

环境风险相关信息分散在不同部门、组织和机构,数据整合程度较低。综合协调应急预案衔接工作是应急管理局的职责,而环境应急管理工作由生态环境部门负责,政府管理部门之间以及政府与企业之间的信息共享机制尚不健全,部门之间的沟通协调机制不完善,突发环境事件应急预案与区域内其他应急预案之间需要进一步有效衔接,促进政府、企业、社会多方面协同开展环境风险防范和事故应急处置工作。

3. 环境管理基础信息不完善,化学品环境管理能力有待提高

天津港地区化学品仓储与运输量较大,化学品仓储和运输种类、数量、地域分布信息不清,信息共享机制不完善,环境风险管理精细化程度不够。此外,由于化学品环境管理工作专业性极强,大多数工作在国家层面尚处于研究阶段,研究成果应用于实际管理中还有很大一段距离,天津市现有技术能力无法开展更深入的工作。

5.4.3　国外先进经验

1. 欧盟突发环境事故环境风险管理经验

欧盟将应对环境风险事故中积累的经验转化为法律的规定,形成了以《塞维索法令》为代表的法律成果。《塞维索法令》构建了以欧盟统筹、政府领导、运营者负主要责任、公众广泛参与为主要特点的,以预防监管、科学规划、信息交流、多方参与为主要内容的,优势突出并行之有效的环境风险源监管制度框架,极大地提升了欧盟环境风险源的监管水平。

从欧盟的经验中汲取可供借鉴的经验,对于完善我国的环境风险源监管法律制度、提高我国环境风险源监管的水平具有重要意义。

1)分级监管

基于突发性重大环境事故主要集中在化工领域的事实,《塞维索法令》主要对危险化学品进行分级监管。根据危险化学品的性质及数量,《塞维索法令》划定了低级临界值和高级临界值,并据此将环境风险源划分为 A1 级、A2 级和 C 级,政府主管部门对不同级别风险源的运营者有不同的监管要求。

2)环境风险源安全报告

《塞维索法令》规定,重大风险源运营者须向政府主管部门做出安全报告,证明风险源已经确认被识别并且预防环境风险事故发生和限制其危害后果的必要措施已经被采取。与此相应,政府主管部门也应该对安全报告进行审查,这既是政府主管部门履行检查

监督职责的重要内容,也是防范环境风险事故发生的重要措施。

安全报告制度是对重大风险源运营者进行管理的重要手段,运营者清楚具体风险源的管理现状和监管细节,是环境风险事故防范和处置的主体。安全报告的具体内容由运营者承担举证责任,运营者从传统管理模式中的被动地接受监管发展为主动报告。

3)环境风险事故的双重应急预案

《塞维索法令》不仅规定了应急紧急预案制度,还将应急预案分内部和外部两方面实施。高级重大风险源的运营者应当制定场内应急预案,并向政府主管部门提供制定外部应急预案所需的必要信息。同时,运营者应当进一步根据场内应急预案进行内部安全演习,以便发现场内应急预案存在的问题和需要改进的内容,进行场内应急预案的优化和更新。

此外,《塞维索法令》还规定,政府主管部门应当根据运营者提供的场内应急预案和相关信息制定场外应急预案,并定期在有关环境风险源区域进行安全演练,以提高环境风险事故发生后政府主管部门的应急处置水平。

4)重大风险源选址

以英国为例,在涉及重大环境风险源选址土地的开发利用上,英国政府强调地址要注意与居民区保持合适的安全距离、注意保护生态脆弱区和自然保护区,并强调通过技术措施降低现有重大风险源的环境风险。此外,重大环境风险源监管的主管部门和规划部门应为运营者提供与重大环境风险源选址相关的土地利用规划咨询服务。

5)信息公开与交流

信息公开制度是《塞维索法令》的一大亮点,它主要包括成员国政府的信息公开和重大环境风险源运营者的信息公开。根据规定,成员国政府必须向可能受到环境风险事故影响的公众、运营者和受到潜在威胁的邻近国家提供充足的信息,以便他们采取合理的行动。另外,运营者也应主动向可能受重大事故影响的公众提供相关安全措施和发生事故时应采取哪些必要行为的信息,并且至少每隔五年向公众再次提供这些信息。

《塞维索法令》积极推进各成员国间保持通畅的信息交流。为此,欧盟委员会建立了重大事故报告系统(MARS 信息交换系统)和工业风险社区文献中心。各成员国可共享MARS 信息交换系统中的事故案例,并对其进行统计、分析,吸取其他成员国的教训,以便在突发性环境风险事故出现时可以做出良好的应急决策。此外,《塞维索法令》也鼓励成员国在应对环境风险事故时采取一体化行动,积极促进成员国和其他专业机构之间的联络。

2. 发达国家累积性环境风险管理经验

从发达国家的情况来看,它们一个突出的特征是建立了累积性环境风险管理体系。

1）建立了综合环境风险评估相关的法律体系

美国于 2003 年出台了《累积性风险评估框架》，2008 年出台了《多化学因子暴露的累积性健康风险评估概念、方法与数据来源》，2009 年发布了《环境污染混合物的剂量累积风险评估方法》。欧盟于 2007 年发布了《关于化学品注册、评估、授权与限制的法规》，对欧盟内所有生产或进口的化学品建立了全面的注册、评估体系，确保化学品在生产、投放市场或使用中不会对人类健康或环境产生不利影响。日本建立了比较完善的化学品管理法律法规体系，如 1973 年颁布了《化学物质审查与生产控制法》（以下简称《化审法》）。2009 年，日本对《化审法》进行了比较重要的修订，将立法管理思路向风险管理进行了转变。

2）构建了环境风险管理体系

美国的环境风险管理工作由美国环保局、农业部、食品和药物管理局、商检局 4 个机构主要负责；各州环境风险评估管理工作由各相应的分支机构负责。美国环保局负责全面管理，事先对潜在的、可能造成污染事故的危险废物污染源进行普查，列出污染源清单，并及时向全社会披露。企业是污染事故的第一责任人，必须制定风险预案，还要购买污染事故保险，以应对事故赔偿。

3）完善了风险评估技术支持体系

1983 年，美国国家科学院提出围绕人体健康与安全的风险评估框架，提出了"四步法"，即危害识别、剂量 - 效应评估、暴露评价、风险表征。此后，美国环保局发布了《致癌风险评价指南》《致畸风险评价指南》《化学混合物的健康风险评价指南》《发育毒物健康风险评价指南》《暴露风险评价指南》《超级基金场地健康评价手册》等技术性文件和指南，形成了系统全面的技术支撑体系，为风险管理和政策制定奠定了坚实的基础。

3. 发达国家和地区危险废物管理经验

发达国家和地区的危险废物名录管理体系，通过配套建立完善的危险废物豁免排除制度、统一的分类和代码体系，对危险废物进行分级管理，从而节约管理成本，突出管理重点，有效防控危险废物环境风险。

美国根据危险废物的危险特性以及危险废物的来源分类，重点突出，主次分明，实现全过程管理；建立了系统的危险废物鉴别和豁免制度，将危害性较小的废物从危险废物管理体系中排除，在兼顾风险控制的前提下显著降低管理成本。欧盟的危险废物和非危险废物共享一套分类体系，并依据产生源和危险特性分类，将危险废物用"*"号标明，便于管理和环境统计。俄罗斯提出了"大分类"理念，将产业链上下游产生的废物纳入一个类别进行管理，废物代码包含的信息全面、翔实，便于识别和管理；根据危害程度确定危险废物的危害级别，并进行分类管理。日本基于工业源和社会源不同责任主体进行废物大项分类，避免漏分，便于各责任主体落实执行相关政策。

5.4.4　国内先进经验

1. 上海化学工业区环境风险防控体系

上海化学工业区（简称化工区）经过多年探索，从园区规划、规划环评、环境建设体系、三级应急响应体系、完善的监控及监管体系 6 个层面来防范化工区环境风险。化工区已建立了完善的环境监测体系，除各项常规监测外，监测站内还配备气相色谱-火焰离子化检测器（GC-FID）、傅里叶变换红外光谱（FTIR）、差分吸收光谱（DOAS）等监测设备，对园区内部及园区周边环境空气中挥发性有机物进行实时监测，并配备气象仪器设备，结合监控网络进行污染溯源；采用泄漏检测与修复（LDAR）技术对装置密封点的泄漏情况进行监测，监测频率达 200 万次/年。化工区在环境监测体系之上，建成了包括企业污染源监控系统、环境质量监控系统、环境预警和溯源系统以及环保地图等的化工区环境综合监管系统，实现全要素链接的智能化管控体系。

化工区设有"园内企业—应急响应中心—上海市应急联动中心"三级联动应急响应体系。应急处置工作将响应中心、公安分局、消防队、医疗中心、环保办、安监处、防汛部门、物业部门等集中于一个系统内，化工区内的各角落均有视频监控设备，各企业的污水出口也均设置了环境监测点，任何环节出了问题，都会反映至应急平台，应急平台也能够依据监测数据掌握出现事故的位置，判断出现的异常以及可能产生的影响。化工区内各企业应急分中心以及驻区公安、消防、防灾、环保、海事、急救等专业部门，同步连接灾害现场监测点，实现了化工区应急响应的统一接出警、联合指挥调度和智能辅助决策以及信息共享管理。

2. 聊城化工产业园智慧化工园区建设

聊城化工产业园智慧化工园区强化责任主体，加强监督管理，有效提升园区的安全环保管理水平，加大安全环保督察力度，深化杜邦安全理念，不断提高作业安全标准，进一步强化第一责任人的安全责任，组织签订《安全生产目标责任状》，按不同节点严格进行责任落实和追究，对触及"安全红线"的员工进行严肃处理。

该园区利用先进的技术和工具，夯实安全基础，全面收集整理工艺危害信息，完成工艺仪表流程图（PID）与现场流程核对；推行设备预检预修管理，提升设备管理水平；推广作业前危害（JSA）分析，通过实践和应用，增强员工分析和辨识风险的能力；利用原因树（Why Tree）分析法，坚持每天评审作业活动，严格控制作业数量，提高现场作业管控质量；根据《隐患排查治理管理制度》，按照"谁主管、谁负责"和"全员、全过程、全方位、全天候"的原则，明确责任主体，按照确定的隐患排查频次定期组织相关人员进行隐患排查；对排查出的事故隐患，按照隐患分级标准，进行评估分级，建立事故隐患信息档案。

3. 杭州湾上虞经济技术开发区智慧化建设

杭州湾上虞经济技术开发区为进一步助推化工产业升级,综合提升安全环保管理能力,积极推进化工行业智慧化建设,率先在化工产业领域开展智慧数字化监管探索。智慧化工业园区综管办全面整合区域内的信息化资源,将异味监管、风险管控、安监预警等系统进行智慧化统筹管理,降低区域的安全风险。该智慧化工园区项目具有集成安全、环保、安防、能源管控、应急救援和公共服务六大系统的一体化大数据分析决策平台,可进一步实现区域内高风险化工企业 24 小时监控、环保数据实时采集监控、辖区内异味评价溯源、危化品车辆定位监管等方面的统筹管理。智慧化工园区二期建成后将实现"点、面、域"三级网络化全方位预警监测,多指标、多角度、多维度可视化的数据分析结果展示以及全盘可控的一体化、精准化监督管理,最终实现区域综合管理科学化、规范化、智慧化。

5.4.5　对策建议

1. 完善企业环境风险防范和监控预警体系

1)强化企业环境风险防范措施

继续开展环境风险源调查,以化工、石化行业为重点,完善重大风险源企业突发环境事件风险防控措施,有效防止泄漏物质、消防水、污染雨水等扩散至外环境。鼓励企业开展"智能工厂""数字车间"升级改造,实现资源配置优化、过程动态优化,全面提升智能管理水平。加强企业对突发环境事件隐患的排查与治理工作,将存在重大环境安全隐患且整治不力的企业纳入社会诚信档案。

2)完善环境风险监控预警体系

完善环境风险监控预警体系,建立健全风险点与风险区域相结合的环境风险监控预警网络。进一步加大环境卫星的综合应用范围,充分利用卫星遥感技术对环境敏感目标、重点监控区域进行卫星遥感加密监控。加强危化品运输车辆跟踪监控和风险预警,合理规划专门的危化品运输路线,以便更有针对性地强化对移动风险源的监测、管理和控制。建议在危化品管廊、道路周边隔段储备相应的应急物资。推动化工园区及相关企事业单位建设有毒有害气体环境风险监控预警体系。

2. 强化突发环境事件风险评估和应急预案

继续实施企业突发环境事件风险评估和应急预案备案制度,细化应急预案备案企业类型。以事故情景设置、事故源确定为重点,进一步提高环境风险评估的准确性,并以此为基础切实提升各级应急预案的可操作性和针对性。规范区域内企事业单位、政府以及环保部门预案编制、审备、评估、演练等环节,强化信息通报、处置措施、应急资源等衔接与联动。重点加强企业预案与园区预案、政府预案之间以及突发环境事件应急预案与其他相关应急预案的有效衔接。

督促企业每3年对应急预案开展一次回顾性评估,并根据实际情况适时进行修订和调整。相关主管部门定期对备案的应急预案进行抽查,指导企业持续改进应急预案。强化各级各类应急预案的演练频次及效果。加强应急预案培训,普及应急救援知识。

推动滨海新区继续开展行政区域突发环境事件风险评估,提高区域环境风险防范能力。按照全市统一要求,积极引导涉及重金属、石油化工、危险化学品运输等高环境风险源的企业投保环境污染责任保险。

3. 加强应急响应平台和指挥系统建设

在滨海新区构建集预测、评价、预防、应急监测、应急救援等于一体的突发环境事故应急响应平台,实现应急指挥决策自动化。重点加强环境应急指挥系统软硬件配置,将应急指挥平台与风险源、物资储备、应急能力等基础数据和监控预警系统、应急救援资源调度系统、环境损害评估系统等进行系统集成,实现信息共享,有效支持应急决策。强化重点特征污染物应急监测能力,探索将可视化、互联网+、云计算等先进技术应用于环境风险源动态管理和应急监测中。

4. 优化应急物资配置

针对环境风险等级高的区域及可能的污染物扩散通道,加强污染物拦截、导流、稀释和物理化学处理等环境应急基础设施建设。综合考虑工业、地理、交通、敏感目标等因素,建立健全政府专门储备、企业代储备等多种形式的环境应急物资储备模式。建立环境应急监察、监测装备器材、应急救援物资库,或与其他区域建立可共享的应急监测能力、应急救援物资的信息数据库,结合企业应急救援物资器材库,优化配置应急物资,逐步形成全区域环境应急物资装备综合保障体系。加强引导,建立园区与重点企事业单位环境应急物资装备调用互助机制,加大对参与社会化储备的企事业单位在政策、技术、资金等方面的支持。建立健全应急物资租用、调用、征用及补偿机制。

5. 建立健全应急机构和协同共享机制

在滨海新区及所属环境风险较大的重要功能区建设环境应急机构并联网,加大人员、资金与设备投入,逐步建设一支数量充足、素质优良、结构优化的环境应急管理队伍。完善环境应急专家咨询系统。

加强部门之间、政府与企业之间的信息共享,建立协同工作机制。完善企业突发环境事件信息报告制度,构建纵横交织、快速有效的突发环境事件信息报告网络。园区内的环境应急管理队伍除做好内部间配合外,还应加强与相邻区域的沟通与联动。建立区域跨部门应急协调联动机制,加强危化品和危险废物运输的环境管理,健全环境保护部门与公安消防部门等综合性及专业性应急救援队伍长效联动机制。加强信息互通共享、联合监测、协同处置,强化跨界信息交流和共享信息平台建设。

第6章 市场信用体系

6.1 创新环境污染治理模式

6.1.1 第三方治理的要求

环境污染治理是一项专业性、技术性很强的工作，在这种情况下，环境污染第三方治理（以下简称第三方治理）模式应运而生，且发展迅速。2013年11月12日，中国共产党第十八届中央委员会第三次全体会议通过的《中共中央关于全面深化改革若干重大问题的决定》提出"建立吸引社会资本投入生态环境保护的市场化机制，推行环境污染第三方治理"。这是在我国国家政策层面最早出现的"环境污染第三方治理"概念。

2014年4月24日，第十二届全国人民代表大会常务委员会第八次会议审议通过的新《环境保护法》中，虽然没有提出第三方治理这一概念，但其所确立的政府监管、企业自律、公众参与和社会协同的环境污染社会共治体系，为第三方治理创造了良好的制度保障和市场需求，为环境污染治理体制转型和环境污染治理模式改革奠定了基础，指明了方向。

2014年12月27日，《国务院办公厅关于推行环境污染第三方治理的意见》（国办发〔2014〕69号，简称国办69号文）发布，标志着十八届三中全会中提出的推行环境污染第三方治理在环境政策层面正式落实。国办69号文对第三方治理的推行工作提出了总体指导意见和要求，明确了开展第三方治理的原则，即坚持排污者付费、坚持市场化运作、坚持政府引导推动；鼓励推行排污者通过缴纳或按合同约定支付费用委托环境服务公司进行污染治理的新模式，提出到2020年"环境公用设施、工业园区等重点领域第三方治理取得显著进展，污染治理效率和专业化水平明显提高，社会资本进入污染治理市场"的主要目标。

2015年4月，国务院印发《水污染防治行动计划》，提出"以污水、垃圾处理和工业园区为重点，推行环境污染第三方治理。"

2015年9月，国家发展改革委印发了《关于开展环境污染第三方治理试点示范工作的通知》（发改环资〔2015〕1459号），提出在全国环境公用基础设施、工业园区和重点企业污染治理两大领域启动第三方治理试点示范工作，并确定了在北京市、河北省等10省（市）17个单位开展第三方治理试点。

2015 年 12 月 31 日,国家发展改革委、原环境保护部、国家能源局发布《关于在燃煤电厂推行环境污染第三方治理的指导意见》,着重在特定的重污染产业推行第三方治理。

2016 年 12 月 30 日,国家发展改革委办公厅、财政部办公厅、原环境保护部办公厅、住房城乡建设部办公厅发布《关于印发〈环境污染第三方治理合同(示范文本)〉的通知》(发改办环资〔2016〕2836 号)。这为第三方治理的委托运营模式和建设运营模式提供了范本。

为进一步推行第三方治理模式,并对第三方治理推行工作提出专业化意见,指导全国各地开展相关工作,原环境保护部于 2017 年 8 月出台了《环境保护部关于推进环境污染第三方治理的实施意见》(以下简称《实施意见》)。《实施意见》着重解决第三方治理责任划分、政策支持引导、管理制度和模式创新、第三方治理机制和实施方式创新、鼓励第三方治理信息公开等方面的问题。

2017 年 12 月 15 日,国家发展改革委办公厅印发了《国家发展改革委办公厅关于印发环境污染第三方治理典型案例(第一批)的通知》(发改办环资〔2017〕2 079 号),在面向全国征集第三方治理典型案例的基础上,经过评估、总结,推荐了中煤旭阳焦化污水第三方治理等 6 个典型案例。

2018 年 8 月,原环境保护部环境保护对外合作中心、中国环境科学研究院、中国循环经济协会联合印发了《关于印送工业园区环境污染第三方治理典型案例(第一批)的函》,推荐了"如东沿海经济开发区环保顾问式服务平台"等 6 个工业园区第三方治理典型案例,供各地参考借鉴。

天津市严格落实国家对于第三方治理的要求,2014 年 1 月,天津市委出台《中共天津市委关于贯彻落实 < 中共中央关于全面深化改革若干重大问题的决定 > 的意见》,其中明确提出"推行环境污染第三方治理",这也是天津市最早明确要贯彻落实国家总体部署,推行第三方治理的政策要求的体现。《天津市"十三五"生态环境保护规划》中也提出,"借助实施大气、水、土壤污染防治等重点工程,推进第三方治理、环境监测和咨询等环保产业发展。"《天津市打好污染防治攻坚战八个作战计划》的蓝天、碧水、净土保卫战三年行动计划中均提出,要推行第三方治理。

6.1.2　天津市第三方治理现状及存在的问题

天津市第三方治理起步较早、模式较多,但发展不平衡。一是公共环境治理和企业污染治理之间不平衡,污水、垃圾等公共环境治理项目多采用第三方治理模式,企业点源污染治理多为自建自运;二是不同的环境要素之间不平衡,水污染第三方治理比较成熟,大气、土壤污染第三方治理相对滞后。

在水污染治理方面,目前,城镇和工业园区污水处理厂多采用建设 - 经营 - 移交(BOT)、建设 - 拥有 - 经营(BOO)、建设 - 拥有 - 经营 - 转让(BOOT)等特许经营模式,由创业环保、华博水务、泰达新水源、以色列凯丹、新加坡凯发、威立雅等专业环保公司运营,国家控股废水企业和重金属国家控股企业的污水处理设施全部由企业自行运营管理。其中,天津经济开发区早在 2007 年就以合资的方式引入法国威立雅集团,对早期建设的污水处理厂进行委托运营和升级改造。通过对工艺的优化,相比实施第三方治理之前,污水处理厂在提高污水处理水平的同时,能耗也下降了 1/3。位于临港经济区的天津渤化永利化工股份有限公司也以第三方治理的方式,与法国威立雅集团共同成立了天津威立雅渤化永利水务有限责任公司。第三方治理机构为厂方设计了水循环管理方案,与原方案相比,新方案能够节省 24% 的自来水以及 34% 预处理海水用量,而且污水排放总量仅为原来的 31%。

在大气污染治理方面,火电、钢铁等行业的废气国家重点监控企业中,只有天津钢铁集团有限公司和天津天钢联合特钢有限公司两家企业引入第三方治理模式。其中,天津钢铁集团有限公司的烧结机脱硫设施的运行由福建龙净环保股份有限公司提供第三方技术服务;天津天钢联合特钢有限公司烧结机脱硫项目完全采用第三方治理模式,由山东国舜建设集团有限公司负责投资、建设和运行。根据 2013 年原环境保护部减排考核认定结果,天津天钢联合特钢有限公司烧结机脱硫项目的脱硫效率高出自建自运项目 20个百分点。

6.1.3　国内外第三方治理的经验

1. 国外第三方治理的实践与启示

20 世纪 60 年代以来,随着排放标准的提高和治理难度的增加,发达国家的污染治理普遍采用第三方治理模式,既保证了治污效果,又降低了治污成本,实现了环境污染治理的专业化、市场化和社会化。在许多发达国家,并没有"第三方治理"这个专门名词,这些国家将第三方治理模式视为环境服务业的一种,其称为"环境综合服务""环境咨询"或"污染治理承包"等,其运行是遵循商业规律的市场行为。国外的经验表明,在市场机制下鼓励第三方治理模式,不仅可以提升环境污染治理效率,还能为环保产业创造更多的市场需求和就业机会,形成新的经济社会可持续发展增长点。

1)美国

美国是最早推行第三方治理的国家,尤其是美国政府采用合同环境服务来清除地下储油罐泄漏所造成的场地污染。美国的经验为我国开展第三方治理,尤其是合同环境服务提供了很好的实践经验。20 世纪 80 年代,美国发现大量储存石油和其他危险物质的地下储存罐对地下水和土壤环境构成严重威胁,美国有 39 个州将地下储存罐列为地下水污染的主要污染源。由于地下储存罐数量众多,而且遍及美国各地,如果由联邦政府单独管理十分困难。因此,在实际操作过程中,美国采取的是经美国环保署批准,由各州具体负责地下储存罐管制计划实施的方式。为了尽快清除地下储存罐泄漏所造成的污染,美国采取了多种有效措施,其中合同环境服务被认为是三大最具创新性和最值得注意的解决方案之首。美国第三方治理的成功经验可以归结为以下 3 个方面。

（1）明确排污责任划分。在美国,根据排污许可证管理规定,如果企业排污不达标,监管部门会首先向排污许可证上注明的负责人或单位追责,即由排污许可证持有单位承担主体责任。排污许可证持有单位和第三方治理单位可根据合同界定具体过错方,由过错方做出赔偿和承担法律责任。

（2）建立较完整的第三方治理审核及评估体系。首先,要求第三方治理企业的核心技术及工艺流程必须由有资质的工程师和专家设计开发,第三方治理企业本身也须通过政府相关部门的审核及认证,取得污染治理资质;其次,第三方治理企业在开展治理工作前必须购买相关保险,同时,排污企业也须购买政府公债,为治理失败的情况提供善后资金保障;再次,排污企业的污染治理设施须由有资质的第三方治理企业运营和维护,污染治理成效也须由专业监测机构评估认证。此外,独立的审计和评估机构还会对污染治理设施运行情况进行每两年一次的评估和检查。

（3）建立完善的组织保障和激励扶持政策。为给第三方治理机构提供组织保障,美国成立了相关推进机构,包括从联邦政府到各州的环境保护机构以及环境服务委员会,后者负责监督、管理环境保护机构和第三方治理机构。为激励第三方治理企业加快技术创新,美国政府出台了研究基金、优惠贷款和专项补贴等多种形式的扶持政策。

2）日本

二战以后,日本在实现工业化和经济快速增长的过程中,曾因为忽视对自然生态环境的保护而付出很高的代价。“大量生产、大量消费、大量废弃”的经济发展模式造成了严重的环境污染和生态破坏,甚至出现水俣病、痛痛病、石棉灾害等危害人类健康的产业公害。自 20 世纪 70 年代开始,以治理环境污染和公害为起点,日本展开了政府、企业、社会团体和国民广泛参与的全社会性防治污染、节能减排、循环利用等环境保护行动,取得了良好的成效。在这一过程中,日本特色的环境污染“第三方治理”起到了相当大的作用。日本取得的经验可归结为 4 个方面。

（1）完善的环保法律体系的保障。日本在环保领域的法律体系建设非常完善。这些法律对环境污染治理活动具有指导性意义,不仅明确规定了各级政府、企业、社会团体和国民的责任和义务,还规范了各专项环境治理的原则和流程,在客观上为环保产业市场的形成和发展提供了保障。如法律强调排放者责任和扩大生产者责任,约束生产者和污染排放者不仅要在生产过程遵循 3R 原则,即减量化（readucing）、再利用（reusing）和再循环（recycling）3 项原则,还必须为产生的污染支付费用;同时,允许企业和地方政府将自身责任外的处理业务委托给获得许可的企业实施。这就为环保产业市场拓展了需求空间,鼓励更多的第三方治理企业加入。法律还对各类非正常的污染物处理和非法投弃等行为做出了严格惩罚规定,有效地减少了逃避治污责任的行为,避免了环保市场"劣币驱逐良币"现象的出现。

(2)政府的鼓励支持政策与措施提供有效的制度保障。为保证环保法律的有效实施,日本中央政府和各级地方政府都制定了环境发展规划和完善的配套政策措施。首先,政府制定严格的环境保护标准,对资源能源的使用效率,各类污染的产生、处理和治理目标以及自然环境的各项指标做出明确的规定,并指定专门机构负责检测和监督。其次,鼓励企业编制环境报告书,定期向社会发布其产业活动中有关环境保护行动的方针、目标、管理制度、活动内容和实际成效等,推动企业增强环保意识,开展自主性环保活动。再次,地方政府负责对从事第三方治理的企业和人员进行资格核准、指导和监督工作,制定委托处理业务的处理标准和委托标准,要求委托企业把握委托处理的进展情况,要求被委托企业提交宣言书,并在任务完成后将记载的相关事项反馈给委托企业。此外,根据不同专业形成的日本环境安全事业株式会社、日本环境保全协会等行业协会,承担着本行业废弃物处理业务的资质审查、招投标工作以及部分环保基金的管理职能等。这些行业协会既为第三方治理机构提供全面、专业、权威的信息数据,又对政府、排污单位、治污企业等进行客观、有效的监督,为环境污染治理的有序运转提供了重要保障。

(3)对第三方治理的服务企业给予税收优惠或者财政支持。日本的环保税种主要与能源消耗相关,如燃油、燃气、电力和煤炭的消耗,以及汽车购置、保有、重量税等。税收作为一般财政收入被用于自然环境保护、节能家电、节能建筑、低能耗汽车等领域的减税补贴。2012年10月,日本开始对引起地球温暖化的资源(燃油、燃气和电力等)使用征收"地球温暖化对策税"(即环境税),用于补助节能环保产品和普及可再生能源等。在环保方面的税收优惠政策主要有:一是对致力于节能减排的企业实行减轻税收的鼓励政策;二是创立"绿色税制",降低购置新能源汽车、环保型汽车和节能住宅的税率。日本在财政经费中设有用于保护地球环境、防止公害等的专项经费(即环境保全经费),以补助金的形式资助大气、土壤、水资源等地球环境保护、废弃物处理和再利用、化学物质对策等环保领域的研究开发和设施建设等。政府的一些相关机构,如日本政策金融金库、中小企业基础维护机构、石油天然气金属矿物资源机构等还为各种环境保护事业提供金融服务。

(4)环保教育和民间环保活动为第三方治理提供了坚实的社会基础。日本的环保教育活动非常普及,实施主体包括各级地方政府、企业、学校、社会团体,实施对象包括从幼儿到老人的各个年龄阶段的人群。教育活动的方式多种多样,如演讲会、讨论会、参观、研修、新闻媒体、宣传板和小册子等,很多政府、企业和社会团体的网页都有面向成人、学生和儿童的各种图文并茂的环保宣传内容。教育活动的内容包括普及环境知识及公害教育、宣传环保政策、提高环保意识等。日本国民都很珍视身边的自然环境,加上环保教育的普及,使得国民的环保意识普遍较高,能够自觉地参与环保活动,例如主动将生活垃圾分类整理并按时投放在指定地点;在公共场所保持环境清洁,不乱丢弃垃圾杂物;社区居民自发组织起来清理周边的杂草杂物;积极配合政府的节电、节能、减量使用等环保措施。日本社会的这种环境意识氛围,极大地方便了环保企业开展相关工作,为第三方治理提供了坚实的社会基础。

3)欧洲国家

除了美国和日本外,以德国、英国、法国等为代表的欧洲国家,在第三方治理方面也进行了许多积极探索。

德国主要通过建立完备的环保法律规范体系,为污染治理提供制度保障。20 世纪 70 年代至今,德国出台了一系列环境保护方面的法律法规。目前,德国已拥有世界上最完备、最详细的环境保护法律体系,其联邦及各州的环境法律法规约达 8 000 部,还实施了约 400 个欧盟的相关法规。其中,德国《水平衡管理法》《废水纳税法》等严格限制了工业企业向地表或地下排放废水和废液的行为,同时又对废水和废液的处理和工艺要求等设定了较高标准。而对于相关要求,一般只有专业的环境污染治理企业才能达到。这间接促进了德国第三方治理企业的发展。德国《环境责任法》全面规定了设备责任,根据是由排污方还是第三方治污方控制设备来认定因果关系,并规定了不可抗力的免责条件,为环境服务公司和排污企业提供了一定的权利保护。

英国于 1989 年正式开展水务行业市场化改革运动,并逐步建立了责任清晰、多主体参与的市场化运作模式。其中,政府部门通过制定相关法规政策进行宏观布局与指导,水务公共管理部门统筹管理水务治理的环境社会效益和经济效益,水务经营企业承担全国供水及水处理职能,行业协会、环保协会等负责环保监督、投资管理和情况反馈等。

法国根据水的不同用途和性质制定了不同的水费收取标准:工农业废水符合排放标准的不需付费,不符合排放标准的,则要按照排放量和污染程度收取相应的费用;家庭用水除了需缴纳以使用水量计算的费用外,还需缴纳用于水污染防治的水资源保护费和污水治理费等费用。在 1982 年颁布《分权法案》和 1992 年颁布《水法》后,法国正式在水务行业推广委托经营模式,吸引私人资本进入水务行业。该模式是在保持环境设施产权公有的前提下,通过委托经营合同吸引私营公司参与。经过整合,苏伊士环境集团和威立雅环境集团已经成为入选全球财富 500 强的专业环境服务企业,截至 2013 年,威立雅环境集团在我国的业务已遍布全国近半省份。

2. 国内第三方治理的实践与启示

1)浙江

浙江省针对第三方治理的实践工作涉及火电厂除尘脱硫脱硝、市政污水处理、垃圾处理处置、农村生活污水治理设施运营等环境公用设施领域和排污企业污染治理、工业园区污染集中治理、重点污染源在线监控系统运维等非环境公用设施领域。浙江省在第三方治理方面的实践主要包括 3 个方面。

（1）通过试点积累第三方治理的管理和运行经验。在有序推进杭州、宁波等第三方治理国家试点示范的同时，浙江省深入开展了绍兴、舟山等 8 个市县排污许可证改革试点工作，通过建立主要污染物财政收费和排污权基本账户制度、企业刷卡排污制度等，进一步强化了政府环保主体责任和企业治污责任；通过形成系统完整、权责清晰、监管有效的污染源管理新格局，进一步提升了环境治理能力和管理水平。

（2）建立排污许可制度，推进排污权交易，做好第三方治理的配套工作。浙江省是我国较早建立排污许可制度的省，截至 2015 年年底，浙江省已经建成 2 100 套刷卡排污系统，省控以上污染源实现全覆盖，全省以排污许可证为核心，覆盖污染源建设、生产、关闭全过程的"一证式"管理模式正逐步形成。作为全国首批排污权交易试点省之一，浙江省已全面开展了排污权交易试点工作，全省共有 11 个设区市的 60 个县（市、区）开展了试点工作，先后制定省级相关政策和技术文件 15 个，各试点市、县出台的政策和技术文件达 103 个，全省的排污权交易得到了深入推进。截至 2015 年年底，浙江省累计排污权有偿使用和交易金额达 50.65 亿元，排污权抵押贷款 145.07 亿元。通过不断完善排污权交易市场，使得浙江省第三方治理取得的污染物减排量有可能被计入排污企业的排污权账户，由排污企业作为排污权的交易主体并从中获益，增强了排污企业治污的动力。

（3）探索对第三方治理的金融支持模式。浙江省内建设银行、浦发银行、农商银行、宁波银行等积极探索了支持第三方治理的方式，相继探索了以收益权质押发放贷款等新型担保模式，推出了针对从事环保技术转让、咨询、"三废"原料供应、洗涤等业务的环保服务公司的专门贷款产品，同时推广了循环贷款方便治污企业资金安排，并对治污企业实行低于一般贷款利率的政策，改善了第三方治理企业的信贷环境。

2）上海

上海市第三方治理起步较早，在 20 世纪 90 年代末就有企业涉足第三方治理，时至今日，全市第三方治理企业已有 150 余家，产业规模达 50 亿元。总结上海市第三方治理的发展特点，可以概括为"提高环境污染违法成本，全面激发市场主体活力"，其主要措施包括以下 3 点。一是上海市修订了锅炉、餐饮油烟、汽车制造、印刷包装、涂料油墨、船舶制造、燃煤电厂、城镇污水处理厂、大气综合排放等大气排放标准和水污染综合排放标准等 20 余项涉及污染物排放的地方标准，形成了更为严格的污染物排放标准制度。二是全市目前已实现了占全市污染物排放总量 85% 的 150 多家重点排污企业自动连续监测网络的全覆盖，监测监察方式由传统的"人盯人"升级成了在线实时监控的"千里眼"，进一步强化了环境监管执法。三是市发改、财政、环保部门自 2015 年初开始，分 3 个阶段大幅上调了 4 项主要污染物的收费标准，并依据污染物排放浓度实行了分四档的差别化收费标准，同时启动实施了 VOCs 排污收费差别化政策，高标准差别化收费激发了企业节能减排的积极性。上述 3 个方面三管齐下，倒逼排污企业进一步提升治污水平，从而激发第三方治理的市场需求。

6.1.4　天津市第三方治理对策建议

天津市创新环境污染治理模式,研究制定加快推进第三方治理的政策措施,开展工业园区环境污染第三方治理示范,开展乡镇(街道)环境综合治理托管服务试点,探索统一规划、统一监测、统一治理的一体化服务模式,强化系统治理,实行按效付费;积极推行环保管家服务,探索推行"保险 + 服务"模式,提高企业的污染治理水平。

6.2　夯实环保管家

6.2.1　环保管家的要求

2010 年 10 月,《国务院关于加快培育和发展战略性新兴产业的决定》中提出"环保列入战略新兴产业"。根据战略性新兴产业的特征,立足我国国情和科技、产业基础,现阶段重点培育和发展节能环保、新一代信息技术、生物、高端装备制造、新能源、新材料、新能源汽车等产业,推进市场化节能环保服务体系建设。

2011 年 4 月,《关于环保系统进一步推动环保产业发展的指导意见》中提出"系统环境解决方案和综合服务";以加强环保产业需求侧管理为中心,以着力培育环境服务业为重点;着重发展环境服务总包、专业化运营服务、咨询服务、工程技术服务等环境服务;鼓励发展提供系统解决方案的综合环境服务业;提升环保企业提供环境咨询、工程、投资、装备集成等综合环境服务的能力,鼓励环保企业提供系统环境解决方案和综合服务。

2012 年底,《服务业发展"十二五"规划》中提出"发展环保服务业",重点发展集研发、设计、制造、工程总承包、运营及投融资于一体的综合环境服务;推进环境咨询、环境污染责任保险、环境投融资、环境培训、清洁生产审核咨询评估、环保产品认证评估等环保服务业发展;大力支持环境顾问、监理、监测与检测、风险与损害评价、环境审计、排放权交易等新兴环保服务业。

2014 年底,《国务院办公厅关于推行环境污染第三方治理的意见》提出"探索新模式",委托环境服务公司探索污染治理的新模式,鼓励地方政府引入环境服务公司开展综合环境服务;培育企业污染治理新模式,在工业园区等工业集聚区引入环境服务公司;鼓励按照环境绩效合同服务等方式引入第三方治理;发挥行业组织作用,及时总结推广成功的商业模式。

2016 年 4 月,《关于积极发挥环境保护作用促进供给侧结构性改革的指导意见》中正式提出"环保管家"的概念。环保管家坚持污染者付费、损害者担当的原则;鼓励有条件的工业园区聘请第三方专业环保服务公司作为"环保管家",向园区提供监测、监理、环保设施建设运营、污染治理等一体化环保服务和解决方案;鼓励工业污染源治理第三方运营。

2017 年 8 月,《关于推进环境污染第三方治理的实施意见》提出"环境综合服务",以"市场化、专业化、产业化"为导向,推动建立排污者付费的新机制;排污者担负污染治理主体责任,并承担污染治理费用;鼓励第三方治理单位提供包括环境污染问题诊断、污染治理方案编制、污染排放监测、环境污染治理设施建设、运营及维护等活动在内的环境综合服务。

6.2.2　环保管家现状及存在的问题

环保管家现状及存在的问题如下。

(1)服务机构能力水平各异,缺乏相关的法律法规做引导。我国现行法律法规中尚未出台与环保管家技术服务相关的技术规范或工作指南,环保管家技术服务机构也没有相关市场准入要求,环保咨询市场上有各类咨询单位进入环保管家领域,承接服务合同,有些机构没有相关服务能力或随着工作的深入不能胜任咨询服务内容,导致工作效率低下,甚至出现技术偏差,将"环保管家"发展成"环保保姆",不能准确地引导企业进行转型升级与技术改造,或完成污染治理任务,甚至导致企业排污问题加重。这是违背环境治理宗旨的,环保管家是促进工业转型,而不是纵容企业排污,环保管家服务要看清定位,正确认知,不能从智力密集型的"专家"变成劳动密集型的"帮工"。为了更好地发挥环保管家在污染预防与治理中的良好作用,政府应尽快出台相关管理规范与指导意见加以引导。

(2)环保管家服务内容和责任不明,缺乏有效的宣传。目前环保管家咨询服务类别与服务内容尚未有成熟的模板,需求者与提供服务的咨询机构对环保管家职责尚不能明细划分。目前开展环保管家的模式较为常见的为以下两种:一是对单类环保设施或环保业务的委托治理和托管,例如污水处理设施、废气处理设施、在线监测设施的建设、运维等;二是以区域或集团为单位委托环保管家进行监测、环保设施建设运营、污染治理等一体化环保服务,提供解决方案。第一种模式是目前服务种类最多的一种,随着日趋严格的监督检查和规范化管理,环保管理内涵更加丰富,环保管家现阶段多是作为日常监管的业务延伸和人员补充,不能充分发挥环保管家的专业效能,不能充分显现在监测、监理和综合管理方面的突出作用。亟待推进服务需求者及管理部门的宣传教育工作,要整体提高对综合性环保管理体系的认知,针对巡查检查、政策技术培训宣讲、企业污染治理设施疑难杂症的解决和内部效率成本的改进等不同层次的服务内容和服务深度,认真考虑应投入的人员数量和层级,做定制化的服务。此外,缺乏典型带动作用,需要培育不同开展模式的先进典型,从而为环保管家服务推广打下良好的基础。

(3)市场机制不健全,尚未形成成熟的服务价格体系。"环保管家"是一种新兴的环保概念,对于很多面临转型或是寻求帮助的环保企业或者工业园区来说,由于不同企业、园区的环境差异、需求差异,加上在操作层面可参考的模板很少,使得整体框架应用较少,没有可以参考的成熟服务价格体系,服务机构与服务需求者往往因合同未明确细化工作内容与责任,企业、园区在与环保管家合作方面存在很多误区,出现服务机构不能完全履约或超量履约不能持续进行等问题。

6.2.3　规范环保管家的对策建议

1. 健全服务体系,保障服务质量

环保管家的服务质量直接影响环境管理工作的有效推行,建立一套责任明确、竞争有序的环保管家服务质量评价体系和监督约束体制,是确保此项工作顺利有效开展的重要基础。因此,根据区域环保形势与环境管理内容制定相应指导意见,包括如下内容:①严格环保服务单位的准入门槛,设定相关服务机构应该具备的能力和资格条件;②严格环保服务机构监督惩戒制度,建立信用评价体系和责任追究机制;③建立健全监督管理标准或指导意见,确保第三方服务的工作质量。

2. 环保管家服务成效信息公开,接受公众监督

环保管家服务质量由服务需求方和公众进行监督,推进信息环保管家服务成果公开。环保管家承担单位应接受公众监督,这是环保工作对公众负责的主旨,也是第三方环境服务单位对企业、园区、政府等环保部门负责的表现;逐步建立健全环保管家服务机构的监督信息发布机制,通过各种渠道向社会公布区域环保管家服务单位信息、服务内容和接受监督的目标;通过定期或不定期征集公众、相关服务需求方和日常监管部门的意见,考核环保管家服务质量,并进行评定与绩效考核。考核结果可作为今后环保管家咨询市场供应商资格的约束性条件。

3. 细化政策扶持,加强宣传教育

环保管家很重要的一项工作职责就是环境管理制度效能评估,逐步完善执行情况绩效评定与考核制度,加大环保管家服务内涵的宣传,不断强化环保管家专业化、规范化、精细化环保服务内涵;着力加强帮扶指导和政策支持,及时查漏补缺,进一步推进管理部门、园区企业和环保服务单位齐抓共管的态势,建立责任明晰、效果显著、运转顺畅、多方共赢的环保管家服务机制。

6.3　完善市场化、多元化生态补偿机制

6.3.1　引滦入津上下游生态补偿

为深入贯彻党中央、国务院《生态文明体制改革总体方案》中提出的在京津冀水源涵养区开展跨地区生态补偿试点的要求和京津冀协同发展生态环保率先突破的部署,加强引滦上下游生态环境保护,2016 年天津市与河北省建立了引滦入津上下游横向生态补偿机制,并于 2017 年正式签署了《关于引滦入津上下游横向生态补偿的协议》(以下简称《协议》)。

《协议》明确,河北省和天津市共同出资设立引滦入津水环境补偿资金,资金额度为 2016—2018 年两省市每年各 1 亿元,共 6 亿元。中央财政依据考核目标完成情况确定奖励资金,将奖励资金拨付给上游省份,专项用于引滦入津水污染防治工作。两省市人民政府共同加强补偿资金使用情况的监管,确保补偿资金按规定使用,充分发挥资金的使用效益。

河北省通过开展面源污染治理,清理潘家口、大黑汀水库网箱养鱼,开展水库沉积物污染物污染调查与环保清淤评估和清理工作,编制潘家口、大黑汀水库生态环境保护规划等,进行污染治理和生态保护工程建设,确保水质达到考核目标,并稳步提升,使入津的黎河桥、沙河桥跨界断面水质年均浓度都达到《地表水环境质量标准》(GB3838—2002)Ⅲ类水质标准。2016 年、2017 年和 2018 年月监测结果水质达标率分别达到 65%、80% 和 90%,每年水质达标的月份依次达到 8 个月、10 个月和 11 个月视为达到考核标准。若年度水质达到或优于考核目标,天津市该年度的资金全部拨付给河北省;若未达到考核目标,或引滦入津河北省界内出现重大水污染事故并影响于桥水库供水安全(以环境保护部核定为准),天津市的资金不拨付给河北省。

引滦入津上下游横向生态补偿机制建立后,河北省加大了引滦上游地区污染治理力度,全面完成了潘家口和大黑汀水库网箱养鱼清理工作,引滦入津水质状况稳步改善。《协议》规定的黎河桥、沙河桥 2 个跨界断面分别统计 pH 值、高锰酸盐指数、化学需氧量、氨氮、总磷 5 项考核指标,其年均浓度均从 2016 年的Ⅳ类水质标准上升到 2018 年的Ⅱ类水质标准,2016 年(以 6~12 月为期)、2017 年、2018 年月监测结果水质达标率分别达到 71.4% 和 85.7%、91.7% 和 83.3%、100% 和 100%,达到《协议》考核目标要求。

根据中国环境监测总站认定的跨界断面水质监测结果,黎河桥、沙河桥 2 个考核断面的水质每年均达到《协议》年度考核目标要求,天津市按照《协议》约定,将 2016 年度、2017 年度和 2018 年度的补偿资金各 1 亿元(共计 3 亿元)拨付给河北省。

截至 2018 年年底,引滦入津上下游横向生态补偿协议到期。在生态环境部的统一部

署和指导下,天津市生态环保局自 2018 年下半年起,积极与河北省沟通协商,推进第二期协议续签工作。天津市主要领导均批示同意与河北省续签第二期协议。经过 5 次面对面的协调会商, 2 次书面征求意见,数十次的电话沟通修改,天津市生态环境局与河北省生态环境厅共同起草完成了《关于引滦入津上下游横向生态补偿的协议(第二期)》和《引滦入津上下游横向生态补偿实施方案(第二期)》,并征求了天津市发展改革委、市财政局、市水务局、市合作交流办公室等相关部门意见,于 11 月 22 日报请市政府审定。12月 25 日天津市相关领导和河北省相关领导分别代表天津市人民政府和河北省人民政府签署了协议。

第二期协议延续第一期协议的以跨界断面水质达标为依据的补偿原则,明确了补偿范围和期限、考核目标、资金安排使用等内容。补偿范围包括引滦入津流域于桥水库上游河北省承德市和唐山市相关县(市、区)。实施年限为 2019 年至 2021 年,3 年期限。

考核目标体现持续改善原则,以津冀跨界处黎河桥、沙河桥监测断面为考核断面,分别考核,要求断面化学需氧量、高锰酸盐指数、氨氮、总磷 4 项指标年均值达到Ⅲ类水质标准,且月均值达标的月份比例分别达到 90%、100% 和 100%,或年均值达到Ⅱ类水质标准,同时要求总氮指标 2020 年和 2021 年以 2019 年为基数逐年降低。如果"十四五"期间两个断面对应的国家考核标准提高,则按国家要求作相应调整。

资金安排使用上,两省市政府共同设立引滦入津上下游横向生态补偿资金。其中,天津市财政原则上每年安排补偿资金 1 亿元,根据考核结果据实拨付;河北省财政安排资金每年 1 亿元;中央财政补助资金按政策申请,拨付给河北省用于引滦入津生态环境保护工作。

与第一期协议相比,第二期协议和实施方案在以下 3 个方面实现突破和创新。一是考核目标体现持续改善原则,第一期为考核断面水质年均值达到Ⅲ类水质标准,且月均值达标的月份比例分别达到 65%、80% 和 90%;第二期要求考核断面水质年均值达到Ⅲ类水质标准,且月均值达标的月份比例分别达到 90%、100% 和 100%,或年均值达到Ⅱ类水质标准,同时要求总氮指标在后两年以 2019 年为基数逐年降低。二是补偿办法增加总氮作为奖惩指标,第一期为水质达到年度考核要求后天津市即拨付补偿资金 1 亿元;第二期在此基础上,将总氮作为奖惩指标,若 2020 年和 2021 年总氮指标逐年降低,天津市对每个断面每年额外奖励 500 万元;若总氮指标未降低,每年从每个断面的 5 000 万元补偿资金中扣减 500 万元。三是主要任务体现协同治理原则,在要求河北省开展流域生态环境环保和治理工作的基础上,结合对口帮扶工作,明确天津市应与河北省积极开展对接合作,采取对口帮扶、产业转移、共建园区等方式,探索建立多元化长效生态补偿机制。

6.3.2　环境质量奖惩政策

1. 根据地表水环境质量进行奖惩分析

为调动各区水污染防治工作的积极性,逐步改善水环境质量,2018 年 1 月 20 日,天津市人民政府印发《天津市水环境区域补偿办法》,该办法规定按照水环境损害补偿的原则,依据市环保局发布的地表水环境质量月度评价及排名结果,对各区人民政府实施财政奖补或扣减财力措施,并在媒体上公布奖惩结果。

天津市对各区地表水环境质量进行的月度评价采用的是综合评价的方法。首先对本市各行政区的综合污染指数、同比变化率、出入境浓度比值 3 项指标分别进行评价、排名。其次将各区 3 项排名的位次数值相加,由小到大排序形成各区水环境质量综合排名。如遇 3 项排名位次数值相加得分相同的情况,则依次根据综合污染指数、同比变化率、出入境浓度比值数值确定排名先后,数值小的排名靠前。奖惩规则如下。

地表水环境质量月排名位于第 8 位和第 9 位的区,不予经济奖惩;排名第 7 位的区,奖补 20 万元,排名每靠前一位,奖补资金增加 20 万元;排名第 10 位的区,扣减当年财力 20 万元,排名每靠后一位,多扣减当年财力 20 万元。于每年 1 月底前,市环保局、市财政局联合将上一年度各区资金奖惩计划报市政府审定,并由市财政局按照审定结果与各区办理资金结算。各区按相关规定使用或上缴奖惩资金,并加强对奖补资金使用的监督管理,确保资金统筹用于本区水污染治理工作。

2018 年 1 月实施《天津市水环境区域补偿办法》以来,从单年来看,2018 年奖补金额前 3 名依次为和平区、北辰区和河北区(并列第二)、蓟州区,分别奖补 660 万元、520 万元、520 万元、380 万元,分别占各区一般公共预算收入的 1.47‰、0.91‰、1.88‰、1.37‰;扣减金额前 3 名依次为滨海新区、东丽区、河东区,分别扣减 1 100 万元、960 万元、760 万元,分别占各区一般公共预算收入的 0.24‰、1.56‰、2.62‰。

2019 年奖补金额前 3 名依次为宝坻区、河北区、蓟州区,分别奖补 920 万元、580 万元、540 万元,分别占各区一般公共预算收入的 1.63‰、2.56‰、2.15‰;扣减金额前 3 名依次为东丽区、河东区、津南区,分别扣减 1 340 万元、700 万元、580 万元,分别占各区一般公共预算收入的 2.12‰、2.33‰、0.90‰。

从各区一般公共预算收入占比来看,两年间,奖补金额占各区一般公共预算收入比例超过 2‰ 的区为河北区和蓟州区,扣减金额占各区一般公共预算收入比例超过 2‰ 的区为河东区、东丽区。

综合来看,2018—2019 年,各区扣减与奖补金额在 -1 340 万元 ~920 万元之间,占各区一般公共预算收入比例在 -2.62‰~2.56‰ 之间。最高扣减金额普遍高于最高奖补金额,说明地表水环境质量排名靠后的区变动较小,地表水环境质量排名靠前的区变动较

大。奖罚金额大小与各区一般公共预算收入占比差异较大。例如 2018 年滨海新区扣减
1 100 万元，仅占其一般公共预算收入的 0.24‰，2019 年红桥区扣减 500 万，占其一般公
共预算收入的 2.62‰。

2. 根据环境空气质量奖惩分析

2016 年 10 月开始实施的《天津市清新空气行动考核和责任追究办法（试行）补充办
法》明确规定了综合评价的方法和奖惩规则。为便于统计对比，本研究统计了 2017—
2019 年各区环境空气质量奖惩结果。

2017—2019 年，从单年来看，扣减与奖补金额波动较大。各区扣减与奖补金额
在 -1 220 万元~1 480 万元之间，占各区一般公共预算收入比在 -4.88‰~5.90‰ 之间。
从各区来看，3 年空气质量排名波动较大，其中仅南开区 3 年均为奖补，北辰区、宁河区 3
年均为扣减，其他 13 个区 3 年期间在奖补与扣减之间波动。从 3 年累计奖补和扣减结果
来看，扣减与奖补金额在 -2 040 万元~2 300 万元之间，奖补金额前 3 名依次为南开区、
蓟州区、和平区，分别为 2 300 万元、1 320 万元、1 220 万元。扣减金额前 3 名依次为宁河
区、北辰区、津南区，分别为 2 040 万元、1 420 万元、1 280 万元。

2019 年，宁河区扣减 1 220 万元，占其一般公共预算收入的 4.88‰，为 3 年以来最大
扣减金额；2019 年，蓟州区奖补 1 480 万元，占其一般公共预算收入的 5.9‰，为 3 年以来
最大奖补金额。两年间，奖补占各区一般公共预算收入比例超过 2‰ 的区为和平区、南开
区、蓟州区，扣减占各区一般公共预算收入比例超过 2‰ 的区只有宁河区。较每年地表水
环境质量奖惩来看，环境空气质量奖惩占各区一般公共预算收入比例波动范围较大。

3. 环境质量奖惩与一般公共预算收入分析

从单年来看，2018 年环境质量奖补金额前 3 名依次为河西区、南开区和河北区，分别
奖补 1 220 万元、1 060 万元和 880 万元，分别占各区一般公共预算收入的 2.41‰、2.45‰
和 3.18‰；扣减金额前 3 名依次为东丽区、武清区、滨海新区，分别扣减 1 400 万元、880 万
元、660 万元，分别占各区一般公共预算收入的 2.27‰、0.75‰、0.14‰。

2019 年环境质量奖补金额前 3 名依次为蓟州区、南开区和宝坻区，分别奖补 2 020 万
元、1 400 万元、1 000 万元，分别占各区一般公共预算收入的 8.05‰、3.49‰、1.77‰；扣减
金额前 3 名依次为东丽区、津南区、宁河区，分别扣减 2 180 万元、1 120 万元、920 万元，分
别占各区一般公共预算收入的 3.45‰、1.73‰、3.68‰。

综合来看，2018—2019 年，和平区、南开区、河北区、静海区、蓟州区两年均为财政奖
补，河东区、东丽区、津南区、宁河区两年均为财政扣减。其余 7 个区两年间在奖补与扣减
间波动。

从环境质量奖惩占各区一般公共预算收入比例来看，2018—2019 年，扣减与奖补占

一般公共预算收入比例在 -3.98‰~8.05‰ 之间。两年间,环境质量奖补占各区一般公共预算收入比例超过 2‰ 的区为河西区、南开区、河北区、蓟州区,环境质量扣减占各区一般公共预算收入比例超过 2‰ 的区为河东区、红桥区、东丽区、宁河区。

环境质量奖惩对一般公共预算收入较高的区影响较小。例如 2018 年滨海新区财政扣减 660 万元,仅占其一般公共预算收入的 0.14‰,2019 年滨海新区财政奖补 680 万元,仅占其一般公共预算收入的 0.14‰。环境质量奖惩对一般公共预算收入较低的区影响较大,2019 年河东区、红桥区、东丽区、宁河区财政分别扣减 780 万元、760 万元、2180 万元、920 万元,分别占其一般公共预算收入的 2.60‰、3.98‰、3.45‰、3.68‰。

从环境空气质量奖惩占各区一般公共预算收入比例来看,2017 年环境空气质量奖惩占各区一般公共预算收入比例在 -1.39‰~2.46‰ 之间,2018 年在 -1.88‰~1.54‰ 之间,2019 年在 -4.88‰~5.9‰ 之间。

从地表水环境质量奖惩占各区一般公共预算收入比例来看,2018 年地表水环境质量奖惩占各区一般公共预算收入比例在 -2.62‰~1.88‰ 之间,2019 在 -2.62‰~2.56‰ 之间。

从环境质量奖惩占各区一般公共预算收入比例来看,2018 年扣减与奖补占一般公共预算收入比例在 -2.27‰~3.18‰ 之间,2019 年在 -3.98‰~8.05‰ 之间。

因此,综合来看,2017—2019 年环境空气质量、地表水环境质量及环境质量奖惩总和占各区一般公共预算收入比例的范围逐渐扩大。这种情况可能是由于 2017—2019 年各区一般公共预算收入整体逐年减少,各区环境质量奖惩资金压力逐渐增大。

6.4 开征环境税

2016 年 12 月 25 日,第十二届全国人民代表大会常务委员会第二十五次会议审议通过了《中华人民共和国环境保护税法》。该法被称为中国历史上第一部"绿色税法",也是我国第一部专门体现"绿色税制"、推进生态文明建设的单行税法,进一步完善了我国"绿色税收"体系。2018 年 1 月 1 日,我国正式开征环境保护税,在全国范围对大气污染物、水污染物、固体废物和噪声等 4 大类污染物共计 117 种主要污染因子进行征税。开征环境保护税是党中央、国务院加强生态文明建设,贯彻落实习近平新时代中国特色社会主义思想和党的十九大精神的一项重大决策部署,是贯彻绿色发展理念,用制度保护生态环境,促进经济结构调整和发展方式转变的一项具体实践。环境保护税的开征有利于解决排污费制度存在的执法刚性不足、地方政府干预等问题;有利于提高纳税人的环保意识和遵从度,强化企业治污减排的责任;有利于构建促进经济结构调整、发展方式转变的绿色税制体系,强化税收调控作用,形成有效的约束激励机制,提高全社会环境保护意识,推进生态文明建设和绿色发展;有利于规范政府的分配秩序,优化财政收入结构,强化预算约束。

6.4.1 改革历程

"十二五"后两年和"十三五"期间,是我国环境保护费税改革的快速发展期。天津市充分结合自身实际情况,严格落实国家关于费税改革的相关政策要求,实施了一系列改革措施。

1. 排污费改革

排污收费制度实施 30 多年以来,对我国的污染防治工作起到显著作用,既增加了污染的治理能力,也加强了环保系统的建设。但在实施过程中,也存在排污收费标准太低,对污染者刺激作用不大,排污申报工作未实现动态化,征收率不高,排污收费队伍能力建设不足,存在变相"吃排污费"现象等一系列问题。

近年来,随着环境问题的日益严重和生态文明制度改革的推进,部分省市纷纷开展了排污收费改革工作,北京、天津于 2014 年率先将二氧化硫、氮氧化物、化学需氧量和氨氮 4 项主要污染物的排污费征收标准提高了近 10 倍。2014 年 9 月,国家发展改革委、财政部、环保部联合印发《关于调整排污费征收标准等有关问题的通知》(发改价格〔2014〕2008 号),要求在 2015 年将二氧化硫、氮氧化物、化学需氧量、氨氮和废水中 5 项主要重金属(铅、汞、铬、镉、类金属砷)的排污费征收标准提高 1 倍,并实行差别化收费。截至"十二五"末期,大部分省市已完成政策调整工作。

自 2014 年起,结合环保工作实际需求,天津市开展了一系列排污费制度改革工作,先后调整了二氧化硫等 4 项主要污染物、烟粉尘、污水中 5 项主要重金属(铅、汞、铬、镉、类金属砷)的排污收费标准,开征了施工工地扬尘、石油化工和包装印刷行业挥发性有机物排污费,并制定了差别化收费政策,有效激励了企业履行主体责任和治污减排的自觉性和主动性。

1)提高排污费收费标准

为规范排污收费制度,2003 年原国家环保总局制定实施了《排污费资金收缴使用管理办法》,确定了排污费征收标准,污水类污染物为 0.7 元/污染当量,废气类污染物为 0.6 元/污染当量。但在 2003 制定年排污收费制度时,考虑到企业承受能力等因素,排污费征收标准仅相当于当时污染治理测算成本的一半。随着治污标准要求的不断提高、治理设备价格的上涨以及人工成本的增加,治污成本随之上涨,长年低于治理成本的排污费标准难以达到激励企业治污减排的目的,部分企业宁可缴纳排污费也不主动减污治污,从而造成环境成本外部化问题。

2014 年,为贯彻落实国务院《大气污染防治行动计划》和天津市委《美丽天津建设纲要》,综合发挥法律、市场、经济和行政作用,鼓励低标准排放、惩罚超标准排放,增强企业治污减排的积极性,市发展改革委、市财政局、市环保局统筹考虑京津冀协调发展,考虑天津产业结构特点,并着眼于产业结构调整方向,联合发布了《市发展改革委市财政局市环保局关于调整二氧化硫等 4 种污染物排污费征收标准的通知》(津发改价管〔2014〕272号),自 2014 年 7 月 1 日起,大幅度提高 4 种污染物(二氧化硫、氮氧化物、化学需氧量和氨氮)的收费标准。

2015 年 4 月 30 日,市发展改革委、市财政局、市环保局联合发布《市发展改革委市财政局市环保局关于调整烟尘和一般性粉尘排污费征收标准的通知》,自 2015 年 5 月 1 日起,将烟尘和一般性粉尘排污收费标准提高 10 倍,并开征施工工地扬尘排污费。5 月 31日,市发展改革委、市财政局、市环保局联合发布《市发展改革委市财政局市环保局关于调整 5 项主要重金属排污费征收标准等有关问题的通知》(津发改价管〔2015〕553 号),自 2015 年 6 月 1 日起,将 5 项主要重金属排污费征收标准提高 1 倍。

2)实施差别化收费

2014 年针对 4 项主要污染物,天津市制定实施了依据污染物排放浓度的阶梯式差别化收费政策。

2015 年,天津市针对有组织排放的烟粉尘,按照排放浓度与国家或地方标准的比例实行差别化收费,并在全国首次提出超净排放执行 10% 征收标准的激励政策;针对散体物料堆存、装卸产生的一般性粉尘和施工工地扬尘,提出了"双减双罚"的差别化收费政策(每采取一项控尘措施按比例核减收费标准,同时削减起尘系数;各项措施均未落实到位的,按照收费标准的两倍征收;实现全密闭的免征排污费),充分体现了"奖优罚劣"的原则;针对污水中 5 项重金属,制定了依据排放浓度、排放限值、排放总量以及生产工艺等不同情况的差别化收费政策。

3)开征 VOCs 排污费

根据《财政部国家发展改革委环保部关于印发＜挥发性有机物排污收费试点办法＞的通知》(财税〔2015〕71 号)要求,各省、自治区、直辖市可以根据本地区实际情况增加VOCs 排污费试点行业,并制定增加试点行业 VOCs 排污收费办法。

截至 2016 年底,已有北京市、上海市、江苏省、安徽省、湖南省、四川省、天津市、辽宁省、浙江省、河北省、山东省、山西省、海南省、湖北省、福建省和云南省一共 16 个省市开征挥发性有机物 VOCs 排污费。

北京市确定了家具制造、包装印刷、石油化工、汽车制造、电子等 5 大行业的 17 个行业小类;上海市确定了包括石油化工、船舶制造、汽车制造、包装印刷、家具制造、电子等12 个大类行业中的 71 个中小类行业,基本覆盖了上海市工业 VOCs 重点排放行业,VOCs 排污收费额约占全市排污收费总额的 50%。

2016 年,天津市发展改革委、市财政局、市环保局联合发布《市发展改革委市财政局市环保局关于制定石油化工和包装印刷行业挥发性有机物排污费征收标准的通知》(津发改价管〔2016〕294 号），自 2016 年 7 月 1 日起，开征石油化工和包装印刷行业挥发性有机物排污费，征收标准为 10 元 / 千克，并制定了依据排放浓度、排放限值、排放总量以及生产工艺等不同情况的差别化收费政策。2016 年 5 月至 12 月征收 VOCs 排污费约 5 000 万元。2017 年全年 VOCs 排污费预计 6 000 万元 ~7 000 万元。

2. 开征环境保护税

《环境保护税法》《中华人民共和国环境保护税法实施条例》自 2018 年 1 月 1 日起同步实施，财政部、国家税务总局等联合发布《关于环境保护税有关问题的通知》《关于明确环境保护税应税污染物适用等有关问题的通知》《关于停征排污费等行政事业性收费有关事项的通知》等文件，进一步细化环境保护税征管相关规定，实现税费制度平稳转换。

《环境保护税法》所规定的环境保护税收方案依据"税负平移"原则，从排污费平稳转移到环保税，征收对象、计税依据和税额标准等都与现行排污费的收费项目、计费办法和收费标准等保持一致，征收对象为大气污染物、水污染物、固体废物、噪声。为了调动地方的积极性，《环境保护税法》授权省级政府可以根据本地区环境承载能力、污染物排放现状和经济社会生态发展目标要求等因素，在法定幅度内选择大气和水污染物的适用税额，增加同一排放口应税污染物的项目数等，既体现了环境保护税收的法定性，又体现出该税收的灵活性。同时，考虑到地方政府承担主要污染治理责任，费改税以后中央与地方分配关系由现行的中央和地方 1∶9 分成改为环境保护税全部作为地方收入，中央不再参与分成。与现行排污费制度不同的是，环境保护税增加了一档减排税收减免档次，即纳税人排放应税大气污染物或者水污染物的浓度值低于 30%，减按 75% 征收环境保护税，加大了对企业环保行为的正向激励。考虑到环境保护税的征收管理专业性较强，环境保护税法确定了由税务部门征收，环保部门配合，即"企业申报、税务征收、环保监测、信息共享"的税收征管模式，并强调了环保部门和税务机关的信息共享与工作配合机制。

1）制定环境保护税应税污染物税额标准

本着积极稳妥的原则，天津市从推进京津冀协同发展和保护生态环境的角度，综合分析天津市环境承载能力、污染物排放现状、产业结构、企业承受能力等因素，研究确定了天津市具体适用税额，经市十六届人民代表大会常务委员会第四十次会议审议通过，并以《天津市人民代表大会常务委员会关于天津市应税大气污染物和水污染物具体适用环境保护税税额的决定》（以下简称《决定》）发布实施。根据《决定》，天津市应税大气污染物具体适用税额为 10 元 / 污染当量；应税水污染物具体适用税额为 12 元 / 污染当量；应税固体废物和噪声适用税额按照《环境保护税法》的相关规定执行。天津市应税大气和水污染物具体适用税额标准位居全国第二，仅次于北京市。

2）研究制定环境保护税相关配套政策

市财政、地税、环保等部门，以对接会、专题调研、座谈讨论等方式，共同探讨研究天津市环境保护税实施办法、污染物排放量核算方法等相关配套政策和具体征管问题。2018年2月底，市地税、环保部门联合发布了《天津市环境保护税核定征收办法（试行）》的公告，规定了畜禽养殖业、医院、部分小型企业、第三产业和施工工地等纳税人应税污染物排放量计算方法。

6.4.2　费税改革的现状

1. 污染物排放量大幅下降

无论是排污费还是环境保护税，其最终目的都是使污染物排放量降低。提高排污费征收标准并实行差别化收费，有效激励了企业环保守法和提标改造的自觉性和主动性，对天津市环境污染防治、改善环境质量起到了极大的促进作用。

收费标准调整后，天津市4项主要污染物排放量显著下降，以9家装机容量30万千瓦以上电力企业为例，仅2014年下半年核定的二氧化硫和氮氧化物排放量就分别比2013年同期减少了37.9%和70.0%。2014年当年，天津市就提前一年完成了国家下达的"十二五"总量减排任务目标。

自2014年陆续调标以来，天津市排污费收入总额呈现出先增后降的趋势，2015年达到最高峰，为6.38亿元，比2013年增加了2倍，2016年开始呈现下降趋势。以市局直接征收的9家装机容量30万千瓦以上电力企业的二氧化硫排污费为例，尽管征收标准提高了近10倍，但由于企业加大了脱硫、脱硝、除尘等环保设施升级改造力度和稳定运行保障，并实现超净排放，二氧化硫核定排放量和排污费总额反而显著下降，排放量由2013年的1.27万吨下降到2016年的0.26万吨，排污费由1 602万元下降到647万元。

从2018—2019年两年的执收效果来看，税费改革有效促进了企业减排污染物。从2018年天津市第一季度环境保护税征收情况来看，排污企业自主减排意识增强，进一步加大环保设施升级改造力度并保障稳定运行，污染物排放量显著降低。以电力行业为例，2018年第一季度，天津国电津能滨海热电有限公司、天津华能杨柳青热电有限责任公司等9家装机容量30万千瓦以上的电力企业应税大气污染物二氧化硫、氮氧化物和烟尘排放量同比分别降低6.5%、7.4%和10.1%，从排放浓度上来看，各项应税污染物排放浓度均低于排放标准的50%，享受减免50%的税收优惠。

以京津冀地区为例，在环境保护税开征以来，地区二氧化硫排放量同比下降了2.2万吨，降幅达22.7%；氮氧化物排放量同比下降了3.5万吨，降幅为13.1%。

数据显示，2018年前三季度全国共有76.4万户次纳税人顺利完成环保相关税款申报，累计申报税额218.4亿元，其中减免税额达68.6亿元。

从应税污染物类型来看，2018 年前三季度我国对大气污染物征税 135 亿元，占比 89.8%，其中二氧化硫、氮氧化物、一般性粉尘合计占大气污染物应纳税额的 85.7%；对水污染物征税 10.6 亿元，占比 7.2%；对固体废物和噪声征税 4.7 亿元，占比 3.0%。

2018 年前三季度数据显示，为享受达标排放免税优惠的城乡污水处理厂、垃圾处理厂累计免税 27.3 亿元，占减免税总额的 40%。

2. 环境监管范围扩大

环境保护费"改税"后，由行政收费转变为税收法定，执法刚性更强，征管系统更完备，征管手段更严格，大大提高了排污单位的重视度和遵从度，强化了企业治污减排的责任意识，形成治污减排的内在约束激励机制，企业自觉落实绿色发展理念。

企业在过去缴纳排污费时，不涉及行政处罚，但在缴纳环境保护税时，就有了税收征管法和刑法的约束。

2016 年，天津市排污收费企业共计 4 043 家，缴纳排污费 7.31 亿元；2017 年缴纳排污费 6.11 亿元。2018 年环境保护"费改税"后，全市共有 3 259 纳税人申报环境保护税，累计申报税额 8.36 亿元，其中减免税额达 3.64 亿元，实际缴纳税额 4.72 亿元。2019 年，全市共有 2 091 户纳税人申报环境保护税，累计申报税额 7.01 亿元，其中减免税额达 3.57 亿元，实际缴纳税额 3.49 亿元。

3. 鼓励达标排放的激励作用凸显

天津市共计 5 档的阶梯式差别化收费政策，相比国家和北京市的差别化政策，对企业的激励作用更显著，也充分体现了环境管理精细化的发展趋势。

在差别化收费政策这一经济杠杆的推动作用下，天津市电力、钢铁和石化等重点排污行业企业，积极主动加大污染治理力度，加快脱硫、脱硝等环保设施安装与升级改造的进度，主要排口污染物排放浓度明显降低，污染物排放量大幅减少。

环境保护税主要通过构建"两个机制"来发挥税收杠杆作用，其中之一是"多排多征、少排少征、不排不征"的正向减排激励机制。环境保护税针对同一污染危害程度的污染因子按照排放量征税，排放越多，征税越多；同时，按照不同危害程度的污染因子设置差别化的污染当量值，实现对高危害污染因子多征税。

相比排污费征收标准，天津市提高了应税污染物税额标准，激励排污单位继续采取有效措施降低污染物排放量，进而降低企业排污税负。在环境保护税机制作用下，环保达标企业的税收负担没有显著增加，在税收优惠的激励下，这些企业更有动力主动进行技术创新和转型升级，进一步减少污染物排放量从而享受更多的税收减免。而一些环境污染严重的企业税收负担则明显加重。企业为实现自身利益的最大化，必然要在维持原状从而长期缴纳环境保护税和引进治污设备、升级减排技术从而付出短期成本但长期受益之间进行权衡。这就是环境保护税通过税收杠杆倒逼企业治污减排的意义。

6.4.3　存在的问题

1. 京津冀区域税额标准不统一

从区域层面来看,北京市和天津市应税污染物税额标准位于全国前列,河北省环北京、环雄安新区等区域税额标准与京津相近,但河北省其他区域污染物排放量大(占比超过80%)、税额标准低(不足京津地区的50%)。标准差异造成一些污染企业"出省不出圈",区域治理水平参差不齐,直接影响着区域协同治污的效果。建议国家部委牵头、京津冀三地环保部门参与,逐步推进区域环境税额标准统一,坚决杜绝重污染企业跨界转移,提高区域污染协同治理水平。

2. 排放数据的真实性有待进一步提高

环境保护"费改税"之后,最大的挑战之一是排放数据的真实性,必须要有准确的污染物排放量监测信息,方便环境部门和税务部门衔接,识别异常申报。但这是一个挑战,也对环境监测提出了更高的要求。

3. 挥发性有机物未被纳入环境保护税征收范围

近年来,天津市大气环境质量明显改善,尤其是PM2.5浓度持续下降,但臭氧浓度上升较快,2017年同比上升22.3%,已经成为影响全年达标天数的重要因素。臭氧是氮氧化物和挥发性有机物(VOCs)在强日照下发生光化学反应形成的。VOCs不仅是高浓度臭氧形成的重要原因,也是导致PM2.5污染的重要根源。

2016年,财政部、国家发展改革委、原环境保护部联合下发《挥发性有机物排污收费试点办法》(财税〔2015〕71号),向石化、包装印刷2个试点行业征收VOCs排污费。各地方政府先后开展VOCs排污收费,对2个试点行业的VOCs治理起到了较大的促进作用。

但VOCs未被纳入环境保护税征收范围,仅有部分单项挥发性有机物,如苯、甲苯、二甲苯等共计22项被纳入环境保护税征收范围,且税法只给予地方确定应税大气污染物和水污染物税额标准的权限,应税污染物种类的确定则由全国人民代表大会常务委员会决定。

4. 数据共享问题

环境保护"费改税"后,征管模式由原先环保部门"核定征收",转变为"企业申报、税务征收、环保协同、信息共享"模式。地税和环保部门的通力配合是环境保护税征收管理有序有效的重要基础。《环境保护税》也是我国第一部明确写入部门信息共享和工作配合机制的单行税法。信息共享对于做好环保税征管工作至关重要。

目前天津市涉税信息共享平台尚未完全建立。相关部门已按照国家税务总局和环保部的统一部署,开通了涉税信息共享平台数据传输网络专线,并完成环保税涉税信息共享平台的联调工作,建立起涉税信息共享平台的基础环境。但具体数据尚未实现网上互联互通,仍需通过人工方式定期交换相关数据。

5. 跨部门征管问题

环境保护税征收范围涵盖几大类不同污染物,征管工作相对复杂,需要顺应提高政府治理能力的时代要求,更多地寻求与我国税制相适应、相匹配的信息化现代征管方式。环境保护税作为调节性税种,它的作用能否发挥,除了名义税率外,还与征管力度密不可分。面对跨部门监管合作难、企业信用信息和环保信息可能失实、应税污染物范围较小等问题,宜在下一轮改革中加大力度实现税务部门专业化征管,让环境保护税更好地助力经济社会转型。

6.4.4　对策建议

1. 推动将挥发性有机物等特征污染物纳入环境保护税征收范围

VOCs 的排放对环境危害很大,是导致 PM2.5 污染的重要根源,是高浓度臭氧形成的重要原因。我国 VOCs 污染防控政策体系还比较薄弱,亟待完善 VOCs 污染控制体系,综合运用多种手段开展 VOCs 污染防控工作。将 VOCs 纳入环境保护税可以作为促进企业污染治理和弥补环境外部性的长效经济手段,同时其还可对试点取得的成效进行固化和延续。因此,我国应以此为契机,配合排污许可证、总量控制、重点行业 VOCs 综合治理等政策手段,推进相关法规和标准的制定和健全,带动 VOCs 监测监控体系建设,全面建立起 VOCs 污染防控政策和技术体系,发挥政策合力作用,共同推进 VOCs 污染治理和减排。

1)VOCs 的排放对环境和人体健康危害巨大

VOCs 是导致 PM2.5 污染的重要根源。VOCs 是二次有机气溶胶(SOA)的关键前体物。一些活性较强的 VOCs 与大气中的 O_3、—OH、NO_3^- 等氧化剂发生多途径反应,形成有机酸、多官能团羰基化合物、硝基化合物等半挥发性有机物,再通过吸附、吸收等过程进入颗粒相,生成 SOA。当前,我国 PM2.5 污染形势十分严峻,与 VOCs 的大量排放密不可分。研究表明,以 VOCs 为重要前体物的 SOA 约占 PM2.5 的 25%~35%,有机碳(OC)是我国 PM2.5 中的重要化学成分。

VOCs 是高浓度臭氧形成的重要原因。低空臭氧是光化学烟雾污染的重要指示因子,它主要是人类活动排放的 VOCs 和 NO_x 通过光化学反应产生的二次污染物。随着我国城市化进程的加快和汽车保有量的急剧增加,臭氧已成为继 PM2.5 后另一项主要污染物。《大气污染防治行动计划》实施以来,臭氧是 6 项监测指标中唯一呈恶化趋势的污染物。2013—2016 年,74 个城市、京津冀和长三角地区臭氧浓度分别上升 10%、11% 和 11%。

VOCs 排放对人体健康构成严重威胁。VOCs 所表现出的毒性、致癌性和恶臭,危害人体健康。VOCs 可导致光化学烟雾,光化学烟雾对眼睛的刺激作用特别强,且对鼻、咽喉、气管和肺等呼吸器官也有明显刺激作用,并会导致头痛,使呼吸道疾病恶化。

2)VOCs 污染防控已被纳入国家环保战略体系

VOCs 的防控和治理越来越受到国家和社会的重视。国务院办公厅于 2010 年 5 月发布了《关于推进大气污染联防联控工作改善区域空气质量的指导意见》(国办发〔2010〕33 号),强调解决区域大气污染问题,必须尽早采取区域联防联控措施;联防联控的重点污染物是二氧化硫、氮氧化物、颗粒物、挥发性有机物等。根据指导意见要求,原环境保护部制定了《重点区域大气污染防治规划(2011—2015 年)》,指出"十二五"期间在重点区域全面展开 VOCs 污染防治工作。"十二五"时期,尤其是《大气污染防治行动计划》的出台,国家将 VOCs 污染控制提到比较重要的位置,明确提出推进 VOCs 污染治理,将 VOCs 排放是否符合总量控制要求作为建设项目环境影响评价审批的前置条件之一,并将 VOCs 纳入排污费征收范围。

国家"十三五"生态环保规划将重点地区重点行业 VOCs 排放纳入总量控制指标,进一步加强对 VOCs 的防控。《京津冀及周边地区 2017 年大气污染防治工作方案》提出要实施 VOCs 的综合治理,开展重点行业 VOCs 综合整治。原环境保护部出台的《"十三五"挥发性有机物污染防治工作方案》明确提出强化重点地区 VOCs 减排,同时在全国深入推进石化、化工、包装印刷、工业涂装等重点行业 VOCs 的污染防治,实施一批重点减排工作,强化芳香烃、烯烃、炔烃、醛类等活性强的 VOCs 物质的减排,建立精细化管控体系。

我国从国家层面已经将 VOCs 污染防控纳入了环保重点工作之一,以上政策的出台为 VOCs 的全面控制治理提供了重要的机遇和条件,在这种形势下,应该尽快完善 VOCs 污染控制体系,综合运用多种手段开展 VOCs 污染防控工作。

3)VOCs 防控手段和政策体系仍然薄弱

目前,我国 VOCs 排放量已位居世界第一位,然而与发达国家相比,我国 VOCs 的防控和治理整体上还处于起步阶段,亟待研究制定有针对性的控制对策。《大气污染防治法》未明确 VOCs 的控制要求,仅体现了有机烃类尾气、恶臭气体、有毒有害气体、油烟等类型。

行业排放标准及相关技术规范制定滞后,不能满足 VOCs 污染防控工作的需要。目前我国涉及 VOCs 的排放标准仅有 15 项,仍有一部分重点行业标准需尽早制定。从地方出台 VOCs 标准的情况来看,只有北京、天津、河北、山东、上海、江苏、浙江、重庆和广东 9个省市出台了 VOCs 地方排放标准。各地缺乏与环境标准相适应的监测方法及相关质量控制规范,以及适用于执法管理的自动监控、便携式监测技术方法标准和仪器标准。

VOCs 监测、监察能力薄弱。目前我国地方环境监测机构的能力建设有待加强,现有的监测设备和力量无法对 VOCs 开展行之有效的采样与实验室分析,从而导致地方环境监督执法也缺乏相应的技术依据,有关部门开展专项环境监察受到制约。

2. 提高排放数据的真实性

进一步加强应税污染物的监测管理。环境保护税以应税污染物的排放量为计税依据,污染物排放监测数据是企业申报环境保护税的依据之一,税务部门也要依据监测数据分析判断纳税人申报数据是否准确。各级环保部门要进一步加强对企业应税污染物排放的监测管理,严格规范排污单位和监测机构监测行为,依法依规严肃查处监测数据弄虚作假行为,为地税部门提供数据支持。

3. 避免简单粗暴的"一刀切"

征收环境保护税,企业经营成本上升,环保投资加大,压力很大。希望地方政府在征收环境保护税时,避免简单粗暴的"一刀切",对于达标的企业,给予适当减免或退税奖励,从而达到激励的作用。

4. 强化数据共享,实现更大力度的专业化征管

建立信息共享和工作配合长效机制,及时将排污单位的排污许可、污染物排放数据、环境违法和受行政处罚情况等环境保护相关信息,定期交送税务机关,保证涉税信息常态化共享和交换。

5. 加强环境保护税与排污权交易的协调性

我国目前已经在推行排污权交易试点,开征环境保护税意味着企业可能出现同时适用两种政策的情况。目前的规定是,有偿取得排污权的单位,不免除其依法缴纳排污费等相关税费的义务。如果企业负担较重,那么对二者进行协调就很有必要了。未来在环境保护税法进一步完善的过程中,或许可以进一步体现环境保护税与排污权交易的协调,对排污权交易给予适当优惠,让二者共同服务于治污减排、改善生态环境的大局。

6. 进一步完善环境保护税制度体系

加快推进税收制度绿色化,以环境保护税为核心,继续完善涵盖环境相关税种(资源税、消费税、车船税等)与环境相关税收政策(企业所得税政策、增值税政策等)的税制框架。继续推进深化环境保护税收改革,调整环境保护税征收范围,推动将 VOCs 等特征污

染物纳入环境保护税征收范围,研究将二氧化碳纳入环境保护税征收范围,研究完善固体废物、污水处理厂环境保护税税收政策;加强环境保护税与保险、信贷等经济政策的协同调控,发挥环境保护税在助推环境质量改善以及环境风险防控中的作用。

6.5　探索绿色金融

6.5.1　天津市绿色金融发展现状

为全面贯彻落实党的十九大精神,以习近平生态文明思想为指引,天津市坚决打赢打好三大攻坚战,践行"两山论",走出一条生态优先、绿色发展的新路子。生态环境保护的成败归根到底取决于经济结构和经济发展方式。"十三五"以来,天津市发行全国首笔绿色短期融资券,为火电行业循环经济企业拓展了绿色金融融资渠道;发行全市首支生态保护专项债券,募集 90 亿元资金专项用于七里海湿地生态保护修复。然而,目前天津市正处于产业结构转型期和污染防治攻坚克难关键期,无论是污染防治推动淘汰落后产能、提高供给体系质量,还是生态环境保护带来新需求、催生新产业、形成新的增长点,推动天津市新业态、新模式发展,加快形成经济新动能,都面临诸多困难。首先资金缺口大,财政压力大;其次政策引导和融资平台尚不健全,企业社会信用与环境信用间信息不畅,全市缺乏统一的"绿色"标准,亟待建立绿色发展综合融资服务平台。诸多原因制约了天津市经济结构和产业结构转型升级的速度,也制约了天津市生态环境保护工作再上新水平、新台阶。

6.5.2　国内绿色金融的先进经验

1. 江苏

江苏在全省范围内开展"环保贷"和"绿色金融奖补资金"申报工作。"环保贷"是江苏省财政厅、生态环境厅与银行金融机构共同设立的一款绿色金融产品。以财政风险补偿资金池为增信手段,江苏省生态环境厅建立"绿色"项目库,银行金融机构对项目库项目发放"绿色"贷款。风险补偿资金池对经备案的贷款所发生的本金损失最高给予 70%的风险补偿。生态环境厅"环保贷"评估管理部门为省评估中心。其优惠政策有 3 点:①贷款期限最长为 5 年;②贷款利率按照银行基准利率上浮最高不超过 20%,抵质押率优于一般商业贷款;③环保信用评级优良的企业:贷款期限可超过 5 年,贷款利率不得超过基准上浮 15%。

对于"绿色金融奖补资金",江苏省生态环境厅、省财政厅针对绿色债券给予一定比例的贴息;对绿色产业企业发行上市给予奖励资金(省内证监局辅导备案确认通知的一

次性奖励 20 万元、证监会首次发行或科创板上交所受理通知的一次性 40 万元、上证或
深证或境外成功上市的一次性奖励 200 万元）；对企业认缴环境污染责任保险给予保费
（40%）补贴资金；对绿色债券担保奖励及中小企业绿色集中债担保风险补偿绿色担保等
方面给予奖补激励措施。

2. 贵州

贵州省作为全国绿色金融 5 个试点省份（区）之一，创建了国家级"贵安新区绿色金
融改革创新试验区"，将大生态、大环保理念充分融入绿色金融体系中，构建了符合当地
实际发展需求的绿色金融管理体系，建立了"绿色项目认证""绿色金融产品服务""财政
支持激励政策""企业环境信息披露"及"绿色金融 + 大数据"五大体系；通过政府与银行
金融机构合作，依托央行在绿色产业发展和金融产品利率的优惠，绿色信贷金融产品不
作为地方政府债务等政策利好优势，多方面筹措资金，拉动社会资本与银行金融资本共
同投入市政基础设施改造与建设、区域生态环境保护与修复、农业农村综合整治、林业及
经济作物种植等众多领域。在此基础上，为规范绿色金融资金监管和使用安全，确保绿色
金融的"纯绿"性，贵安新区研究制定了《绿色金融改革创新实验区任务清单》《支持绿色
金融发展政策措施（试行）》《贵州省绿色金融风险监测和评估办法》《贵州省绿色金融项
目标准及评估办法（试行）》《绿色金融重点支持产业指导性标准（试行）目录》等一系列
办法和标准，以做到有法可依、有规可循、有标可对。

6.5.3 对策建议

为发挥绿色金融政策创新在调结构、转方式、经济高质量发展上的促进作用，学习借
鉴江苏和贵州两省在绿色金融建设方面的经验做法，天津市结合实际，拓展生态环保领
域招商引资渠道，将更多资金投入污染防治、绿色产业、清洁生产、生态修复等领域，从根
本上治理环境污染，推动产业结构转型和经济绿色发展。

一是以各类环保专项资金支持项目为依托，在现有环保项目库基础上，构建天津市
生态环保"绿色项目库"，完善企业环境信用评级管理，积极与各银行金融机构沟通，利用
绿色项目信贷利率和政府财政政策性优势，搭建绿色信贷融资平台。

二是与金融监管部门、银行金融机构共同研究制定天津市绿色信贷、绿色债券等绿
色金融产品统一评价指标和标准体系；在政策上支持、鼓励银行业为重大污染防治项目
提供综合融资服务，为企业治污提供资金支持。

三是以天津市生态环境科学研究院为技术支撑单位，联合国内大专院校、优秀绿色
金融研究机构，研究制定符合天津市实际的绿色项目遴选标准及绿色信贷环境评估指标
与评级体系，完善企业环境信用评估机制，建立绿色金融领域全流程绿色评估体系，为监
管部门有效实施监管与服务提供技术支撑和决策依据，探索建立污染防治工作与绿色金

融相结合的长效机制。

四是建议在制定绿色标准政策时体现差异化,拓展市政基础设施项目融资渠道,避免产生政府隐性债务。与"环境领跑者"制度结合,配合绿色金融专项财政支持政策,对国营企业和民营企业采用差异化绿色评级和评估标准,通过合理的政府政策扶持和风险防范监督措施,从根本上解决企业融资难、融资贵问题,降低企业的违约风险。

6.6　健全排污权有偿使用和交易制度

6.6.1　排污权交易的要求

党的十八届三中全会提出,紧紧围绕建设美丽中国,深化生态文明体制改革,加快建立生态文明制度,健全国土空间开发、资源节约利用、生态环境保护的体制机制。十八届三中全会通过了《中共中央关于全面深化改革若干重大问题的决定》,把生态文明建设作为"五位一体"总布局中的重要一环,其成为重要的改革议题之一。排污权有偿使用和交易工作作为我国配置环境资源的重要经济政策和深化污染减排的重要抓手,是我国生态文明体制改革的重要内容。

2013年9月,党的十八届三中全会通过《关于全面深化改革若干重大问题的决定》,明确提出实行资源有偿使用制度和生态补偿制度,推行排污权交易制度。

2014年8月,国务院办公厅印发了《关于进一步推进排污权有偿使用和交易试点工作的指导意见》(国办发〔2014〕38号),对排污权有偿使用和交易试点工作进行了总体部署,要求充分发挥市场机制在环境保护和污染物减排中的作用,促进主要污染物排放总量持续有效减少,提出到2015年底前试点地区全面完成现有排污单位排污权核定,到2017年底基本建立排污权有偿使用和交易制度,为全面推行排污权有偿使用和交易制度奠定基础。

2015年7月,财政部、国家发展改革委、原环境保护部联合印发了《排污权出让收入管理暂行办法》(财税〔2015〕61号),对排污权出让收入的规范管理提出制度要求。

2015年9月,中央政治局会议审议通过《生态文明体制改革总体方案》,提出推行排污权交易制度;在企业排污总量控制制度基础上,尽快完善初始排污权核定,扩大涵盖的污染物覆盖面;扩大排污权有偿使用和交易试点;制定排污权核定、使用费收取使用和交易价格等规定。

2015年10月,党的十八届五中全会通过《关于制定国民经济和社会发展第十三个五年规划的建议》,指出:"建立健全用能权、用水权、排污权、碳排放权初始分配制度,创新有偿使用、预算管理、投融资机制,培育和发展交易市场。"

2016年11月,国务院印发《"十三五"生态环境保护规划》,提出推行排污权交易制度;建立健全排污权初始分配和交易制度,落实排污权有偿使用制度,推进排污权有偿使用和交易试点,加强排污权交易平台建设;鼓励新建项目污染物排放指标通过交易方式取得,且不得增加本地区污染物排放总量。

目前,关于排污权有偿使用和交易的政策依据主要是国务院办公厅印发的《国务院办公厅关于进一步推进排污权有偿使用和交易试点工作的指导意见》(国办发〔2014〕38号)(以下简称《指导意见》)和财政部、国家发展改革委、原环境保护部联合印发的《排污权出让收入管理暂行办法》(以下简称《暂行办法》)。

1.《指导意见》

《指导意见》指出,排污权是指排污单位经核定、允许其排放污染物的种类和数量。建立排污权有偿使用和交易制度是我国环境资源领域一项重大的、基础性的机制创新和制度改革,是生态文明制度建设的重要内容,将对更好地执行污染物总量控制制度发挥作用,在全社会树立环境资源有价的理念,对促进经济社会持续健康发展产生积极影响。

针对排污权有偿使用制度,《指导意见》明确,建立排污权有偿使用制度,要严格落实污染物总量控制制度,试点的污染物应为国家作为约束性指标进行总量控制的污染物,试点地区也可选择对本地区环境质量有突出影响的其他污染物开展试点。要合理核定排污权,试点地区不得超过国家确定的污染物排放总量核定排污权,不得为不符合国家产业政策的排污单位核定排污权。要实行排污权有偿取得,规范排污权出让方式,加强排污权出让收入管理。排污权使用费由地方环境保护部门按照污染源管理权限收取,全额缴入地方国库,由地方财政预算管理。排污权出让收入统筹用于污染防治,任何单位和个人不得截留、挤占和挪用。试点地区财政、审计部门要加强对排污权出让收入使用情况的监督。

针对加快推进排污权交易,《指导意见》提出,要规范交易行为,控制交易范围,排污权交易应在自愿、公平、有利于环境质量改善和优化环境资源配置的原则下进行,交易价格由交易双方自行确定。要激活交易市场,试点地区要积极支持和指导排污单位通过淘汰落后和过剩产能、清洁生产、污染治理、技术改造升级等减少污染物排放,形成"富余排污权"参加市场交易;建立排污权储备制度,回购排污单位"富余排污权",适时投放市场,重点支持战略性新兴产业、重大科技示范项目建设。

《指导意见》要求,试点地区地方人民政府要加强对试点工作的组织领导和服务保障。试点地区要及时公开排污权核定、排污权使用费收取使用、排污权拍卖及回购等情况以及当地环境质量状况、污染物总量控制要求等信息,确保试点工作公开透明。对于超排污权排放或在交易中弄虚作假的排污单位,要依法严肃处理,并予以曝光。各地区、各有关部门要充分认识到试点工作的重要意义,妥善处理好政府与市场、制度改革创新与保持经济平稳发展、新企业与老企业、试点地区与非试点地区的关系,把握好试点政策出台的时机、力度和节奏,因地制宜、循序渐进地推进试点工作。

2.《暂行办法》

《暂行办法》要求,试点地区地方人民政府采取定额出让或通过市场公开出让(包括拍卖、挂牌、协议等)的方式出让排污权。对现有排污单位取得排污权的,采取定额出让方式。排污权出让收入属于政府非税收入,全额上缴地方国库,纳入地方财政预算管理。排污权出让收入纳入一般公共预算,统筹用于污染防治。

《暂行办法》明确,排污权有效期原则上为5年。有效期满后,排污单位需要延续排污权的,应当按照地方环境保护部门重新核定的排污权,继续缴纳排污权使用费。缴纳排污权使用费金额较大,一次性缴纳确有困难的排污单位,可在排污权有效期内分次缴纳,首次缴款不得低于应缴总额的40%。

《暂行办法》明确,试点地区应当建立排污权储备制度,将储备排污权适时投放市场,调控排污权市场,重点支持战略性新兴产业、重大科技示范项目等的建设。

6.6.2　国外先进经验

排污权交易起源于美国。美国经济学家戴尔斯于1968年最先提出了排污权交易的理论。面对二氧化硫污染日益严重的现实,美国联邦环保局(EPA)为解决新建企业发展经济与环保之间的矛盾,在实现《清洁空气法》所规定的空气质量目标时提出了排污权交易的设想,引入了“排放减少信用”这一概念,并围绕排放减少信用从1977年开始先后制定了一系列政策法规,允许不同工厂之间转让和交换排污削减量,这也为企业针对如何进行费用最小的污染削减提供了新的选择。而后,德国、英国、澳大利亚等国家相继实行了排污权交易的实践。

1. 美国

20世纪中叶,美国曾因工业排放、汽车尾气等一度深陷于严重的空气污染困局之中,如发生在1943年的“洛杉矶雾霾事件”、1948年的“多诺拉烟雾”事件和1952年的“洛杉矶光化学烟雾”事件。美国在总结出诸如成立专门机构跨区域管理、增加环境治理财政预算、出台防治空气污染的法律和实时监测小颗粒物等治霾手段之外,其破解空气污染等环境污染问题的独特经验便是建立排污权交易机制。

美国排污权交易的发展过程大体可分为两个阶段,第一阶段为20世纪70年代中期到90年代初,其为排污交易的探索阶段,主要是在政府协调下,做一些局部或区域的交易,建立了以排放削减信用为基础的排污权交易,主要由“补偿”“气泡”“银行”和“容量节余”四大政策组成。总体来看,该阶段交易量较少,排污交易政策实践成效较小,但该阶段实践为进一步扩展排污权交易政策的应用范围提供了宝贵的实践经验。

第一阶段主要是以排放消减信用 ERC 的排污权交易政策为标志。

美国环境保护局继续尝试将排污权交易用于大气污染源的管理，逐步建立起以补偿（offset）、气泡（bubble）、银行（banking）和容量节余（netting）为核心内容的排污权交易政策体系。这 4 项政策的共同特点是产生排放削减信用 ERC，它需将污染源的排放减少到允许的排放量之下，并向所在州申请减排证明。为证明减排信用，该州必须确定污染源排放减少量"不是现行州法规要求的减排量""是可以实施的""是长期削减的""可以定量计算"。减排信用一般以吨计，排放量减少应持续一年以上。产生减排信用最一般的方法是关闭污染源和减少污染源的排放量，但也可以通过改造生产工艺和安装污染控制装置来实现（前者更为常见）。减排信用多用于固定源，但也允许用于流动源。

1982 年 4 月，经里根政府批准，美国环境保护局颁发了《排污权交易政策报告书》。这份报告书将气泡、补偿、银行和容量节余合并为统一的排污权交易政策，允许美国各州建立"排污权交易系统"。在这个交易系统中，同类工业部门和同一区域中各工业部门可进行排污削减量的交易，"减排信用"是交易的媒介，银行方面参与减排信用的储存与流通。美国环境保护局称这项政策不能取代现有的管理政策，而只是对现有管理体系的一种改革。

1986 年 12 月，美国环境保护局发表《排污权交易政策总结报告》，这份报告总结了美国历时 7 年的排污权交易政策和实践，全面阐述了排污交易政策的一般原则，同时还为排污权交易制定了具体的交易规模和准则，并阐述了 SO_2、NO_x、颗粒物和消耗臭氧层物质等标准污染物的减排信用交易。对早期排污权交易实践的评价显示，尽管有些方面不太成功，例如排污权交易并没有取得预期的效果，交易量较少，而且补偿价格也要比许多人预计得低。但实践表明，排污权交易计划有极大的可行性，同时也为进一步扩大排污权交易的应用范围提供了宝贵的实践经验。

第二阶段以 1990 年通过的《清洁空气法》修正案并实施"酸雨计划"为标志，直至今日。

1990 年，为解决电力行业排放 SO_2 造成的区域性酸雨问题，美国国会通过的《清洁空气法》修正案中提出了"酸雨计划"（Acid Rain Program），确定到 2010 年美国 SO_2 年排放量在 1980 年水平上削减 1 000 万吨的目标。为了实现这个目标，该计划明确规定分两个阶段在电力行业实施 SO_2 排放总量控制和交易政策。

第一阶段从 1995 年 1 月至 1999 年 12 月，263 个重点排放源（均为化石燃料电厂）要比 1980 年减少 350 万吨 SO_2 排放量；第二阶段从 2000 年到 2010 年，限制对象扩大到 2 000 多家，包括规模装机容量为 2.5 万千瓦以上的所有电厂，目标是使它们的 SO_2 年排放总量比 1980 年减少 1 000 万吨。为实现这一目标，SO_2 排放许可是整个交易系统的核心。根据"酸雨计划"，SO_2 排放总量是有限的，并将逐渐减少以实现 1 000 万吨的削减量。按照一定的计算公式，排放许可被分配给参加该计划的电厂，排污单位可以自由选择达到排放上限的办法,包括通过购买排污许可来达到要求,或通过自行减排来达到要求;因过量减排形成的多余许可既可以出售,也可以存储以备将来之用。这种交易政策作为典型的排污权交易制度,其创新之处包括:一是通过建立拍卖市场保证许可的可获得性,并解决了以往买卖双方私下交易导致的价格不透明问题,从而降低了交易成本;二是该政策允许任何人购买许可,包括中间商、环境组织和普通公民。在美国"酸雨计划"下的 SO_2 排污许可交易制度体系由参加单位确定、初始分配许可、再分配许可(许可证交易)、审核调整许可四个部分构成。而且这种交易政策都是由联邦政府启动的,各州主要是联邦计划的执行者。美国大气污染排放交易是迄今为止国家层面上应用最广泛和最成功的排污权交易实践之一,该政策促进了美国大气环境质量的改善,降低了大气污染削减的社会成本。统计数据显示,从 1990 年到 2006 年,美国电力行业在发电量增长 37% 的情况下,SO_2 排放总量下降了 40%,NO_x 排放总量下降了 48%。主要污染物排放量的大幅度削减,使得美国中西部和东北部大部分地区湿硫酸盐沉降较 1990 年的水平下降了 25%~40%。

2. 欧盟

为积极应对气候变化,2003 年 6 月,欧盟立法委员会通过了"排污权交易计划(Emission Trading Scheme, ETS)"指令,对工业界排放的温室气体(Greenhouse Gas, GHG)设下限额,并且拟创立全球第一个国际性的排污权交易市场。该指令规定,自 2005 年 1 月开始,许多公司需要特别许可才能排放二氧化碳,受到管制的包括炼油、能源、冶炼、钢铁、水泥、陶瓷、玻璃与造纸等行业的 12 000 处设施,这些设施所排放的 CO_2 占欧洲总量 46%。此外,欧盟还制定了确定某个工厂(排放源)是否参与"排污权交易计划"的标准:核查工厂设施是否进行相应的活动,如果进行相应的活动,而且温室气体排放量还可能超过规定的门槛,那就要纳入该计划的管理。

"排污权交易计划"的实施包括两个阶段。第一阶段是从 2005 年 1 月 1 日至 2007 年 12 月 31 日,市场范围限定为欧盟国家,会员国所释出的排污权有 95% 必须免费分配给各厂商,并且要求在运作前 3 个月完成分配手续。第二阶段是从 2008 年 1 月 1 日至 2012 年 12 月 31 日,市场范围扩展到欧盟以外的国家,会员国所释出的排污权有 90% 必须免费分配给各厂商,并且要求在运作前 12 个月完成分配手续。核定分配的二氧化碳排放许可量可以在市场上自由交易。

为了保障该计划的顺利实施,欧盟建立和发展了交易平台。交易市场有活力、有秩序的发展需要健全的交易平台与顺畅的运作模式,而能源期货交易所或证券交易所累积的业务经验,成为最适合的切入者。至于可交易的商品(如欧盟排放许可量),仅以电子形式存在于登录体系中。登录体系的软件有 3 种"现成的"系统,就是英国版的排放量交易制度、法国版的 CDCIxias 与美国二氧化硫交易制度采用的 PQA 版。欧洲执委会也拟定了登录法规,以确保各国政府依照相同的规定设立系统,避免混乱。

1)规定"国家分配计划"的原则和操作程序

由于排污权交易体系必须以"定量配额"(此处的"定量配额"即我们通常所说的"总量控制")为基础,因此各国的国家(排污权)分配计划(National Allocation Plan,NAP)成为确定"排污权交易计划"规模与发展潜能的重要依据。欧盟规定,在 2004 年 3 月 31 日前,每个成员国必须按照 Directive2003/87/EC 附件Ⅲ的规定提交国家分配计划,计划应说明将释出排污权的数量以及如何分配。在收到成员国的国家分配计划后,欧盟在 3 个月内完成审查,若不符合规定者,可全部退回或要求部分修正。

国家分配计划的原则主要包括:各国分配总量必须与《京都议定书》(Kyoto Protoco)所赋予的减排目标相符,必须考虑到温室气体减排技术的潜力;各国可以各单位产品排放的平均值为基础;若欧盟通过增加二氧化碳排放的法规,则必须考虑此因素;对于不同厂商或不同产业,分配计划不得有歧视行为;必须包括新进场者加入的规定,必须考虑到"提前行动"产业所做的减排贡献,"排放标杆"必须按照最佳可行技术来制定,因此可保障提早行动产业的权益;必须考虑能源效率科技;制定分配计划前,必须让公众表达意见;必须列出所有参与分配的厂商名单以及各厂商所分配到的排放额度;必须包括竞争力变化的分析内容。

国家分配计划的操作程序主要包括 4 个步骤:确定所有必须参加排污权交易厂商的名单;确定将排放许可总量分配给所有参与排污权交易的部门;确定各产业部门所分配到的排放许可,分配过程必须透明,且按照其最近的实际排放情况分配;确定各厂商所分配到的排放许可。

2)启动欧盟排污权交易体系

2005 年 1 月 1 日,欧盟排污权交易体系的正式启动是清洁发展机制(Clean Development Mechanism,CDM)领域的又一件大事。该体系实际上是基于"京都三机制"之一的排污权交易机制(Emissions Trading,ET)建立的。但是,该体系的实际运行却早于《京都议定书》的生效,这一方面表明了欧盟对《京都议定书》生效的信心,另一方面则表明欧盟对议定书提出的包括排污权交易在内的灵活的市场机制的认同。欧盟决心按照这一路径,率先在全球范围内开展市场机制下的减排行动,在应对气候变化领域充当领导者。欧盟的实际行动无疑进一步增加了人们对于"京都"模式的信心。

目前,欧盟正在进行的是"排放权交易计划"第二阶段。第二阶段的总体趋势是加紧了排放限制,配额总量会少于第一阶段,并且试图将该体系覆盖更多的行业,尤其是近年来排放增长迅猛的航空业。

通过《连接指令函》,欧盟允许企业使用联合履行机制(Joint Implementation,JI)和 CDM 项目减排额来履行减排义务。这就使欧盟排污权交易体系与 JI 和 CDM 相通,使欧盟排污权交易市场为欧盟之外的国家和地区的减排项目创造了需求。但是,在《京都议定书》《马拉喀什协定》和欧盟《排污权交易指令函》对于境外项目减排机制使用"补充性"原则的模糊规定之下，欧盟实际上并未能形成一个明确的、对于 JI 和 CDM 项目减排额使用的比例限制。目前，欧盟委员会只是在对各成员国进行 NAP 审批时，就比例问题进行把关。

3）欧盟排污权交易市场的发展趋势

自 2005 年 1 月 1 日欧盟排污权交易体系正式启动以来，欧盟排污权交易市场出现了以下发展趋势。

第一，交易活跃，交易量不断上升，市场流动性增加。欧盟排污权交易市场的交易所数量随着交易量的上升而增加，目前已经有 6 家交易所提供 EUA 现货、期货交易及拍卖。交易所广泛分布于西欧、南欧和北欧等地区。

第二，价格问题成为欧盟市场的焦点。从市场启动时每吨 EUA 低于 10 欧元开始，2007 年 7 月，EUA 价格一度达到 29 欧元左右，大部分时间都在 20 欧元以上。EUA 价格上升以及电价随之联动上升，给欧盟企业带来了很大的成本压力。但是，这也使得 JI 和 CDM 项目减排额在价格上更具吸引力。

第三，与其他地区市场的对接越来越多。随着 Climex 交易所和 Asia Carbon 下属的亚洲碳排放交易所开展合作，联合举行定期的 CERs（经证实的排放削减量，Certified Emission Reduction，CERs）在线拍卖，来自亚洲、拉美市场的 CERs 供应与欧盟市场的需求之间被更好地连接了起来。欧盟市场与美国芝加哥气候交易所（CCX）之间也通过欧洲气候交易所（ECX）产生连接，但两个市场由于所在国基本气候政策的迥异，开展志愿性减排交易的芝加哥交易所对于欧盟的实际意义并不大。欧盟与挪威排污权交易市场也于 2005 年完成了对接工作。此外，加拿大政府正在计划成立的排污权交易体系也有意在适当的时机与欧盟等其他国家和地区的排污权交易系统对接。

4）欧盟及其成员国政府的市场动向

2005 年，欧盟成员国政府在全球范围内积极开展 JI 和 CDM 项目招标。丹麦、奥地利、荷兰、比利时和芬兰等国家都通过招标圈定了一批 JI 和 CDM 项目，有的已经签订减排额采购协议，有的则处于谈判之中。同时，欧盟成员国政府还纷纷为私营部门牵线搭桥，和主要的 JI 和 CDM 东道国签订合作备忘录，为私营部门的减排项目投资活动打下基础。

此外，欧盟成员国还加大了对专门碳基金的投资。荷兰、丹麦、西班牙分别在 2005 年委托世界银行新设了各自的碳基金。葡萄牙也计划设立一个资金规模为 6 000 万欧元的碳基金。这些举措加大了世界银行的碳资金规模，使世界银行在全球碳排放交易市场中的角色更加重要。其中，世界银行专门成立了用于大型项目采购的伞型碳基金，并已经签署了两个来自我国的 CDM 项目。

除了交易所和基金，在市场上也出现了一些以 CDM 项目为主营业务的小型上市公司,再加上一直活跃在场外交易的经纪商、相关的中介咨询机构;碳排放交易在全球已经形成了一个链条完整的产业。从供应方面看,CDM 申请注册的项目数量不断增加,已经实际颁发给项目业主的 CERs 也迅速增加。在未来几年,市场将继续呈现 CERs 现货交易和期货合约交易并存的局面。在 CDM 市场,以 AsiaCarbon(亚碳)为代表的交易所力量正在积极寻求透明的 CERs 价格形成机制,虽然目前交易所占市场份额非常小,但是为投资者衡量 CERs 价格提供了一定的参考。随着单边项目的增加,预计交易所 CERs 交易也会出现相应的增长。

6.6.3　国内经验借鉴

1. 国内总体情况

20 世纪 80 年代中后期,中国开始建立排污许可制度, 1989 年环境管理五项制度的提出为开展排污权交易初步创造了制度可行性。中国最早的排污权交易实践始于上海。1987 年上海试行了总量控制和许可制度,黄浦江沿线 60 多家工厂实施了 COD 总量控制指标有偿转让,共达成 30 余次排污交易。

1990 年,中国开展了大气排污权交易的试点工作,初期选择了太原等 16 个城市作为试点。1998 年,山西太原出台的《太原市大气污染物排放总量控制办法》中就已有排污权交易的有关细节。2001 年,南通天生港发电有限公司与南京醋酸纤维有限公司进行了排污权交易,这是中国第一例真正意义上的二氧化硫排污权交易。2003 年,江苏太仓港环保发电有限公司与南京下关发电厂成功达成二氧化硫排污权异地交易,开创了中国排污权跨区域交易的先例。

自 2007 年起,国务院有关部门先后组织江苏、浙江、天津、山西、重庆等十几个省市开展排污权有偿使用和交易试点,一些地区自行开展有关工作,并取得了一些进展。2007 年,中国第一个排污权交易平台——嘉兴市排污权储备交易中心挂牌成立;2008 年,我国第一笔基于互联网的主要污染物排放指标电子竞价交易在天津排放权交易所完成。2008 年,太湖流域在全国率先启动了排污权有偿使用和交易的试点工作。2014 年,国务院办公厅出台指导意见,对排污权有偿使用和交易试点工作做出一定的规范,各地排污权交易工作也随之加速推进。目前,全国已开展排污权有偿使用和交易试点或启动前期工作的共有 28 个省市。

综合部分地区公布的政策和市场实践可以发现以下几方面问题。

从纳入行业来看,大部分实行排污权有偿分配和交易的省市纳入范围是所有排污的工业企业。江苏省和青岛市则规定了部分高污染或者向特定区域排污的工业企业实行排污权交易。重庆市规定范围是工业、畜牧业和服务业,内蒙古自治区、山西省、陕西省、河北省则将境内所有行业的排污单位都纳入排污权交易体系。

从交易标的(交易污染物)来看,大部分省市都规定了排污权交易的标的为"十二五"规划中确定的4种主要污染物(化学需氧量COD、氨氮NH_3-N、二氧化硫SO_2、氮氧化物NO_x),而浙江、天津和湖北的交易标的则少于4种(天津只有二氧化硫)。有些省市根据本地环境污染的特点,把一些其他污染物也纳入排污权交易的标的之中,如湖南重金属污染比较严重,将铅、镉、砷等重金属纳入排污权交易;山西的粉尘污染较严重,将烟尘、工业粉尘纳入排污权交易。

从市场层级来看,所有省市的排污权交易市场都有以政府拍卖(出让)初始排污权的一级市场,且都采取有偿分配模式;大部分省市设有企业间相互交易的二级市场,在二级交易市场上不同排污权所有者可以根据自己的需要买卖排污权。但从实践情况来看,大部分地区排污权交易仍以排污权有偿使用初次转让为主,除浙江、山西、湖南、重庆等试点省市外,其他试点二级市场的交易基本处于停滞状态。同时,部分省市明确要求建立排污权储备制度。

关于排污权储备制度,有下列情形之一的,采取无偿收回或回购方式,将排污权纳入政府储备。对于排污权排污单位因转产、关停、破产的,应当无偿收回;排污单位被依法关闭的,应当无偿收回;政府投入资金实施污染治理,形成富余排污指标的,应当无偿收回;新建、改建、扩建项目自行停止建设,放弃已购排污权的,应当无偿收回;通过市场交易回购的,应当无偿收回。

排污权的交易方式主要包括竞价交易、协商交易、额定交易、挂牌转让等。大部分省市采取了竞价交易和协商交易相结合的方式,而天津、江苏、内蒙古自治区、河南等省、市、自治区只有竞价交易。河北省和内蒙古制定了交易基准价,并规定市场成交价不得低于交易基准价。其中,河北省2018—2020年度主要污染物排放权交易基准价格为:二氧化硫5 000元/吨,氮氧化物6 000元/吨,化学需氧量4 000元/吨,氨氮8 000元/吨。内蒙古主要污染物排污权交易基准价为:二氧化硫3 000元/吨,氮氧化物4 000元/吨,化学需氧量2 000元/吨,氨氮9 000元/吨。

部分省市排污权交易情况详见表6-1。

表6-1 部分省市排污权交易情况

试点	顶层设计	纳入行业	市场层级	交易方式	交易标的	金融创新	交易场所
江苏	2008《江苏省太湖流域主要水污染物排污权有偿使用和交易试点方案细则》;2013《江苏省二氧化硫排放权有偿使用和交易管理办法(试行)》;2016《江苏省排污权有偿使用和交易价格管理暂行办法》;2017《江苏省排污权有偿使用和交易管理暂行办法》(征求意见稿)	电力、钢铁、水泥、石化、玻璃(全省、苏州、泰州、宿迁、江阴、南京)	一级市场	竞价交易	COD、氨氮、SO_2、NO_x、TP、TN、VOCs	泰州排污权抵押融资(1 000万元)	苏州环境能源交易中心

续表

试点	顶层设计	纳入行业	市场层级	交易方式	交易标的	金融创新	交易场所
浙江	2009《浙江省人民政府关于开展排污权有偿使用和交易试点工作的指导意见》；2010《浙江省排污权有偿使用和交易试点工作暂行办法》《浙江省排污权抵押贷款暂行规定》《浙江省排污权有偿使用收入和排污权储备金管理暂行办法》；2011《浙江省排污权有偿使用费用征收标准管理办法（试行）》《浙江省排污权有偿使用和交易试点工作暂行办法实施细则》；2013《浙江省排污权储备和出让管理暂行办法》《浙江省主要污染物初始排污权核定和分配技术规范（试行）》；2017《浙江省排污权回购管理暂行办法（征求意见稿）》	电力（全省），杭州、嘉兴、湖州、绍兴、宁波、温岭等地级市各自确定的纳入行业	一级市场、二级市场	竞价交易、协商交易	COD、SO_2、NO_x	排污权抵押贷款（145亿元）、回购	浙江省排污权交易中心杭州产权交易所
天津	2007《天津市促进排污权交易综合试点方案财税政策规定》《天津市排放权交易综合试点暂行办法》	天津滨海新区排污单位	一级市场	竞价交易	SO_2	无	天津排放权交易所
湖北	2008《湖北省主要污染物排污权交易试行办法》；2009《湖北省主要污染物排污权交易实施细则（试行）》《湖北省主要污染物排污权交易规则（试行）》《湖北省主要污染物排放权电子竞价交易规则（试行）》；2014《湖北省主要污染物排污权交易办法实施细则》《湖北省排污权有偿使用和交易试点工作实施方案》《湖北省主要污染物排污权电子竞价交易规则》；2015《湖北省主要污染物初始排污权核定和分配技术规范》	全部工业企业排污单位	一级市场、二级市场	竞价交易	COD、氨氮	无	湖北环境资源交易中心
湖南	2016《湖南省主要污染物排污权有偿使用和交易管理办法》《湖南省排污权交易实施细则》《湖南省排污权有偿使用和交易资金管理办法》《湖南省主要污染物排污权抵押贷款管理办法（试行）》《湖南省主要污染物初始排污权核定和分配技术方案》	全部工业企业排污单位	一级市场、二级市场	竞价交易、协商交易	COD、SO_2、NO_x、氨氮、铅、镉、砷	排污权抵押贷款（50万元）	湖南省排污权交易中心
内蒙古	2011《内蒙古自治区主要污染物排污权有偿使用和交易试点实施方案》《内蒙古自治区主要污染物排污权有偿使用和交易管理办法（试行）》《关于核定主要污染物排污权有偿使用暂行收费标准和交易价格的函》；2015《内蒙古自治区排污权出让收入管理暂行办法》	自治区内所有排污单位	一级市场、二级市场	竞价交易	COD、氨氮、SO_2、NO_x	无	内蒙古排污权交易管理中心

试点	顶层设计	纳入行业	市场层级	交易方式	交易标的	金融创新	交易场所
山西	2009《山西省人民政府关于在全省开展排污权有偿使用和交易工作的指导意见》《山西省主要污染物排污权交易实施细则(实行)》;2011《山西省排污权交易实施细则(试行)》;2011《山西省排污权交易电子竞价规则(实行)》;2012《关于在全省开展排污权交易工作有关事宜的通知》;2013《山西省主要污染物排污权初始分配核定办法(实行)》;2015《排污权有偿取得和交易办法》;2017《关于主要污染物排污权交易价格及有关事项的通知》	全部行业排污企业	一级市场、二级市场	竞价交易、协商交易	SO_2、NO_x、COD、烟尘、工业粉尘、氨氮	排污权抵押贷款	山西省排污权交易中心
重庆	2010《重庆市主要污染物排放权交易管理暂行办法》;2014《重庆市进一步推进排污权(废水、废气、垃圾)有偿使用和交易共走实施方案》《重庆市排污权抵押贷款管理暂行办法》;2015《重庆市工业企业排污权有偿使用和交易工作实施细则》《重庆市排污权有偿使用和交易资金管理办法》	工业、畜牧业,服务业	一级市场、二级市场	挂牌转让、协商交易	SO_2、NO_x、COD、氨氮	排污权抵押贷款	重庆资源与环境交易所
陕西	2011《陕西省氮氧化物排污权有偿使用及交易试点方案(试行)》;2012《陕西省化学需氧量和氨氮排污权有偿使用及交易试点方案(试行)》《陕西省主要污染物排污权有偿使用和交易试点实施方案》;2013《陕西省氮氧化物排污权储备管理办法(试行)》;2016《陕西省主要污染物排污权有偿使用和交易管理办法(试行)》;2017《关于我省排污权有偿使用收费标准及交易基础价格等问题的通知》《关于征收排污权有偿使用收入有关问题的通知》	所有行业现有排污单位	一级市场	竞价交易、协商交易	SO_2、NO_x、COD、氨氮	排污权抵押贷款(1亿元)	陕西省环境权交易所
河北	2013《河北省关于深入开展排污权交易工作通知》;2015《河北省排污权有偿使用和交易管理暂行办法》《河北省排污权核定和分配技术方案》《关于进一步推进排污权有偿使用和交易试点的实施意见》;2018《关于制定我省2018—2020年度主要污染物排放权交易基准价格的通知》	所有行业现有排污单位	一级市场、二级市场	协商交易、竞价交易	SO_2、NO_x、COD、氨氮	排污权抵押融资	河北省污染物排放权交易服务中心

续表

试点	顶层设计	纳入行业	市场层级	交易方式	交易标的	金融创新	交易场所
河南	2014《河南省主要污染物排污权有偿使用和交易管理暂行办法》；2015《河南省主要污染物排污权有偿使用和交易暂行管理办法实施细则》；2016《新建改建扩建项目主要污染物排污权有偿使用收费有关问题的通知》《河南省排污权出让收入管理暂行办法》《河南省人民政府办公厅关于明确排污权有偿使用和交易工作有关事项的通知》	所有工业行业	一级市场	竞价交易	SO_2、NO_x、COD、氨氮	无	河南省公共资源交易中心
青岛	2016《关于推进排污权有偿使用和交易试点改革工作的实施意见》《青岛市财政局排污权出让收支管理办法》《关于确定青岛市排污权有偿使用费征收标准等问题的通知》《青岛市环境保护局初始排污权使用费征收规则的通知》《青岛市主要污染物初始排污权核定技术方法的通知》	环胶州湾区域直接或间接向胶州湾排放废水的造纸、印染、化工、饮料制造、食品加工、机械制造与金属加工企业；全市电力热力生产供应企业	一级市场	竞价交易	SO_2、NO_x、COD、氨氮、烟尘	无	青岛排污权交易中心
内蒙古	2011《内蒙古自治区人民政府关于印发自治区主要污染物排污权有偿使用和交易管理办法（试行）的通知》；2016《关于扩大主要污染物排污权有偿使用征收范围的通知》	所有排放主要污染物的工业企业	一级市场	协商交易	SO_2、NO_x、COD、氨氮	无	内蒙古自治区排污权交易管理中心

2. 国内先进案例

1）浙江嘉兴

浙江省嘉兴市秀洲区在 2002 年开始了排污权有偿使用的试点工作,嘉兴市的试点的特点主要可以归纳为如下方面。

一是本着从难到易的原则,试点初期,嘉兴市的排污权初始分配只对新建排污项目进行排污权有偿使用,既有排污企业不纳入排污权的初始分配。对于新企业的所有新增主要污染物的新建、改建、扩建项目,都要求通过排污权交易中心购买排污权;老企业（项目）可以无偿使用合法渠道获得的历史排污权。对于迁到嘉兴市以外地区或关停的企业,排污权储备交易中心将无偿收回其相关排污权。对于企业自身减排取得的多余环境排污容量,在抵减企业应该承担的减排任务后,如有多余的,则可由排污权交易中心收购。

二是建立起了完整的排污权管理制度和机构。2007 年,国内首个排污权交易中心在嘉兴市成立。

三是通过建立前后制约的管理程序,消灭新增项目的逃避交易死角。首先将排污权申购作为申请环保行政许可的前置条件,在新增项目完成环评,取得评估排放总量,企业向排污权储备交易中心申购评估总量排污权后,该项目才能进入后继的审批环节。

四是推出排污权抵押贷款等配套政策,不断完善排污权制度。嘉兴市作为国内第一个推广和应用排污权有偿使用和交易的城市,其有如下做法值得我们借鉴:机构完善,成立国内第一家排污权储备交易中心;政策明确,交易规范;从实际出发,承认历史既得利益,减少了推行排污权交易的阻力;设计出合理的、前后制约的项目环评程序,将新增项目的总量申购纳入环保前置管理,从而消除了新增项目脱离交易的可能性。

五是通过公开拍卖等方式,激活市场,盘活已有存量。

2)福建

2014 年 5 月,福建省政府出台《关于推进排污权有偿使用和交易工作的意见(试行)》,正式启动排污权有偿使用和交易试点工作,从 2017 年起全面推行。在推进试点工作之中,福建省始终坚持"全省一盘棋",出台了 8 个配套管理办法和 13 个指导文件,统一制度、统一规则、统一市场、统一平台,避免"政策孤岛",形成了"成体系、全覆盖、多层次、常更新"的排污权政策体系,营造了公开透明、资讯对称的排污权交易环境。

针对排污权权属不明确、核算方法不统一、确权形式不规范等问题,福建省将国家实施总量控制的化学需氧量、氨氮、二氧化硫、氮氧化物 4 项主要污染物指标作为交易因子,制定一系列技术规范和管理办法,做到"依法定、可量化、能交易"。同时,为避免市场参与主体不多、活跃度不高、规模做不大等问题,福建省充分发挥市场在资源配置中的决定性作用,建立健全成熟的排污权交易市场,由企业完全自主参与,价格完全由市场决定;建立全省统一市场,在满足区域环境质量要求的前提下,允许排污权指标跨流域、跨区域流转,防止交易碎片化;同时,开发多元金融产品,允许企业将有偿取得的排污权进行抵押贷款或租赁,使排污权从"沉睡的资产"变成"流动的资本",拓宽企业融资渠道,减轻企业资金压力。

为最大限度地便企利企、切实提升交易效率,福建省强化"放、管、服"改革,交易方式突出便捷高效,简化流程、简化手续、优化服务;设计网络竞价、协议转让、买方挂牌、储备出让等多种交易形式,以满足企业不同需求。其中网络竞价最快 2 个工作日即可完成交易;协议转让最快当天即可完成交易,全部免收交易服务费,减少企业交易成本。通过借力"互联网 +",福建省还建成排污权交易网络,开通网络竞价平台,企业足不出户即可完成交易。

为避免过度市场化可能引发的单纯金融炒作、大小企业交易不公平、市场供需不平衡等问题,福建省出台一系列有针对性的政策措施,保障市场平衡和资源合理配置。首先,限定购买条件。规定只有需租赁排污权或因实施新(改、扩)建项目确需获取排污权的排污单位,以及排污权储备管理机构等才能申请交易,没有实际需求的不得购买。同时,实行分档交易。根据买方指标需求数量,划分不同规模、不同层次的 6 个档次,同档次同场竞价,以保障竞价行为的相对公平。另外,建立政府储备机制。市场供大于求时开展有偿收储,回购排污权,减少市场存量,缓解市场供给压力;供小于求时出让政府储备,作为市场补充来源,缓解市场需求压力。

　　为防止企业"虚假"减排套现,以及排污指标过度集中导致的环境质量恶化、"越有钱越污染"等问题,福建省制定了一系列调控措施,促进环境质量改善、产业布局优化。规定核定的可交易排污权必须来源于新增污染治理设施、清洁能源替代、技术改造等不可逆的、实打实的减排措施。对于临时性措施"虚假"减排的,不予出让。同时,对重点排污行业、重点流域上游的水污染型工业企业、城市建成区的大气污染型工业企业、省级(及以上)工业园区外的工业企业,其新上项目所需排污权实行倍量交易,引导企业在布局和建设时做出更符合环保要求的选择。对产能过剩、排污量大的重点行业,其新上项目所需排污权必须从本行业内交易获得,"只出不进"。对环境质量达不到要求以及未完成污染减排约束性任务的区域,不得进行增加本区域相应污染物总量的排污权交易和政府储备出让。对鼓励发展的战略性新兴产业、清洁生产水平达到国际先进水平的企业,减半征收初始有偿使用费;政府储备排污权制度重点支持重大项目,引导高水平、高效益、低排放项目落地。

第7章 法规标准体系

7.1 完善生态环境地方立法

7.1.1 国家法律

加强生态环境立法是落实习近平生态文明思想的必然要求。习近平生态文明思想站在坚持和发展中国特色社会主义、实现中华民族伟大复兴中国梦的战略高度,回答了为什么建设生态文明、建设什么样的生态文明、怎样建设生态文明等重大理论和实践问题,指明了生态文明建设的迫切需要和重要意义,也为地方生态立法指明了方向。2014年10月23日,党的十八届四中全会审议通过《中共中央关于全面推进依法治国若干重大问题的决定》,要求用严格的法律制度保护生态环境。2020年3月3日,中共中央办公厅、国务院办公厅印发了《关于构建现代环境治理体系的指导意见》,要求修订固体废物污染防治、长江保护、海洋环境保护、生态环境监测、环境影响评价、清洁生产、循环经济等方面的法律法规,涉及绿色发展、资源节约、环境保护、污染治理等多方面。

立法的修订是在全面总结实践经验的基础上,突出问题导向,贯彻新发展理念,回应人民群众关切,充分体现了用最严格、最严密的生态环境保护法律制度保护生态环境的思路。生态文明建设就是既要金山银山,也要绿水青山,而且绿水青山就是金山银山,这是一项全面、系统的工程,是一场全方位、系统性的绿色变革,关键在于要健全系统完整的制度体系,通过最严格的制度、最严密的法治,对各类开发、利用、保护自然资源和生态环境的行为进行规范和约束。

1. 施行清洁生产,促进循环经济

《清洁生产促进法》于2002年6月29日由第九届全国人民代表大会常务委员会第二十八次会议通过,并于2012年2月29日由第十一届全国人民代表大会常务委员会第二十五次会议进行修正。《清洁生产促进法》是全球第一部清洁生产专门法律,实施19年来对我国清洁生产推进起到了重要的引导和规范作用。现阶段,绿色发展和环境管理对清洁生产提出了更高的要求,《清洁生产促进法》在清洁生产定义、清洁生产审核制度、激励措施等方面存在的缺陷逐渐凸显。2019年我国开始启动《清洁生产促进法》修订的相关研究。

《循环经济促进法》于2008年8月29日由第十一届全国人民代表大会常务委员会

第四次会议通过,并于 2018 年 10 月 26 日由第十三届全国人民代表大会常务委员会第六次会议进行修正。循环经济是指在生产、流通和消费等过程中进行的减量化、再利用、资源化活动的总称,也是资源节约和循环利用活动的总称。循环经济作为一种新的发展模式,是在我国传统的高消耗、高排放、低利用的经济增长模式所带来的资源约束和环境压力背景下提出来的。《循环经济促进法》的实施是深入贯彻落实科学发展观、依法推进经济社会又好又快发展的现实需要,是落实党中央提出的实现循环经济较大规模发展战略目标的重要举措。

清洁生产和循环经济从经济活动的源头节约资源和降低污染,并在产品制造、消费、回收等各个环节系统最大限度地减少污染物的排放,将以往单纯地依靠污染的末端治理转向污染的全过程控制,不但减少了污染物的产生量,有助于恢复环境的自净能力,保持生态平衡,而且减少了治理污染的费用,从根本上解决长期以来环境与发展之间的冲突,实现经济发展、社会进步和环境保护的“共赢”。清洁生产和循环经济的不同在于清洁生产的目标是预防污染,并在等量的资源消耗的基础上生产更多的产品;循环经济的目标在于在经济活动过程中系统地避免和减少废物,资源的利用和循环都应建立在对经济过程充分削减资源的基础上。

2. 加大环境保护,共筑美丽中国

《中华人民共和国环境保护法(试行)》(以下简称《环境保护法(试行)》)于 1979 年 9 月 13 日由第五届全国人民代表大会常务委员会第十一次会议通过,以环境保护专门法的形式出现,是我国环境立法的起点,影响了我国环境立法的进程。1989 年 12 月 26 日第七届全国人民代表大会常务委员会第十一次会议通过了《环境保护法》,2014 年 4 月 24 日第十二届全国人民代表大会常务委员会第八次会议通过了新修订的《环境保护法》,自 2015 年 1 月 1 日起施行。新修订的《环境保护法》贯彻了《中共中央关于全面深化改革若干重大问题的决定》提出的“建设生态文明,必须建立系统完整的生态文明制度体系,实行最严格的源头保护制度、损害赔偿制度、责任追究制度,完善环境治理和生态修复制度,用制度保护生态环境”的精神,回应社会对“美丽中国”的殷切期待,也被媒体称为史上最严厉的环境保护法律。新修订的《环境保护法》定位于环境保护领域的基础性法律,立足于解决环境保护的理念、原则、基本制度和共性问题,体现了十八大、十八届三中全会提出的原则和要求,针对中国严重的生态环境问题,在总结国内实践经验、吸取国际新经验的基础上,重点处理环境保护与经济发展、国内与国际、共性与个性、理论与实际的关系,较修订前的《环境保护法》有了重大突破。

《中华人民共和国海洋环境保护法》(以下简称《海洋环境保护法》)于 1982 年 8 月 23 日由第五届全国人民代表大会常务委员会第二十四次会议审议通过。其作为我国环境保护领域第一部法律,由此改变了我国海洋环境保护无法可依的状况,也使中国成为世界上第一个以海洋为主体进行综合海洋环境保护立法的国家。《海洋环境保护法》自1982年颁布以来,历经了一次修订和三次修正。1999年《海洋环境保护法》的修订是一次"大修",从花费的时间和耗费的人力物力上看,历经两届全国人大环境与资源委员会的准备工作;从内容上看,修订后的《海洋环境保护法》条款数量是1982年《海洋环境保护法》的2倍,从1982年的8章48条修订为1999年的10章98条,新增了"海洋环境监督管理"和"海洋生态保护"2个专章,将原"防止海洋石油勘探开发对海洋环境的污染损害"一章扩展为"防治海洋工程建设项目对海洋环境的污染损害",并对整部法几乎所有条款内容都进行了修改。2013年12月28日第十二届全国人民代表大会常务委员会第六次会议通过《海洋环境保护法》修正草案,修改内容主要涉及简化环境影响报告书审核程序,将主管部门对勘探开发海洋石油的溢油应急计划编制由审批改为向海区局备案等。2016年11月7日第十二届全国人民代表大会常务委员会第二十四次会议审议通过《海洋环境保护法》修正草案,做出对2013年《海洋环境保护法》一共19处进行修改的决定,是对我国推进生态文明建设和生态补偿制度建设的积极响应,也是对国务院简政放权要求的具体落实,标志着我国海洋生态环境保护法治进程有了重要的新发展。2017年11月4日第十二届全国人民代表大会常务委员会第三十次会议审议通过《海洋环境保护法》修正草案,决定对其中2个条款做出修改。修改内容主要涉及入海排污口,从审批程序上将入海排污口设置的审批程序简化为备案程序,并相应修改后面的通报程序和处罚条款。自1982年颁布至今,我国《海洋环境保护法》已经施行了40年。伴随着我国经济社会的快速发展,《海洋环境保护法》经历了从无到有,从海洋污染防治到海洋生态环境保护与污染防治并重的发展历程。

《中华人民共和国长江保护法》(以下简称《长江保护法》)于2020年12月26日由第十三届全国人民代表大会常务委员会第二十四次会议通过,2021年3月1日起施行。制定实施《长江保护法》是贯彻落实习近平总书记关于推动长江经济带发展重要指示要求和党中央战略部署的重要举措。2018年4月,习近平总书记在深入推动长江经济带发展座谈会上强调,"新形势下,推动长江经济带发展,关键是要正确把握整体推进和重点突破、生态环境保护和经济发展、总体谋划和久久为功、破除旧动能和培育新动能、自身发展和协同发展等关系"(来源:人民网,《习近平深入推动长江经济带发展座谈会上的讲话》,2018.06.13)。这一重要论述是针对长江经济带面临的生态环境形势严峻、产业转型升级任务艰巨、区域合作机制尚待完善等问题做出的重要战略部署,是《长江保护法》的思想内涵和哲学基础,需要准确全面把握。《长江保护法》仅适用于长江流域,目的是加强长江流域生态环境保护和修复,促进资源合理高效利用,保障生态安全,实现人与自然和谐共生,因此法律适用对象具有特定性。《长江保护法》坚持生态优先、绿色发展的战略定位,突出共抓大保护、不搞大开发的基本要求,针对长江流域的特点和存在的突出问题,采取特别的制度措施,推动长江流域经济社会发展全面绿色转型,实现人与自然和谐共生。

3. 做好污染防治,改善生态环境

《大气污染防治法》于 1987 年 9 月 5 日由第六届全国人民代表大会常务委员会第二十二次会议通过,是为保护和改善环境,防治大气污染,保障公众健康,推进生态文明建设,促进经济社会可持续发展制定的法律。1995 年 8 月 29 日第八届全国人民代表大会常务委员会第十五次会议对其进行第一次修正,2000 年 4 月 29 日第九届全国人民代表大会常务委员会第十五次会议对其进行第一次修订,2015 年 8 月 29 日第十二届全国人民代表大会常务委员会第十六次会议对其进行第二次修订,2018 年 10 月 26 日第十三届全国人民代表大会常务委员会第六次会议对其进行第二次修正。最新修正的《大气污染防治法》共 129 条,涉及法律责任的条款有 30 条,具体的处罚行为和种类接近 90 种,大大提高了这部法律的可操作性和针对性。

《水污染防治法》于 1984 年 5 月 11 日由第六届全国人民代表大会常务委员会第五次会议通过,1996 年 5 月 15 日第八届全国人民代表大会常务委员会第十九次会议对其进行第一次修正,2008 年 2 月 28 日第十届全国人民代表大会常务委员会第三十二次会议对其进行修订,2017 年 6 月 27 日第十二届全国人民代表大会常务委员会第二十八次会议对其进行第二次修正,自 2018 年 1 月 1 日起施行。最新修订的《水污染防治法》增加了关于实行河长制的规定,加大对违法行为的惩治力度等,为解决比较突出的水污染问题和水生态恶化问题提供了强有力的法律武器。

《土壤污染防治法》于 2018 年 8 月 31 日由第十三届全国人民代表大会常务委员会第五次会议通过,2019 年 1 月 1 日正式实施。《土壤污染防治法》的出台,不仅填补了我国环境污染防治法律,特别是土壤污染防治法律的空白,而且完善了环境保护法律体系,更有利于将土壤污染防治工作纳入法制化轨道,以提高环境质量为核心,以实行最严格的环境保护制度为目标,以遏制当前土壤环境恶化为趋势,将立法作为解决土壤污染问题的根本性措施,立足于我国发展阶段的现实,着眼于国家的长远利益,使土壤污染防治工作有法可依、有序进行,并为推进生态文明建设,实现绿水青山、建设美丽中国添砖加瓦。

《固体废物污染环境防治法》于 1995 年 10 月 30 日由第八届全国人民代表大会常务委员会第十六次会议通过,2004 年 12 月 29 日第十届全国人民代表大会常务委员会第十三次会议对其进行第一次修订,2013 年 6 月 29 日第十二届全国人民代表大会常务委员会第三次会议对其进行第一次修正,2015 年 4 月 24 日第十二届全国人民代表大会常务委员会第十四次会议对其进行第二次修正,2016 年 11 月 7 日第十二届全国人民代表大会常务委员会第二十四次会议对其进行第三次修正,2020 年 4 月 29 日第十三届全国人民代表大会常务委员会第十七次会议对其进行第二次修订。最新修订的《固体废物污染环境防治法》自 2020 年 9 月 1 日起施行,是贯彻落实习近平生态文明思想和党中央关于生态文明建设决策部署的重大任务,是依法推动打好污染防治攻坚战的迫切需要,是健全最严格、最严密生态环境保护法律制度和强化公共卫生法治保障的重要举措。

此外,我国环境污染防治法还有《环境噪声污染防治法》《放射性污染防治法》等法律。

4. 加大资源能源节约,增强可持续发展

《中华人民共和国森林法》(以下简称《森林法》)于 1984 年 9 月 20 日由第六届全国人民代表大会常务委员会第七次会议通过,1985 年起实施。2019 年 12 月 28 日第十三届全国人民代表大会常务委员会第十五次会议对其进行第二次修订,2020 年 7 月 1 日起实施。新修订的《森林法》深入贯彻习近平生态文明思想,践行绿水青山就是金山银山理念,适应我国森林功能定位转变和林业发展需要,充分吸收集体林权制度改革、国有林场和国有林区改革等林业改革发展的实践经验,建立了森林分类经营管理制度,完善了森林权属制度和林木采伐等林业管理制度,加大了森林资源保护和造林绿化力度,有利于保护、培育和合理利用森林资源,保障我国森林生态安全,发挥森林多种功能,推动现代林业发展,实现人与自然和谐共生。

《中华人民共和国水土保持法》(以下简称《水土保持法》)于 1991 年 6 月 29 日由第七届全国人民代表大会常务委员会第二十次会议通过,1991 年 6 月 29 日起实施。2010 年 12 月,《水土保持法》由第十一届全国人民代表大会常务委员会第十八次会议修订通过,并于 2011 年 3 月 1 日起正式施行。新修订的《水土保持法》颁布施行,为依法开展水土流失预防和治理工作,科学合理保护和利用水土资源提供了坚实的法律保障。自修订至今十九年间,《水土保持法》基本被社会广泛认知,流域重点治理区实现水土流失面积由 “增” 到 “减”、强度由 “高” 到 “低” 的历史性转变,按照 “节约优先、保护优先、自然恢复为主” 的方针,统筹山水林田湖草系统治理,打造出一批生态清洁小流域,有效改善了区域的生态环境,成功探索出贫困山区脱贫攻坚与乡村振兴统筹推进的高质量发展路径。

《中华人民共和国节约能源法》(以下简称《节约能源法》)于 1997 年 11 月 1 日由第八届全国人民代表大会常务委员会第二十八次会议通过,2007 年 10 月 28 日第十届全国人民代表大会常务委员会第三十次会议对其进行修订,2016 年 7 月 2 日第十二届全国人民代表大会常务委员会第二十一次会议对其进行修改。新修改的《节约能源法》旨在加强用能管理,采取技术上可行、经济上合理以及环境和社会可以承受的措施,从能源生产到消费的各个环节,降低消耗、减少损失和污染物排放、制止浪费,有效、合理地利用能源。

《核安全法》于 2017 年 9 月 1 日由第十二届全国人民代表大会常务委员会第二十九次会议通过,自 2018 年 1 月 1 日起施行。这是我国首次将核安全观的表述写入法律,进

一步强调核安全责任的承担,增加了信息公开和公众参与等新内容。《核安全法》首次从核安全的基本方针、原则,核安全制度、措施,核安全责任,公众参与及监督管理等方面进行系统规范,结束了中国在核安全管理方面只能依赖行政法规和部门规章而缺少顶层立法的局面。

此外,我国资源、能源相关法律还有《中华人民共和国草原法》《中华人民共和国渔业法》《中华人民共和国矿产资源法》《中华人民共和国土地管理法》《中华人民共和国水法》《中华人民共和国农业法》《中华人民共和国防沙治沙法》《中华人民共和国海域使用管理法》《中华人民共和国可再生能源法》《中华人民共和国海岛保护法》《中华人民共和国环境保护税法》《中华人民共和国煤炭法》《中华人民共和国野生动物保护法》《中华人民共和国深海海底区域资源勘探开发法》等法律。

7.1.2　天津市生态环境法规体系

1. 天津市生态环境法规体系现状

良好的生态环境是最普惠的民生福祉,环境就是民生,青山就是美丽,蓝天也是幸福。随着经济社会发展和人民生活水平提高,群众热切期盼加快提高生态环境质量。天津市坚持"一年至少一部法规"的节奏, 2013 年以来,先后审议通过了《天津市生态环境保护条例》《天津市大气污染防治条例》《天津市水污染防治条例》《关于批准划定永久性保护生态区域的决定》《天津市人民代表大会常务委员会关于加强滨海新区与中心城区中间地带规划管控建设绿色生态屏障的决定》等环境保护地方性法规,用最严格的制度、最严密的法治保护生态环境。

《天津市清洁生产促进条例》于 2008 年 9 月 10 日由天津市第十五届人民代表大会常务委员会第四次会议通过, 2017 年 12 月 22 日天津市第十六届人民代表大会常务委员会第四十次会议对其进行修正。《天津市清洁生产促进条例》的制定实施皆在促进区域清洁生产,提高资源利用率,减少和避免污染物产生,保护和改善环境,保障人体健康,促进经济和社会可持续发展。

《天津市环境保护条例》于 1994 年 11 月 30 日由天津市第十二届人民代表大会常务委员会第十二次会议通过, 2004 年 12 月 21 日天津市第十四届人民代表大会常务委员会第十六次会议对其进行修订,自同日起施行。2019 年 1 月 18 日天津市第十七届人民代表大会第二次会议通过《天津市生态环境保护条例》,同年 3 月 1 日起实施。新修订的《天津市生态环境保护条例》由原来的"环境保护条例"修改为"生态环境保护条例",体现了全面加强生态环境保护的概念和内容,成为国内首部省级生态环境保护地方性法规。同时该条例体现了"坚持人与自然和谐共生""绿水青山就是金山银山""山水林田湖草是生命共同体"等理念,大量增加了建设绿色生态屏障、建立健全生态保护补偿制度、加强自然保护地管护、湿地修复、生物多样性保护等生态保护和绿色发展方面的内容。

《天津市海洋环境保护条例》于 2012 年 2 月 22 日由天津市第十五届人民代表大会常务委员会第三十次会议通过，自 2012 年 5 月 1 日起施行，是天津市首部有关海洋环境保护的地方性法规。2015 年 11 月 27 日天津市第十六届人民代表大会常务委员会第二十二次会议对其第一次修正，2017 年 12 月 22 日天津市第十六届人民代表大会常务委员会第四十次会议对其进行第二次修正，2018 年 9 月 29 日天津市第十七届人民代表大会常务委员会第五次会议对其进行第三次修正，2020 年 7 月 29 日天津市第十七届人民代表大会常务委员会第二十一次会议对其进行第四次修正，该条例的颁布与修正，有利于保护区域海洋资源，防治污染损害，改善海洋环境，维护生态平衡，保障公众健康。

《天津市湿地保护条例》于 2016 年 7 月 29 日由天津市第十六届人民代表大会常务委员会第二十七次会议通过，同年 10 月 1 日施行，是天津市首部保护湿地的地方性法规。该条例明确了对湿地实行分级保护管理，严禁在重要湿地内从事捕猎野生动物、采挖野生植物，挖沙、取土，倾倒垃圾等行为，一经发现，将由有关行政主管部门依照相关法律法规进行处罚。该条例有效遏制湿地违法行为，保护湿地资源，维护生态平衡，推进生态文明建设。

新《天津市大气污染防治条例》于 2015 年 1 月 30 日由天津市第十六届人民代表大会第三次会议通过，同年 3 月 1 日起施行。2002 年 7 月 18 日天津市十三届人民代表大会常务委员会第三十四次会议通过《天津市大气污染防治条例》，2004 年 11 月 12 日天津市十四届人民代表大会常务委员会第十五次会议修正的条例被废止，适应天津市大气污染防治工作的新要求，突出防治重点，综合多种防控手段，统筹兼顾治理污染与保障民生的关系，提高违法成本，是一部全面、有力的法规。

《天津市水污染防治条例》于 2016 年 1 月 29 日由天津市第十六届人民代表大会第四次会议通过，同年 3 月 1 日起施行，2020 年 9 月 25 日天津市第十七届人民代表大会常务委员会第二十三次会议对其进行第三次修正。新修订的《天津市水污染防治条例》规定了天津市水污染防治应当以实现良好水环境质量为目标，坚持注重节水、保护优先、预防为主、综合治理、公众参与、损害担责的原则，注重执法实效，构成多层次、全方位的法律责任体系，创新区域联防联控工作机制，为区域实施水污染治理提供了法律保障。

《天津市土壤污染防治条例》于 2019 年 12 月 11 日由天津市第十七届人民代表大会常务委员会第十五次会议通过，自 2020 年 1 月 1 日起施行。《天津市土壤污染防治条例》在土壤污染风险管控标准、污水集中处理设施污染防治、名特优新农产品产地特别保护等方面做了创制性规定，在土壤污染重点监管单位名录、土壤污染状况调查、土壤污染责任人认定等方面做了衔接性规定，与上述法规一起，构建起立天津市管控的生态环保法治网。

《天津市永久性保护生态区域管理规定》于 2019 年 9 月 10 日由天津市人民政府发布实施,对山地、河流、水库和湖泊、湿地和盐田、郊野公园和城市公园、林带等六类区域进行永久性保护。该规定适用于天津市永久性保护生态区域的保护、管理和监督工作。市或区县政府有关部门对在永久性保护生态区域内进行违法用地、违法建设、非法排放污染物、盗伐林木、猎捕采伐珍稀濒危和受保护物种等行为,根据有关法律、法规和规章的规定予以处理;构成犯罪的,依法追究刑事责任。有关工作人员在永久性保护生态区域管理工作中玩忽职守、滥用职权、徇私舞弊的,依法予以处分;构成犯罪的,依法追究刑事责任。

《天津市人民代表大会常务委员会关于加强滨海新区与中心城区中间地带规划管控建设绿色生态屏障的决定》于 2018 年 5 月 28 日由天津市人民代表大会常务委员会第三次会议通过。其进一步加强滨海新区与中心城区中间地带规划管控、建设绿色生态屏障,实现滨海新区与中心城区“两城夹绿”,是贯彻习近平新时代中国特色社会主义思想,落实国家推进生态文明建设要求和京津冀协同发展重大国家战略的重要举措,是加快建设生态宜居的现代化天津、推动天津高质量发展的实际行动,将“双城”间生态屏障规划建设和法规制度建设纳入法制轨道。

《天津市碳达峰碳中和促进条例》由天津市十七届人民代表大会常务委员会第二十九次会议审议通过,自 2021 年 11 月 1 日起施行。这是全国首部以促进实现碳达峰、碳中和目标为立法主旨的省级地方性法规。该条例以法规形式明确管理体制、基本制度和绿色转型、降碳增汇的政策措施,将为实现天津市“双碳”目标提供坚强的法治保障。

天津市以“一年至少一部法规”的节奏开创了天津生态环保地方立法步伐最快、力度最大、成果最为集中的时期。天津市人民代表大会常务委员会做出了关于批准划定永久保护生态区域的决定,在全国率先以法规性决定的形式将天津市 1/4 的国土面积划定为永久性保护生态区域。这些法规和决定连同之前制定实施的生态保护和环境治理方面的法规,初步形成了具有天津特色的生态文明地方法规体系,为守卫津城蓝天白云、绿水青山提供了有力的法治保障。国家及天津市生态环境领域相关立法详见表 7-1。

表 7-1 国家及天津市生态环境领域相关立法汇总表

类别	序号	国家法	天津市地方法
清洁生产	1	《中华人民共和国清洁生产促进法》	《天津市清洁生产促进条例》
	2	《中华人民共和国循环经济促进》	—
环境保护	3	《中华人民共和国环境保护法》	《天津市生态环境保护条例》
	4	《中华人民共和国海洋环境保护法》	《天津市海洋环境保护条例》
	5	—	《天津市湿地保护条例》
	6	《中华人民共和国长江保护法》	—

类别	序号	国家法	天津市地方法
污染防治	7	《中华人民共和国水污染防治法》	《天津市水污染防治条例》
	8	《中华人民共和国大气污染防治法》	《天津市大气污染防治条例》
	9	《中华人民共和国土壤污染防治法》	《天津市土壤污染防治条例》
	10	《中华人民共和国固体废物污染环境防治法》	《天津市危险废物污染环境防治办法》
	11	《中华人民共和国环境噪声污染防治法》	《天津市环境噪声污染防治管理办法》
	12	《中华人民共和国放射性污染防治法》	《天津市放射性废物管理办法》
资源、能源	13	《中华人民共和国森林法》	《天津市实施〈中华人民共和国森林法〉办法》
	14	《中华人民共和国渔业法》	《天津市实施〈中华人民共和国渔业法〉办法》
	15	《中华人民共和国矿产资源法》	《天津市矿产资源管理条例》
	16	《中华人民共和国土地管理法》	《天津市土地管理条例》
	17	《中华人民共和国水法》	《天津市实施〈中华人民共和国水法〉办法》
	18	《中华人民共和国农业法》	《天津市农业生态保护办法》
	19	《中华人民共和国水土保持法》	《天津市实施〈中华人民共和国水土保持法〉办法》
	20	《中华人民共和国海域使用管理法》	《天津市海域使用管理办法》
	21	《中华人民共和国环境保护税法》	《天津市环境保护税核定征收办法（试行）》
	22	《中华人民共和国节约能源法》	《天津市节约能源条例》
	23	《中华人民共和国煤炭法》	《天津市煤炭经营使用监督管理规定》
动植物	24	《中华人民共和国野生动物保护法》	《天津市野生动物保护条例》
资源、能源法	25	《中华人民共和国草原法》	—
	26	《中华人民共和国核安全法》	—
	27	《中华人民共和国可再生能源法》	—
	28	《中华人民共和国海岛保护法》	—
	29	《中华人民共和国深海海底区域资源勘探开发法》	—
	30	《中华人民共和国防沙治沙法》	—
其他	31	《中华人民共和国城市规划法》	《天津市城市规划条例》
	32	《中华人民共和国防震减灾法》	《天津市防震减灾条例》
	33	《中华人民共和国气象法》	《天津市气象条例》
	34	《中华人民共和国城乡规划法》	《天津市城乡规划条例》
	35	《中华人民共和国环境影响评价法》	—
	36	《中华人民共和国专属经济区和大陆架法》	—

2. 天津市生态环境法规体系存在的问题

（1）生态环境保护部分领域需立法。国家已颁布固体废物、排污许可等领域的法律，目前天津市尚未颁布相关的条例。除台湾外,我国沿海省市自治区共 11 个,截至目前,仅有天津市、河北省、浙江省未出台海岸带相关的条例或管理规定等规范性文件。海岸带是海岸线向陆海两侧扩展一定宽度的带状区域,包括陆域与近岸海域,天津市拥有 153 千米长的海岸线,但海岸带管理尚未立法。

（2）部分法规亟须修订。如《天津市噪声管制暂行条例》于 1981 年颁布实施,《天津市环境教育条例》于 2012 年颁布实施,部分条款目前已不适用新形势下的生态环境保护,亟须修订。

（3）部分法规衔接存在问题,法规与法规之间存在不一致性。如 2015 年新颁布的《天津市大气污染防治条例》中规定,露天焚烧落叶、秸秆、枯草等产生烟尘污染物质的,由城市管理综合行政执法机关责令改正,可以处五百元以上二千元以下罚款。2019 年颁布实施的《天津市文明行为促进条例》中规定,在建成区露天焚烧落叶、秸秆、垃圾或者其他废弃物的,由城市管理部门处五百元以上二千元以下罚款;在其他区域露天焚烧的,由生态环境部门处五百元以上二千元以下罚款。

3. 对策建议

天津市应完善环保法规,坚持依法治污,加强同《民法典》相关联、相配套的法律法规制度建设,全面梳理地方生态环境保护法规,加强衔接、保持统一,及时制定、修订条例,研究制定生态补偿、扬尘、农业面源、固体废物、河道管理、排污许可、海岸带等方面的法规,形成完备的地方性法规体系。

7.2　完善生态环境保护标准体系

7.2.1　天津市生态环境保护标准体系现状

环境保护标准作为我国标准体系以及新环保法的重要组成部分,既是依法开展环保工作的技术依据,也是实现污染物减排、提升环境质量的重要手段之一。我国疆域辽阔,各地自然条件、经济基础、产业分布、主要污染因子等因素差异较大,国家标准综合考虑全国各地不同情况后进行制定,适用全国平均水平,但难以满足不同地区特殊环境的需要。为此,各地结合本地实际,制定具有当地特色、符合地区社会经济发展水平和特殊环境管理需求的地方标准,才能发挥地方标准的作用。

天津市紧密结合区域水资源短缺、工业污染等实际情况,先后发布实施污水处理厂、火电、锅炉等 24 项地方标准,牵头制定京津冀区域胶体黏合剂挥发性有机物排放标准,在全国率先实施煤电机组烟气温度控制标准,启动“烟羽脱白”治理,制定、修订严于国家标准的城镇污水处理厂污染物排放和污水综合排放地方标准,使主要指标达到地表水 V

类或Ⅳ类标准,实现废水资源化利用。天津市环境保护标准体系已实现由单一的污染物排放标准向排放标准、技术规范相结合,国家标准、地方标准和区域标准互为补充的转变,严把环境准入关,强化环保标准引领。

《建筑类涂料与胶粘剂挥发性有机化合物含量限值标准》(DB 12/3005—2017)自2017年9月1日起实施,这是京津冀三地在环保领域发布的首个统一标准。标准的制定充分考虑了京津冀大气复合型污染防治的需求,并结合京津冀地区的实际情况,在考虑技术可行性的同时,体现了标准的先进性。对比国内外情况,本标准限值基本上为我国现行相关标准中最严格的要求,与国际相关标准水平基本相当;同时,根据近年技术水平的提升情况,使溶剂型建筑类涂料VOCs含量的限值要求更加严格。

《火电厂大气污染物排放标准》(DB 12/810—2018)自2018年7月1日起正式实施,是国内首个在火电厂大气标准中对烟气排放温度做出限定的地方标准。该标准要求新建项目无论采用何种燃料,颗粒物、二氧化硫、氮氧化物一律执行5 mg/m³、10 mg/m³、30 mg/m³ 的排放限值,均严于国家标准中20 mg/m³、50 mg/m³、100 mg/m³ 的排放限值要求。为减少烟气中溶解性盐类和可凝结颗粒物的排放,该标准在国内首次对烟气排放温度进行了明确规定,燃煤发电锅炉及65 t/h 以上燃煤非发电锅炉烟气排放温度在非采暖季(4月至10月)不得高于48 ℃,采暖季(11月至次年3月)时不得高于45 ℃。

《城镇污水处理厂污染物排放标准》(DB 12/599—2015)自2015年10月1日起正式实施,实现城镇污水处理厂出水标准与地表水环境质量标准、受纳水体水环境功能要求及污水再生回用相关标准的紧密衔接,是对天津市行政区域内城镇污水处理厂水污染物、大气污染物、污泥排放控制的基本要求,与国家相关污染物排放标准互为补充。《城镇污水处理厂污染物排放标准》与《天津市水污染防治条例》形成组合拳,是天津市推动水污染防治的重大举措,将天津市污水处理厂污染物控制项目限值分为A、B、C三级标准,其中:A级标准主要指标达到地表水Ⅳ类水平;B级标准主要指标达到地表水Ⅴ类水平;C级标准与国家标准的一级A一致。这些举措对促进天津市深入贯彻落实国家"水十条",打好碧水保卫战,大力推进清水河道行动,促进非常规水源开发利用,实现污染物减排和水环境质量明显改善,推动京津冀生态环保联防联控都起到了至关重要的作用。

《农村生活污水处理设施水污染物排放标准》(DB 12/889—2019)自2019年7月10日起正式实施。该标准一方面严控排入功能水体的水质,另一方面放宽排入其他功能区划未明确水体的要求,同时鼓励生态处理和尾水利用。该标准的实施降低了建设和运营成本,促进了农村生活污水处理设施正常运行和运营管理,实现让污水处理设施运行起来的目的,满足改善农村人居环境和改善水环境质量的需求,进一步推动了天津市农村生活污水治理,推动美丽乡村建设进程。

《生物质成型燃料锅炉大气污染物排放标准》(DB 12/765—2018)自2018年2月1日起正式实施。该标准的实施一方面可以为加强生物质锅炉管理提供法律依据,淘汰不符合国家要求的燃烧设备;另一方面可以规范市场,鼓励生物质能源的开发利用,促进生物质锅炉行业健康有序发展。

《扬尘在线监测系统建设及运行技术规范》(DB 12/T 725—2017)自 2017 年 6 月 1 日起正式实施。该标准主要适用于建筑工地等扬尘源及未封闭的工业企业散体物料堆场在线监测系统的建设与运行管理,重点对扬尘在线监测系统的组成与要求,监测点位设备安装,数据采集、传输、存储与处理,系统运行维护管理等技术要求做了规定。该标准是我国环境监测领域首个自主提出,具有技术指导性的推荐标准,填补了国内标准在扬尘监测方面的空白。标准的发布实施将进一步加强扬尘在线监测监控,为强化精细管理、改善环境空气质量提供重要的技术支持。

7.2.2　天津市生态环境标准体系存在的问题

（1）地方标准的科学性有待提升。部分标准修订次数较为频繁,例如《天津市锅炉大气污染物排放标准》自 1999 年首次发布, 2003 年第一次修订, 2016 年第二次修订, 2020 年第三次修订,标准实施 21 年间共修订 3 次,修订最短时间间隔 4 年。《工业企业挥发性有机物排放控制标准》自 2014 年首次发布, 2020 年第一次修订,修订时间间隔 6 年。标准的修订时间间隔过短、频率过快,且修订后的要求在不断提高,给企业带来较大压力。

（2）标准宣传贯彻亟待加强。长期以来,主管部门对地方标准的宣传贯彻、培训工作重视不足,对宣传贯彻培训工作应付了事,对标准内容的宣讲、解读不够充分,推广形式单一,严重影响了标准的实施效果和执行力度。

7.2.3　对策建议

1. 完善生态环境保护领域标准

结合天津市现状,统筹生态环境保护规划、法规、政策,系统谋划、超前研究制定污染排放标准、治理技术规范,分阶段设定排放限值,稳定社会预期。建立健全标准实施评估机制,明确主管部门和标准修订流程,缓解近几年环保形势的变化较大、减少环境标准的频繁制定、修订带来的负面影响。补充确需新制定的标准,逐步形成重点突出、务实管用的现代环境治理标准体系。标准制定要鼓励多种技术路线的竞争,并加快对新技术的检验检测认证体系建设,及时发现好的技术。

2. 加强制度保障

1) 加强经费保障

在新形势下,地方生态环境保护标准将成为保障地方环境质量、优化经济增长方式的重要手段,主管部门应加大标准建设投入力度,建立环保标准专项经费,保障部门年度预算支持,重点解决经费、人员不足问题,促进其健康发展。同时,要建立生态环境保护标准工作"统一战线",借鉴 PPP 合作模式,广泛吸纳行业、企业参与标准制定,进一步发展壮大地方标准事业。

2)加强人才保障

加强产学结合。标准化工作兼具管理、技术、操作等方面的知识,具有很强的专业性。因此,要加强政府桥梁作用,加大政策扶持力度,打通政府、高校及企业间标准化人才共建渠道,引导环保标准化人才队伍进一步发展壮大,加强人才交流。鉴于环保标准工作的专业性,为满足标准建设发展需要,应加强国际间、省市间、行业间环保标准的人才交流,相互学习借鉴,取长补短,共同提升天津市生态环境保护标准质量和水平。

3. 加大标准宣贯力度

加强标准宣传。通过建立常规化宣传制度,利用各类传统宣传渠道和"两微"等新媒体,采取宣讲、交流、展览等多种形式,定期针对地方标准在环境管理工作中的定位与作用、标准制定和修订过程中的经验与有效管理进行管理。

7.3 强化司法支持

7.3.1 成效

天津市不断深化各级公安部门与检察院、法院的联系沟通,持续加强与环保部门的执法协作,稳步推进打击环境违法犯罪行政执法与刑事司法的有效衔接,持续查处环境违法犯罪行为。设立"市公安局驻市环保局工作组",实施联勤联动,开展环境污染刑事案件现场采样培训、环境污染案件侦查技能培训,严打环境污染犯罪案件。建立执法协作机制,全市公、检、法、环 4 部门建立起较为完善的联席会议和联络员制度,并将此项制度充分运用于环境违法犯罪案件的实际侦办中。同时,强化执法能力建设,通过举办全市公安机关环境污染刑事案件现场采样工作培训班、环境违法犯罪侦查业务培训班,不断提升民警的执法办案水平。

天津市推进环境资源审判工作,充分发挥环境资源刑事、民事、行政审判职能作用,为生态环境安全和人民群众环境权益提供司法保障。加大刑事打击力度、严格裁判标准、控制缓刑适用、加重财产刑等,基本形成了严厉打击环境犯罪的高压态势,有效发挥了刑罚在保护生态环境和自然资源安全方面的震慑作用。民事审判严格贯彻损害担责、全面赔偿原则,依法维护了人民群众的环境权益,促进了生态环境修复改善和自然资源合理开发利用。行政审判督促行政机关依法及时履行职责,引导行政相对人遵守环境法律法规,保障社会公众的知情权和监督权,提高人民群众参与环境资源保护的积极性。实施环境公益诉讼,将推进环境公益诉讼作为发挥环境资源审判职能作用的重要方式,通过审理典型案件,发挥环境公益诉讼的评价指引功能和政策形成功能。天津市首起生态环境刑事附带民事公益诉讼案公开宣判, 5 名被告获刑并被判赔污染治理费用 30 万元、罚金 6 万元。2016—2018 年,天津市共受理各类环境资源案件 2 078 件,审结 2 022 件。

7.3.2　存在的问题

目前存在的问题是环境资源审判机构薄弱。全国法院共设立环境资源审判专门机构 1 198 个,其中 22 家高级法院、105 家中级法院、258 家基层法院设立了环境资源审判庭。江苏省高级人民法院以生态功能区为单位在全省范围内设立 9 家环境资源法庭,集中管辖全省环境资源一审案件,同时设立南京环境资源法庭,对 9 家法庭上诉的二审案件实行集中管辖。全国 31 个省市中,仅天津市和黑龙江省未建立环境资源审判庭。天津市仅建立环境资源审判合议庭 4 个,与全国 31 个省市相比数量较少。

7.3.3　对策建议

(1)强化司法支持。加强生态环境部门与司法、公安、检察、审判机关的沟通协作,完善信息共享、证据收集、案情通报、案件移送、强制执行等工作机制,以共同打击破坏生态环境的违法犯罪活动,切实维护良好的生态环境,全力守护青山绿水。坚持设立市、区两级公安驻生态环境部门工作组,联合查处侦办生态环境违法犯罪行为,依法从严打击群众反映强烈、影响恶劣、后果严重的环境违法犯罪行为。

(2)全面加强行刑与公益诉讼协作。鼓励检察机关参与环境执法随机抽查工作,对随机抽查工作进行现场监督,不定期开展现场执法监督指导工作。建立生态环境领域公益诉讼案件线索移送机制。生态环境部门对执法中发现的公益损害线索,可同步邀请检察机关公益诉讼部门提前介入;对超标排放污染物、非法倾倒、处置工业固废等产生明确生态环境损害后果的违法行为,在处罚决定做出时,向检察机关移送案件有关情况;对其他尚不具备移送条件的案件,定期将有关案件清单和处理结果移送检察机关。检察机关对移送案件进行审查后,认为符合公益诉讼立案条件的,及时启动公益诉讼程序或支持生态环境部门提起诉讼,在生态环境部门配合下做好有关调查取证、委托鉴定和出庭应诉工作;检察机关认为对其他未移送案件有必要开展公益诉讼调查,需要调取相关案件材料的,生态环境部门及时予以提供。加快推进环境资源审判庭建设,统一生态环境案件的受案范围、审理程序,探索建立"恢复性司法实践 + 社会化综合治理"的审判结果执行机制。

第8章 科技支撑体系

8.1 健全科技支撑制度

8.1.1 国家要求

要突破自身发展瓶颈、解决深层次矛盾和问题,根本出路就在于创新,关键要靠科技力量。现阶段,生态环境问题呈现复杂化、多样化的特点,出现点面复合、多源共存、多型叠加的现象。在常规污染尚未得到解决的情况下,臭氧、总磷、持久性有机物、危险化学品等新的环境问题逐步显现,环境风险防范形势严峻。生态环境形势的复杂性和艰巨性需要新的理论、方法、技术作为指导和支撑,也需要创新管理体制机制,提升生态环境治理的能力、效率和水平,同时要用最小的经济代价实现最大的治理效果。我国要强化环境污染成因与环境过程、环境污染物的健康影响机理和风险评估、环境基准等基础研究,加强对环境问题的超前预判,充分发挥环境科技在生态环保中的基础性、前瞻性和引领性作用。

2006 年 2 月,国务院发布《国家中长期科学和技术发展规划纲要(2006—2020 年)》,从经济社会发展和人民生活面临的突出问题与紧迫需求出发,在原国家科技攻关计划基础上,设立国家科技支撑计划,进一步加大对重大公益技术及产业共性技术研发的支持,全面提升科技对经济社会发展的支撑能力,是具有历史意义的重大举措。

2018 年 7 月,中共中央办公厅、国务院办公厅印发《关于深化项目评审、人才评价、机构评估改革的意见》,提出要坚持分类评价,针对自然科学、哲学社会科学、军事科学等不同学科门类的特点,建立分类评价指标体系和评价程序规范。基础前沿研究以同行评议为主;社会公益性研究以行业用户和社会评价为主;应用技术开发和成果转化评价以用户评价、第三方评价和市场绩效评价为主。

2018 年,科技部印发《关于科技创新支撑生态环境保护和打好污染防治攻坚战的实施意见》,强调要全面贯彻党的十九大精神,以习近平新时代中国特色社会主义思想为指导,紧紧围绕统筹推进"五位一体"总体布局和协调推进"四个全面"战略布局,充分发挥创新驱动是打好污染防治攻坚战、建设生态文明基本动力的重要作用,统筹推进技术研发、应用推广和带动产业发展,探索环境科技创新与环境政策管理创新协同联动,支撑引领生态环境保护和打好污染防治攻坚战,培育和壮大环保科技产业,引领美丽中国建设。

力争到 2020 年,科技创新支撑污染防治攻坚战取得重要进展,在创新体系构建、基地平台布局、人才队伍建设、生态环保科技产业、环境治理模式等方面实现技术突破和能力提升。

2019 年 12 月,生态环境部印发《关于深化生态环境科技体制改革激发科技创新活力的实施意见》。该意见指出,引领聚集各方科研力量和科技资源,投入打好污染防治攻坚战和生态环境保护中,更好地发挥科技支撑作用;针对生态环境质量持续改善和环境管理的科技需求,聚焦重大创新方向,优化调整科研力量布局,完善科技创新体系,促进科技成果支撑、引领生态环境治理体系与治理能力现代化。

2020 年 10 月 21 日,国务院新闻办公室举行"十三五"生态环境保护工作新闻发布会,生态环境部副部长赵英民指出,"十三五"期间,通过广大生态环境科技工作者的共同努力,我国在环境科技方面取得了很多科研成果。在水环境领域,形成重点行业水污染全过程控制系统与应用等八大标志性成果,建成流域水污染治理、流域水环境管理和饮用水安全保障三大技术体系,有效支撑了太湖、京津冀、三峡库区、淮河、辽河流域的水环境质量改善,助力南水北调等重大工程建设和世园会、冬奥会高标准水质目标实现。在土壤环境领域开展了铬、砷重金属污染地块修复工程示范,为土壤生态环境、人居环境、农产品质量安全有效提升等多重目标提供强有力的科技支撑。在生态保护领域,形成生态保护红线划定技术方法体系,支撑了以国家公园为主体的自然保护地管理体制建立。在固废处理领域,大宗工业固废建材化利用、生活垃圾焚烧发电、重金属安全处置等方面取得了一批关键技术突破,支撑了无废城市建设。在环境基准领域,首次发布了我国保护水生生物镉和氨氮水质基准,实现了我国在该领域零的突破。

8.1.2　天津市科技支撑现状

"十三五"期间,天津市生态环境局在生态环境保护科技方面新立项目共 150 余项,承担国家重大科技专项"十三五"水专项"天津滨海工业带废水污染控制与生态修复综合示范项目"。项目紧密结合天津市污染防治攻坚战的水生态环境管理需求,针对天津滨海工业带工业密集、污染物排放量大、成分复杂、风险源密集等问题,集中 17 家单位约 500 名骨干力量开展科技攻关。历时三年半的时间,项目团队研发了高盐难降解废水处理和资源回收利用、工业园区污水处理厂高标准排放、"查—控—处"一体化水环境风险管控等 6 项成套技术和 15 项关键技术,建成国内首个环境应急设备物资库,形成系统化应急技术与装备体系。该技术成果在天津滨海工业带 5 项工程示范中得到应用,为天津市水环境治理能力提升起到突出的示范作用,提升了区域生态服务功能,填补了滨海工业带风险管控空白。相关技术、设备推广应用到雄安新区、白洋淀及长江大保护等工作中及"一带一路"沿线国家,全面支撑了碧水保卫战、渤海综合治理攻坚战和"十四五"水环境战略规划。同时,天津市生态环境科学研究院依托"十三五"水专项课题"水环境风险应急监管体系与应急设备研发与示范研究",在国内首创臭氧和污水浓度分级多次内循环反应,成功研制了移动式臭氧催化氧化装置,攻克了目前臭氧催化氧化装置臭氧利用率低、占地面积大、移动安装烦琐的问题。

天津市承担总理基金项目"大气重污染成因与治理攻关天津跟踪研究"。2017 年 9 月,"1+X"模式的国家大气污染防治攻关联合中心正式成立,并向京津冀及周边地区的"2+26"城市派驻了跟踪研究工作组,针对各地大气污染成因和治污措施效果开展驻点研究。其中,天津跟踪研究工作组由南开大学牵头,天津市气象科学研究所、天津市生态环境监测中心和天津市环境保护科学研究院等单位参与。该项目自 2017 年 9 月启动以来,天津跟踪研究组以天地空立体大气污染观测网络为基础,通过外场观测、实验室分析和数值模拟等综合研究手段,开展了大量科研活动,积累了各类科学数据千万条,在天津大气污染成因方面初步取得了一些阶段性成果。

天津市建立全国首家"节能环保技术超市",该超市储备了国外国内 200 余项先进节能环保技术和解决方案,集咨询、设计、监测等服务于一体,打造节能环保服务航母。该超市从工业领域的生物除臭、零排放控制、水体净化到家用的智能电力、温湿度调控、节能照明灯等 200 多项先进技术展示一应俱全。

天津市举办大型环保技术供需对接会。2019 年 8 月 28 日,由天津市生态环境局主办,天津市环境保护科学研究院承办的天津市生态环境保护技术供需对接会在梅江会展中心成功举办,共有 150 余家先进的环境技术企业参展,300 余家污染防治重点行业技术需求企业参加此次对接会。该对接会聚焦大气、水、土壤环境治理技术进步最新成果和发展趋势,设计了大气污染治理、水生态与工业水污染治理、固废处置及土壤修复、综合环保服务等 4 大主题,现场设置国内展区和意大利企业特别展区,展示市政、工业、农村污染治理前沿技术和解决方案。这为进一步解决各级政府和重点企业污染治理攻坚难题、加快企业绿色转型升级、促进环保产业发展提供了科技支撑,建立了桥梁纽带。

天津市开展节能降碳减污技术研发,聚焦政策研究和技术研发推广,开展低碳循环发展相关规划编制、碳排放交易统计核算核查、节能降碳减污技术研发推广、绿色低碳教育培训等工作。

8.1.3　天津市科技支撑存在的问题

1. 科技部门与环境部门联动机制尚需深化

天津市科技部门立项的生态环保领域项目对环境管理支撑不足,生态环保部门尚未全过程参与科技部门立项的生态环保领域项目。生态环境保护基础研究涉及气候、土壤、生物、地理和人口等多个学科,研究和探索生态环境中各种因子对生态环境的影响及各因子之间的联系机理,是一项综合性很强的科研工作。生态环境部门是生态环境保护的主体,应在生态环境保护领域科研项目中全过程参与,充分发挥环境科技在生态环境保护中的基础性、前瞻性和引领性作用。

2. 新型和复杂环境问题研究不足

随着经济的发展,生态环境变化已开始受到社会各界重视。但由于生态环境变化具有长期性、复杂性的特点,生态环境保护基础研究又是一项投入高、绩效显现慢的远期工程,目前,天津市对大气复合污染、地下水污染、土壤重金属污染等新型和复杂环境问题的成因、机理和机制研究不足,研究时间不长,基础研究不够深入,对一些影响生态环境的机理认识不足。传统的污染治理方式在预防性、及时性以及精准性等方面有所欠缺。以天津市自然科学基金 2019 年立项项目为例,天津市共支持了 408 个项目,其中仅 29 项为生态环境保护相关项目,难点热点环境问题研究仅 1 项(京津冀区域臭氧与细颗粒物的协同作用机制研究)。天津市环保专项资金项目以监管服务项目为主,仅个别项目支持基础研究,以 2019 年的项目为例, 70 个项目中,基础研究项目不足 10 项(包括天津市水环境承载力现状评估、臭氧和颗粒物观测溯源系统建设等)。

3. 环境技术研究成果及项目示范工程推广应用力度需要加强

1)缺乏科技转化平台

天津市缺乏完善的生态环境保护科技成果转化平台,企业、高校、科研院所之间信息流通不畅,科技成果资源信息无法实现有效共享,科技成果转化率较低,能与产业对接并快速产业化的更少。同时,高校或科研院所的生态环境保护研发成果往往过于前沿,企业在当下用不上,而企业在生产过程中遇到的很多技术难题,得不到快速、有效解决,造成科技成果与市场需求脱节。

2)企业承接科技成果转化能力不强

生态环境保护科技成果转化是一个复杂的系统工程,从企业角度来看,目前企业承接的科技成果转化能力不强。绝大多数企业买到科技成果后都需要继续投入研发经费,少则要数百万元,多则上千万元。加之生态环境保护科技成果转化为产品后不能确定能否打开消费市场,企业顾虑重重。

8.1.4　对策建议

1. 全过程参与管理

生态环境部门应全程参与项目立项、验收、科技成果转化,更好地为环境管理提供科技支撑;探索环境科技创新与政策管理创新协同机制,以科技部门与环境部门合作机制为基础,结合区域环境治理重大需求,建立合作会商机制;探索生态环境领域科研与管理、政策、产业的协同机制创新;强化生态环境保护与科技创新供给,加强生态环境科技创新的总体部署,深入组织实施相关重点专项和重大专项,积极谋划新增相关重点专项,开展关键核心技术研发,增加科技创新供给。

2. 强化科研支撑

1)提高生态环境科研资金使用效益

天津市应增强生态环境科研对环境管理的技术支撑作用,围绕全市生态环境工作重点目标任务,面向环境保护与生态保护需求,着重推动解决全市生态环境保护工作中突出的环境问题、环境管理和环保重点工作中亟须解决的重大科研问题;以改善生态环境质量为核心,以突出环境问题为导向,紧盯重大生态环境问题,开展针对性科技攻关和对策性研究,促进生态环境质量改善。

2)强化基础研究

天津市应加强环境污染成因与环境过程、环境污染物的健康影响机理和风险评估、环境基准等基础研究,加强对环境问题的超前预判,充分发挥环境科技在生态环境中的基础性、前瞻性和引领性作用;加强生态环境问题前瞻性研究和基础理论创新,强化污染治理、生态修复等领域的关键和前沿技术攻关,着力突破一批核心技术,包括大气复合污染协同控制、流域水污染系统治理、生态系统恢复等技术,为科学治污提供技术保障;进一步加大区域环境领域前沿重大专项研究,攻克一批环保热点难点问题和关键共性技术,加大科技攻关力度,提升科学、精准的治污水平;培养和提高基础学科本科生的科学素养和创新能力,促进基础学科的持续发展。

3)发挥高校科研院所的创新主体作用

高等学校及研究机构拥有雄厚的科技力量,并拥有学科门类齐全、技术人才密集和先进的实验设施,是知识创新、技术创新的基地。因此,高校和科研机构理应充分发挥区域生态环境保护科技创新体系的创新源和知识传播的主体作用,强化其引领和支撑区域生态环境保护科技创新体系作用,真正成为区域生态环境保护科技创新的骨干力量。

3. 强化科技成果转化

天津市应探索生态环境领域科技创新基地建设,发挥科技创新基地示范、辐射和引领作用,培育组建一批科技创新基地,强化科技资源开放共享和高效利用;支持企业自主开展生态环境保护领域技术交流合作,建设技术创新中心,成立联合实验室、研发中心、公共服务平台、工程实验室等,推动企业与高校院所协同开展研究,聚焦现阶段区域生态环境保护领域关键技术需求和市场的潜在需求,实现技术创新与市场高效对接和供需平衡。生态环境保护部门要重点解决科技成果向现实生产力转化不力、不顺、不畅的痼疾,把重心放在现有科技重大专项已取得成果的推广应用和实际转化上,切实发挥科技创新的引领示范和带动作用;组织生态环境保护科研机构开展技术帮扶,补上企业技术创新人才缺乏的短板;促进绿色金融体系完善,对企业升级改造给予更多资金支持;着力解决环境治理技术、设备、材料等关键问题,促进创新成果转化的支撑管理服务,实现科学治污、精准治污。

4. 壮大科技人才队伍建设

天津市应统筹生态环境保护领域科技人才资源,培养、造就结构合理、素质优良的生态环境保护与修复科技人才队伍;加强高水平人才和创新团队的培养和引进,鼓励科技人员深入环境污染防治攻坚战一线开展研究和服务;激发人才创新活力,加快培育高水平人才队伍;广泛开展以推进思维、管理和科技创新等为主要内容的培训活动,提高相关人员生态环境保护科学技术研究能力、科技进步创造能力和将科技成果转化为现实生产力的实践能力,切实加强创新能力建设;支持搭建产学研相结合的生态环境保护创新人才培养平台,探索新的培养机制和模式;加强生态环境保护领域科技人才队伍建设,提高生态环境科研水平;加强生态环境保护领域科技人才的引进与培养,努力创新人才加快聚集、创新成果不断涌现、创新活力竞相迸发的科技创新高地;致力高端人才的引进和培育,建立起多层次的政产学研合作体系,注重技术攻关和成果产业化。

5. 加强沟通交流合作

天津市应加强与技术先进省市在生态环境创新领域的对话交流和务实合作,鼓励科研机构、高等院校、企业等在生态环境技术研发、人才培养等领域开展区域合作;鼓励优势生态环境保护产业走出去,发挥政府间科技创新合作专项的引领作用。

8.2 强化环境保护产业支撑

8.2.1 国家要求

环境保护产业指以防治污染、改善生态环境、保护自然资源为目的,包括环保技术开发,环境污染防治,环境工程设计和施工,环保设备和仪器、材料,环境信息咨询和服务等在内的综合性产业。环保产业是一个跨产业、跨领域、跨地域,与其他经济部门相互联系、相互渗透的综合性产业。环保产业的主要目的是为防治环境污染、保护与恢复生态环境、有效利用资源、满足人民对环境的需求并通过提供产品和服务实现可持续发展。1992年,联合国环境与发展大会把可持续发展作为未来共同的发展战略,环保产业应运而生。环保产业不仅拉动了各个产业的可持续发展,提供大量就业机会,而且还在国民经济中扮演着重要角色。自2013年起,我国相关政府部门出台了一系列政策,鼓励节能环保产业发展。

2013 年 8 月,国务院办公厅印发《国务院关于加快发展节能环保产业的意见》,指出加快发展节能环保产业要围绕提高产业技术水平和竞争力,以企业为主体、以市场为导向、以工程为依托,强化政府引导,完善政策机制,培育规范市场,着力加强技术创新,大力提高技术装备、产品和服务水平,以释放市场潜在需求,形成新的增长点,为稳增长、调结构、扩内需,改善环境质量,保障和改善民生,推动加快生态文明建设做出贡献。

2015 年 5 月,国务院印发《中国制造 2025》,指出加强节能环保技术、工艺、装备推广应用,全面推行清洁生产;发展循环经济,提高资源回收利用效率,构建绿色制造体系,走生态文明的发展道路。随着"中国制造 2025"战略的实施,中国将利用先进的节能环保技术与装备,组织实施传统制造业能效提升、清洁生产、节水治污、循环利用等专项技术改造,开展重大节能环保、资源综合利用、再制造、低碳技术产业化示范,必将大幅提高节能环保产业的渗透力。

2015 年 9 月,中共中央国务院印发《生态文明体制改革总体方案》,提出培育环境治理和生态保护市场主体;采取鼓励发展节能环保产业的体制机制和政策措施;废止妨碍形成全国统一市场和公平竞争的规定和做法,鼓励各类投资进入环保市场;能由政府和社会资本合作开展的环境治理和生态保护事务,都可以吸引社会资本参与建设和运营;通过政府购买服务等方式,加大对环境污染第三方治理的支持力度。该方案还提出要加快推进污水垃圾处理设施运营管理单位向独立核算、自主经营的企业转变,组建或改组设立国有资本投资运营公司,推动国有资本加大对环境治理和生态保护等方面的投入,支持生态环境保护领域国有企业实行混合所有制改革。

2016 年 12 月,国家发展改革委联合 4 部门发布的《"十三五"节能环保产业发展规划》明确提出,到 2020 年节能环保产业快速发展、质量效益显著提升,高效节能环保产品市场占有率明显提高,一批关键核心技术取得突破,有利于节能环保产业发展的制度政策体系基本形成,节能环保产业成为国民经济的一大支柱产业。

2018 年 6 月,《中共中央国务院关于全面加强生态环境保护坚决打好污染防治攻坚战的意见》印发,提出大力发展节能环保产业、清洁生产产业、清洁能源产业,加强科技创新引领,着力引导绿色消费,大力提高节能、环保、资源循环利用等绿色产业技术装备水平,培育发展一批骨干企业。

2020 年 3 月,中共中央办公厅、国务院办公厅印发《关于构建现代环境治理体系的指导意见》,提出强化环保产业支撑,加强关键环保技术产品自主创新,推动环保首台(套)重大技术装备示范应用,加快提高环保产业技术装备水平;做大做强龙头企业,培育一批专业化骨干企业,扶持一批专特优精中小企业;鼓励企业参与绿色"一带一路"建设,带动先进的环保技术、装备、产能走出去。

历经 30 多年砥砺耕耘,中国环保产业涵盖环保设备制造、环保工程、环境保护服务及资源综合利用,主要细分领域包括空气污染、水处理及固废处理等,已然成长为国民经济不可分割的综合性产业之一。根据生态环境部科技与财务司、中国环境保护产业协会联合发布的《中国环保产业发展状况报告(2020)》,2019 年全国环保产业营业收入约 17 800 亿元,较 2018 年增长约 11.3%,其中环境服务营业收入约 11 200 亿元,同比增长约 23.2%。与 2018 年相比,除土壤修复外,水污染防治、大气污染防治、固废处置与资源化、环境监测领域企业的环保业务营业收入和营业利润均有不同程度的增长。这是继 2017 年以来,生态环境部科技与财务司、中国环境保护产业协会连续第 4 年发布此报告。报告数据来源于生态环境部科技与财务司委托中国环境保护产业协会开展的全国环保产业重点企业调查及全国环境服务业财务统计,涉及近 12 000 家环保企业样本。

随着环保技术的精细化、高端化需求不断增强和应用场景的不断延展,在目前广泛使用的水处理、大气治理、固废处理技术的基础上,在环保技术创新与新兴科技的交叉领域,研究者应以现代生物技术、新材料、新一代信息技术等领域的渗透融合为核心驱动力,进一步改善、强化环保产品的处理能力,促进环保技术创新突破瓶颈,加速环保产业的转型升级。在全球范围资源约束趋紧和环境污染加剧的背景下,及时、精准的环境监测和检测数据将成为辅助环境管理和科学决策的重要基础及评价环境质量和污染治理成效的重要依据。环保技术装备正加快向高端化和精密化方向发展,环保数据的可靠性、精确性和稳定性得到进一步提升。光谱色谱、电子信息等技术的进步,大幅提升了环保仪器装备的灵敏度和准确度,成为加速环保技术应用效能扩增的重要依托。大数据、人工智能、物联网等技术在全球范围内兴起,智能化技术加快融入环保领域,通过在线监测设备监测污染源数据信息,并借助网络传输至数据中心进行汇总分析等工作,实现实时监测、应急响应和科学决策等功能。这些将是环保技术应用及监督管理的主要发展趋势。

8.2.2 天津市环保产业发展现状

2014 年 2 月,天津市人民政府办公厅印发《天津市加快发展节能环保产业的实施意见》,提出节能环保产业规模快速增长,辐射带动作用得到充分发挥;完善激励约束机制,建立统一开放、公平竞争、规范有序的市场秩序;节能环保产业产值年均增速在 15% 以上,建设若干节能环保产业示范基地;通过推广节能环保产品,有效拉动消费需求;通过增强工程技术能力,拉动节能环保社会投资增长,有力支撑传统产业改造升级和经济发展方式加快转变。

(1)在大气污染治理方面。天津市针对颗粒物、挥发性有机物的监测治理具有较强的创新基础,拥有国家环境保护恶臭污染控制重点实验室。该重点实验室是全国范围内唯一专门从事恶臭污染控制研究的实验室,长期开展恶臭污染防治技术和仪器的开发、引进等研究工作,开发了测定恶臭污染的三点比较式嗅袋法配套仪器设备,在研究工作中进行了主要恶臭污染物的化学法和色谱法的识别分析测定研究,积累了丰富的经验。

（2）在水污染防治方面。天津市拥有相对完整的产业链,拥有一批具有高水平的污水处理设计咨询、建设运营以及产品装备制造企业。中国市政工程华北设计研究总院、天津市市政工程设计研究院承载了国内较多的大宗污水处理厂工程设计任务。天津创业环保股份有限公司是中国首家以污水处理为主业的 A 股、H 股同时上市的公司,也是国内环保领域的先行者和领先企业,创业环保的长期发展目标是以水环保项目建设与运营管理为核心,积极向产业相关环节或领域延伸,同时多样化发展工程设计、设施运营服务、水工业物业管理以及水工业设备制造等业务,最终形成集主体运营业(污水处理和中水回用),水工程建设业,水工业制造业,水工业科研、设计、开发、服务等于一体的水工业企业集团。天津国际机械有限公司以环保通用设备、水处理装备和工程成套环保装备为重点,发展机电"六大成套"和"十大重点产品",成为集设计、制造、施工、运营为一体的企业集团,目前企业已打开全国市场,相继在重庆、长春等地承建污水处理厂项目,成为天津市环保产业龙头骨干企业。

（3）在土壤污染防治方面。天津市开展了工业遗留污染场地、食品生产基地污染土壤、滨海盐碱退化湿地、海岸带生境等不同类型的土壤与生态修复技术研究与工程示范,积累了一定的创新经验。天津渤化环境修复股份有限公司与天津市环境保护科学研究院共同研究开发天津市原农药厂污染场地原地修复技术,完成 10 000 立方米污染土壤的原地修复,提高了土壤修复效率,保证了土壤结构和生态性能不受破坏,有效地降低了土地再利用过程中的环境风险和安全隐患,为典型化工污染场地修复提供了理论依据和技术支撑。

（4）在固体废物无害化处置和资源化利用方面,天津市作为老工业城市,资源综合利用业起步较早,传统粉煤灰渣、钢渣、电石渣、脱硫石膏等主要工业固体废弃物和矿产资源的资源综合利用始终走在全国前列,主要工业固体废弃物综合利用率多年保持在 98%以上。作为国家循环经济试点园区,静海子牙循环经济产业园始终坚持"低碳、绿色、循环"的理念,重点发展废旧机电产品拆解加工、废弃电器电子产品处理加工、报废汽车拆解加工、废旧橡塑再生利用、精深加工再制造、节能环保新能源等六大产业,构建起"废旧商品回收、拆解、初加工、深加工和再制造"这样一条绿色生态产业链。

人们节约意识、环保意识的提高和消费理念的成熟,决定了市场对高效低耗产品、绿色产品和清洁产品的需求日趋强烈,并将逐步形成以传统环保产业为关键和核心的大"环境产业"。天津市应把握这种趋势,加大对节能、节水、资源综合利用和再生使用、循环利用以及低污染、低排放等关键技术、核心产品的研发和产业化的支持,以此为基础,抓住整个环境产业大市场的先机。

8.2.3　天津市环保产业发展存在的问题

1. 产业集中度不高

2001 年以来,天津市环保产业逐渐发展,但仅有少数企业形成一定规模,产业总量仍然偏小,环保企业对全市经济发展的拉动作用依然不大,没有形成规模效益。以污水处理为代表的环保产业出现了设计水平领先但环保产品落后的局面,天津市的相关企业承揽国内多数重点项目的污水处理设计业务,但主要的设备都是由外地厂家生产的。绝大多数中小企业在较低的技术水平上重复建设,产业整体发展速度较慢。不仅如此,环保企业的技术能力参差不齐,鱼龙混杂,一些小型企业无长远发展定位,技术同质化严重,高附加值产品较少。

环保行业中大企业与小企业并存,由于环保产品单件、小批量、轮番生产的特点,小型企业具有一定的灵活性,但是发展的重点是单件产品,小型企业需要联合起来进行集团化的运作,才能形成产业链条,在一个平台上形成规模效益。缺乏适应市场经济发展要求的专业化工程总承包公司,为环境保护提供技术、管理与工程设计、各种设施及施工等各种服务的龙头企业,没有形成总体优势,缺乏竞争力;产品结构不合理,环保设备成套化、系列化、标准化水平低,低水平重复建设现象严重,出现了产品质量虽有保证,但是不能与时俱进、满足工艺变化需求等问题,缺少必要的灵活性和市场开拓性。

2. 科技成果转化较少

科技成果转化是连接科技成果供给与市场需求的桥梁,是科技成果实现从"书架"走向"货架"的必经路径。环保科技成果从产出到转化要经过科技研发、工程化、产品化、商品化、市场化和资本化等多个环节,成果转化周期较长。现阶段,天津市环保产业尚未形成从设计、制造、销售、建设、运营相互配套、有机结合的产业体系。高新技术开发与生产环节衔接还不够紧密,很多科研成果停留在示范阶段。在国内,此行业天津知名产品偏少,尤其是缺乏具有国际竞争能力的品牌,综合竞争能力不足。

3. 创新能力仍有待提升

天津市节能环保企业创新能力较低,以企业为主体的节能环保技术创新体系仍有升级空间,产学研结合发展需要更加紧密,技术研发投入应根据产业发展情况进行补足。目前,部分关键节能环保设备与零部件依然无法自主生产,自主研发、生产关键设备的能力仍需提升。

4. 缺乏政策支持和引导

天津市必要的资金、税收、信贷等政策引导扶持力度不足,缺乏融资渠道,投资回收周期长,企业、社会投入积极性不高,适应市场经济体制要求的以企业为主体、公众参与的投融资机制始终难以建立,影响了产业发展。此外,公共环境设施建设、社会化运营不足,也影响了环保产业市场的健康发展。

8.2.4　天津市环保产业发展对策建议

1. 加快培育和发展环保产业

1)强化企业创新能力

技术是企业不变的竞争力,节能环保产业发展将在新兴技术和新兴产业的融合助推下形成新模式、新业态。企业要牢牢把握相关机会,在关键技术环节实现突破,早日摆脱关键设备依靠进口的局面。企业应沿产业链协同创新,推动形成协同创新共同体,实现精准研发,攻克一批污染治理关键核心技术装备;加强环保装备产品品牌建设,建立品牌培育管理体系,提高产品质量档次,提升自主品牌市场认可度,提高品牌附加值和国际竞争力。

2)加强企业集聚发展

天津市应聚焦大气污染、工业和生活污水、固体废物等治理装备及新能源、清洁能源装备等关键领域,实施节能环保装备制造中小企业和配套企业培育计划,做大做强产业链条;提升环保产业的综合服务能力,促进不同类别服务业的发展;提高污染治理工程建设与运营的市场化、标准化、规范化和现代化水平,完善污染治理咨询服务业;壮大产业规模,提升产业竞争力,支持优势企业进行国内外市场融资,推动资本向优势企业流动和集中,加快环保技术的产业化进程;以环保产业为主题特色,做大产业规模、提升产业格局,形成独特的产业优势。

2. 加快科技成果转化

天津市应鼓励企业与相关管理部门、科研单位和高校等机构合作,建立产业联盟以及政产学研联盟,实现产学研一体化;加强与先进省市的技术合作,培养科技创新、工程技术高端人才;强化政府、科研机构与企业之间的联动,实现从科学研究、实验试验、中试熟化、规模验证、工程设计到标准化产品生产或工艺上下游的有效衔接,打造系统的产学研用协作模式,真正实现从科技研发到成果转化落地的良性互动,保障生态环境科技成果转化的路径畅通;完善创新机制,实现由以往单纯注重技术研发向支持技术研发和科技成果产业化并重的方向转变。

3. 完善政策支持体系

天津市应健全技术创新的市场导向机制和政府引导机制,加强产学研协同创新,引导各类创新要素向企业集聚,促进企业成为技术创新决策、研发投入、科研组织和成果转化的主体;建立政府引导、社会参与的生态环境保护科技成果转化投入机制;注重规划引导,进一步完善政策支撑体系,加快节能环保产业发展步伐,尽快形成成熟、完整的政策体系。同时,对于节能环保企业,天津市要通过实施财政补贴、减免税、低息贷款、折旧优惠和奖励制度等,进行政策扶持;鼓励社会资金进入节能环保行业,可采用政府和社会合作的 PPP(政府和社会资本合作)等模式,拓宽社会资金参与的广度,撬动社会资本参与科技成果转化;改善民营企业的市场发展环境,鼓励具有经济实力的民营企业进行跨地区、跨行业、跨所有制的兼并和重组,整合资源,壮大企业规模。

4. 加强市场监管

由于节能环保行业的特殊性,政府应该加强节能环保产品的质量控制,建立严格的质量检验体系,加强相关管理人员的综合素质,建立一套公平、透明的市场规则体系,严格执法和监督,制定违纪处罚机制,反向约束;加强环保产业市场监督管理、产品质量监管,强化标准标识监督管理,严格执法,加大打假力度,营造公平竞争的市场环境,形成良好有序的产业发展环境;加强行业自律和社会监督,使扰乱市场秩序的"劣币"无处遁形。

8.3　强化信息化能力建设

8.3.1　国家要求及其他省市建设成效

1. 国家要求

2015 年 8 月 31 日,国务院印发《促进大数据发展行动纲要》,将大数据正式上升为国家战略,从国家意志层面将大数据作为推动社会转型的动力和提升社会治理能力的新途径。这是指导我国大数据发展的国家顶层设计和总体部署,彰显了我国信息化发展的核心已从前期分散化的网络和应用系统建设,回归和聚焦到充分发挥数据资源的核心价值,从而提升国家信息化发展的质量和水平。因此,大数据已成为国家信息化深化发展的核心主题,发展大数据已成为构建数据强国、推动大数据治国的必然选择。

2016 年 1 月 11 日,国家发展改革委办公厅印发《"互联网+"绿色生态三年行动实施方案》,提出推动互联网与生态文明建设深度融合,完善污染物监测及信息发布系统,形成覆盖主要生态要素的资源环境承载能力动态监测网络,实现生态环境数据的互联互通和开放共享;充分发挥互联网在逆向物流回收体系中的平台作用,提高再生资源交易利用的便捷化、互动化、透明化水平,促进生产生活方式绿色化;该实施方案还提出大力发展智慧环保,利用智能监测设备和移动互联网,完善污染物排放在线监测系统,增加监测污染物种类,扩大监测范围,形成全天候、多层次的智能多源感知体系;建立环境信息数据共享机制,通过互联网实现面向公众的在线查询和实时发布;加强企业环保信用数据的采集整理,将企业环保信用记录纳入全国统一信用信息共享交换平台;完善环境预警和风险监测信息网络,提升重金属、危险废物、危险化学品等重点风险的防范水平和应急处理能力;建设全国海洋生态环境监督管理系统;同时,健全完善网络环境监督管理和宣传教育平台,打通公众参与渠道,构建政府引导、全民参与的监督管理机制。

2016 年 3 月 7 日,原环境保护部出台《生态环境大数据建设总体方案》,提出未来 5 年内,生态环境大数据建设要实现的目标是生态环境综合决策科学化、生态环境监管精准化、生态环境公共服务便民化。《生态环境大数据建设总体方案》指出,大数据是以容量大、类型多、存取速度快、应用价值高为主要特征的数据集合,正快速发展为对数量巨大、来源分散、格式多样的数据进行采集、存储和关联分析,从中发现新知识、创造新价值、提升新能力的新一代信息技术和服务业态。全面推进大数据发展和应用,加快建设数据强国,已经成为我国的国家战略。《生态环境大数据建设总体方案》提出,生态环境大数据总体架构为"一个机制、两套体系、三个平台"。一个机制即生态环境大数据管理工作机制,包括数据共享开放、业务协同等工作机制,以及生态环境大数据科学决策、精准监管和公共服务等创新应用机制。两套体系即组织保障和标准规范体系、统一运维和信息安全体系。三个平台即大数据环保云平台、大数据管理平台和大数据应用平台。其中,大数据环保云平台是集约化建设的 IT 基础设施层,为大数据处理和应用提供统一的基础支撑服务;大数据管理平台是数据资源层,为大数据应用提供统一的数据采集、分析和处理等的支撑服务;大数据应用平台是业务应用层,为大数据在各领域的应用提供综合服务。生态环境大数据建设将围绕推进数据资源全面整合共享、加强生态环境科学决策、创新生态环境监管模式、完善生态环境公共服务、统筹建设大数据平台、推动大数据试点六大任务开展。此外,《生态环境大数据建设总体方案》提出了完善组织实施机制、健全数据管理制度、健全标准规范体系、实施统一运维管理、强化信息安全保障五项保障措施。

2020 年 3 月 3 日,中共中央办公厅、国务院办公厅印发《关于构建现代环境治理体系的指导意见》,提出要全面提高监测自动化、标准化、信息化水平,推动实现环境质量预报预警,确保监测数据真、准、全;推进信息化建设,形成生态环境数据一本台账、一张网络、一个窗口。从生态环境保护工作的现状来看,信息化能力建设手段在生态环境保护工作中的重要性已不言而喻。

随着经济的快速发展,公众对身边生态环境的关注度逐渐增加。随着信息化、大数据的蓬勃发展,智慧环保时代已经来临,信息化能力建设在生态环境保护中的地位越发重要,以信息化手段提升生态环境水平,现已成为当下环境保护行业发展的重要方向。让城市更聪明一些、更智慧一些,是推动城市治理体系和治理能力现代化的必由之路。近些年,国家环保部门全面部署、积极落实国家大数据发展战略,明确了环保大数据建设的总体要求和主要任务,强调通过大数据的建设和应用推进环境管理转型,提升生态环境治理能力,为实现生态环境质量总体改善目标提供有力支撑。随着互联网技术的迅猛发展和信息传播方式的深刻变革,社会公众对政府工作知情、参与和监督意识不断增强,公众环境保护意识显著提高,主动参与和监督的愿望十分迫切。以互联网和移动通信为技术依托,以构建便捷惠民的公共服务为建设主题,将单一的服务模式转变为以民众需求为导向的公共服务,是政府密切联系群众、转变政风的要求,是建设现代政府、提高政府公信力的重要举措。

智慧环保是互联网技术与环境信息化相结合的概念,"智慧环保"是"数字环保"概念的延伸和拓展。智慧环保是集各环境要素为一体,基于大气、水、土壤等线上监测监控网络、环境应急指挥系统,融合云计算、"互联网 +"、3S 技术等多种技术,通过实时采集污染源、环境质量、生态、环境风险等信息,构建全方位、多层次、全覆盖的生态环境监测网络,推动环境信息资源高效、精准的传递,形成一体化的创新、智慧模式,让环境管理、环境监测、环境应急、环境执法和科学决策更加有效、准确。我们应通过"智在管理、慧在应用",为环境管理和环境保护提供全方位的智慧管理与服务支持,从而构筑"感知测量更透彻,互联互通更可靠,智能应用更深入"的"智慧环保"体系。智能管理系统的运用不仅能大幅提升环境污染防治的效率,更能在高质量发展中实现大数据赋能生态环境决策科学化、生态环境责任考核网格化、生态环境服务便民化,构建现代化环境治理体系,进而实现生态环境治理能力现代化。

2. 其他省市的建设成效

1)福建省建成全国首个省级生态环境大数据平台

2018 年,原福建省环保厅上线福建省生态云(生态环境大数据)平台,该平台是全国首个省级生态环境大数据平台,会聚了来自省、市、县三级环保系统及部分相关厅局的业务数据,以及物联网、互联网等数据,并在此基础上进行处理分析,初步构建环境监测、环境监管和公众服务三大信息化体系。环境监测体系实现了对水、大气、土壤、核与辐射环境的统一动态监控。全省流域水质状况都被会集在一张电子地图上,随机点开一个点位,就可以看到该点位当前的水质状况,当污染出现时,还可以通过空间模型进行污染溯源。大气环境方面也有了提升,生态云平台不但能实时掌握空气环境质量情况,还能对未来 7天的空气质量进行预报,与原来相比延长了预报时间。环境监管体系完善了"一企一档",对污染源进行全过程监管;通过平台的智能分析实现了自动预警,全面提高了调阅效率。生态云平台利用环境案件信息和污染源监测、环评、排污许可、投诉举报、水气土环境质量监测等数据,通过综合比对分析,勾勒出"企业画像",找出已被处罚对象的数据特征,设定高违法风险企业预警规则,为今后精准定位执法对象提供参考。公众服务体系重点开发了面向企业、公众的统一平台。企业可享受一站式服务,并通过基础信息一次性填报,让信息多跑路,企业少跑腿。群众可以打开手机随时随地获取水、大气、辐射等环境质量信息,还能对环境问题"一键投诉"。

2)河北省廊坊市建成智慧生态环境大数据监管指挥平台

廊坊市通过对多维度数据资源的梳理规整,对各类环境数据进行统一、规范、有效的管理统计、分析和应用,采用多元化、智能化及可视化数据分析手段,对全市域范围内环境污染情况及各类案件高发区域进行分析评估,对环境保护监督管理精准执法、环境风险预测预警、应急指挥、环境污染综合研判、环境政策措施制定等提供帮助。智慧生态环境大数据监管指挥平台主要包括"全域实时监控数据集成板块"和"问题闭环交办解决板块"两个板块。"全域实时监控数据集成板块"包括 10 个子系统,分别为廊坊空气质量实时管控平台、水环境监测预警评估分析平台、高点视频天眼监控系统、督察检查及信访平台、VOCs 在线监测平台、重点污染源实时监管一体化平台、工地扬尘在线监测系统、污染源自动监测系统、油气回收在线监测平台、环境统计和污染源普查数据应用系统,实现了生态环境数据资源的集成、统筹与共享。"问题闭环交办解决板块"实时汇总各类平台数据反馈的生态环境问题,建立问题实时交办、督办、反馈、复核等流程,生成问题统计报表,提升问题处理效率和生态环境管理水平。

3)重庆市两江新区建成生态环境大数据智慧管理系统

2021 年 8 月 23 日,重庆市两江新区生态环境分局线上发布生态环境大数据智慧管理系统,实现了 638 平方千米全覆盖。该系统对水、大气、噪声、固废、土壤等进行全要素监测,实现监管、治理、保护全过程管理,管委会、职能部门、街道和园区全方位联动。该系统发挥了新区大数据智能化产业优势,围绕大气、水、噪声、固(危)废污染防治四大领域,联动管委会、职能部门、街道和园区,形成生态环境监测感知一张网,实现各类各级数据互联、业务互通、网格管理、统一调度;通过指挥调度平台向责任单位及网格员实时推送信息、自动跟踪,实现"识别—交办—处置—反馈—评价"闭环管理。

8.3.2　天津市信息化建设成效

1. 强化网络及基础硬件建设

1)建成环保专网

天津市实现了生态环境局与生态环境部、各区生态环境局、各直属单位、天津市行政许可大厅及全市机动车环检站等节点的网络连接;具备无线专线 2 条,可实现污染源自动监控、移动执法系统无线接入;通过市电子政务网实现与全市各相关委办局的网络连接;更新网络设备,实现万兆数据传输能力,为未来云计算和大数据应用提供强有力的基础环境。

2）建成环保大数据云平台

天津市新增计算资源 960 核 CPU、存储容量 3 PB 及对应数据备份资源和网络能力设备，新建存储容量 1 PB 的异地灾备机房，解决服务器计算资源、数据存储备份资源、安全资源缺乏的问题。

2. 整合生态环境大数据资源

1）推进数据整合

天津市推进数据挂接、归集、共享，根据政务资源目录积极组织数据的挂接和归集工作，严格按照政务数据的分类、格式、属性和更新时限等内容标准挂接和归集数据，基本涵盖了行政处罚、执法检查、行政许可、环境监测等主要业务，面向社会开放信息资源，主要包括空气质量月报、废气及废水重点排污单位监测月报、饮用水源地月报、地表水环境质量状况、环保设施对外开放名单等信息。

天津市推进生态环境主要监管业务信息化全覆盖，建设并完善各类生态环境业务应用体系，对生态环境大数据进行初步利用，辅助环境监管；"十三五"期间，大气、水、土壤、机动车、生态、固废、声环境、核与辐射、移动执法等多个要素或业务分别构建了环境综合管理应用系统或平台。天津市现有业务信息子系统共 47 个，按照系统状态分类，运行中 36 个、基本运行 2 个、停止使用 1 个、在建 4 个、在升级 4 个；按照信息系统分类，网站 4 个、省级业务系统 34 个、国发业务系统 2 个、其他 7 个。同时，生态环境局积极利用全市信息资源统一共享和开放平台，推进与相关委局的数据共享和交换。

2）开展生态环境数据整合汇聚

天津市基于生态环境数据资源中心和主要监管业务信息化建设，以提升生态环境数据共享开放服务水平为目标，不断加大生态环境数据的整合汇聚力度，积极整合生态环境行政许可和环境监管执法类信息数据，不断完善数据资源中心和数据交换平台。

3. 整合提升网络和信息安全能力

天津市建立网络安全应急处置机制，制定应急预案，组织应急演练；加强网络和数据安全的动态评估，督促各项措施落实落地；建立关键信息基础设施安全重点防护机制和应急演练，定期开展安全测评，加强动态监测，提升防攻击、防泄露、防窃取的应急处置能力；建设生态环境云平台，基于环保专网的生态环境管理业务系统全部被迁移至生态环境云平台，并作为生态环境云的重要节点，提升计算和存储资源的利用率，积极推进向政务云迁移工作，组织开展现有数据资源的调研，研究制定迁移方案，稳步推进迁移工作。

8.3.3　天津市信息化建设存在的问题

1. 生态环境数据尚未完全关联

"十三五"期间,大气、水、土壤、机动车、生态、固废、声环境、核与辐射、移动执法等多个要素或业务虽分别构建了环境综合管理应用系统或平台,积累了大量环境数据资源,但生态环境数据尚未完全关联,缺乏整体统筹,缺少统一规划和顶层设计,环境数据"部门私有化"现象严重,大气、水、土壤、机动车、生态、固废、声环境、核与辐射、移动执法等环境数据关联不畅通;加之部门内部各业务系统开发工具、后台数据库也不尽相同,融合度不高,数据标准不统一,相关数据信息难以在环境监管中得到统一提取应用。

2. 部门间数据互联互通机制尚未建立

1)部门间业务数据交换共享仍需推进

天津市缺乏统一的数据标准体系,数据冗杂、重复、冲突等问题待解决。尚未建立有效的监测数据汇集机制和数据传输机制,实现生态环境监测及相关数据跨地域、跨层级、跨系统、跨部门、跨业务的互联互通与协同共享,提升数据共享、信息交换和业务协同能力。

2)上下级数据共享不畅通

随着各级"智慧城市"的建设,天津市各区及街镇对纵向数据共享的需求越来越迫切,但目前数据只上流不回流的现状不利于推动基层环境治理"智慧化"进程,也造成各级对业务系统重复开发却无法打通的局面。

3. 智慧环保尚未实现

天津市大数据决策支持技术薄弱,尤其在环境评价、环境预测、环境执法和污染源监管等方面,缺乏对各类应用系统数据的综合分析和科学处理,生态环保数据资源的综合利用大多还停留在查询检索和统计功能上,不能全面有效地转化为环保科研和管理所需要的具有分析和决策功能的应用系统,没有在大量监管数据的基础上综合深入的分析挖掘功能,缺乏大数据应用场景的研究,无法做到智慧化的分析与发掘,为环保决策提供支撑的能力明显不足。伴随着公众对生态环境保护的逐渐重视,充分发掘生态环境数据价值,对其在生态环境监督管理全领域推广应用已迫在眉睫。同时,生态环境数据社会共享服务质量有待提高,数据的公开范围还不能满足公众对生态环境治理的参与需求,数据查询使用的集成度和体验感尚需加强,缺乏与公众进行数据互动的有效载体。

4. 生态环境信息化人才队伍建设需进一步强化

天津市精通信息网络技术又了解生态环境业务流程的复合型人才较匮乏,目前系统的运维多由开发商或第三方负责,由此引发的技术依赖、信息安全、响应速度、经费落实等问题都逐渐突显。

8.3.4 天津市信息化能力建设对策建议

1. 打通数据壁垒,实现数据互联互通

1)完善生态环境部门内部数据关联

目前,天津市生态环境数据大致可分为生态环境监测数据、生态环境底线数据和生态环境管理数据三大类。其中,生态环境监测数据包括大气环境监测数据、水环境监测数据、土壤环境监测数据、生态监测数据、噪声监测数据、海洋监测数据、温室气体监测数据等监测数据;生态环境底线数据包括生态保护红线、自然保护地、永久性保护生态区域和双城绿色生态屏障一级管控区等生态保护空间数据;生态环境管理数据包括重点污染源自动监测平台、第二次全国污染普查系统、全国排污许可证管理信息平台、12369 网络举报平台和环境舆情管理系统等方面的数据。

天津市建设集生态环境监测数据、生态环境底线数据和生态环境管理数据为一体的生态环境基础数据库;推动生态环境信息数据库的标准化、规范化建设,使管理部门环境决策的数据基础从少量的"样本数据""有限的个案"变为海量的"全体数据""用数据来说话",为环境治理提供重要的数据基础和决策支撑;掌握污染源的基本信息,实现重点污染源的全周期管理。

2)完善部门外部数据关联共享

天津市大力推动部门间信息数据开放共享,破除部门、行业、领域之间的数据割裂和壁垒,制定统一、合作、协调、共享、互益的大数据政策,完善生态环境数据开放共享机制,发挥生态环境大数据的聚合效应,提高政府环境决策的高效性和前瞻性。

2. 提高数据分析能力,实现生态环境数据智慧化

1)深挖数据

天津市基于云计算、"互联网+"、3S 技术等技术手段,整合、分析海量实时更新的环境信息数据,通过对数据库中的数据进行挖掘分析,实现"更深入的智能化"。智慧生态环境平台需建立污染溯源模型、环境异常预警模型、环境舆情分析模型、气候影响分析模型等多个模型,实现数据模拟分析功能;建立数据管理模块、数据可视化模块、环保统计与报表模块、数据安全模块、事件开发模块等,实现对数据的智能分析。

2)加大数据分析

天津市增强大数据技术对生态环保数据的挖掘、分析、转化能力,加强人工智能、深度学习、海量数据存储、交互式数据可视化等大数据技术在生态环境数据方面的应用和

开发,将生态环境大数据转化为富有价值的决策信息集群,提高生态环境数据公开度和公共信息透明度,建立"用数据说话,用数据决策,用数据管理,用数据创新"的政府决策管理体制。

3. 提升生态环境数据应用,为管理部门提供智慧决策

1)加强数据决策分析

天津市利用区块链、云服务、互联网 5G、人工智能等技术,依靠对环境数据挖掘分析的结果,提前感知生态环境问题,为环境质量、污染防治等业务提供"更智慧的决策",最终实现环境治理的精准性、高效性和预见性,实现天津市生态环境综合决策科学化、监管精准化、公共服务便民化。例如,在发生环境事件时,智慧生态环境平台可以实时提供现场情况、应急方案和污染溯源管理等功能,辅助进行环境决策;在环境信访举报中,智慧生态环境平台在前端开放社会门户系统,社会公众可以在线进行环境污染举报与投诉,同时平台还可以分析整理信访数据,辅助环境问题得到解决。

2)完善公众服务

天津市整合面向社会的业务(行政许可、行政处罚、行政检查、行政强制、行政确认、行政奖励、公共服务等),将其汇聚为生态环境公众服务一网办通平台,以互联网端天津市生态环境局网站或市政务平台、"津心办"等为载体,提供行政办事、发布、信息查询等功能,实现"应上尽上、全程在线、一网办通"。

4. 保障数据安全,强化信息安全建设

1)完善数据安全制度体系

天津市完善生态环境信息安全顶层设计,明确各级部门安全防护责任边界,避免安全短板、弱项、漏项,形成规范整合、预防为主的统一信息安全管理体系和技术体系,提升信息安全的内部管控力度,优化信息安全管理流程和制度;严格贯彻落实《中华人民共和国网络安全法》《中华人民共和国数据安全法》《天津市数据安全管理办法(暂行)》的各项要求;围绕人员管理、资产管理、采购管理、技术防护、运维管理等方面,对现有网络安全管理制度查漏补缺。持续开展网络安全监测预警,提高数据分析和态势感知能力;完善网络安全通报机制建设,加强网络应急处置演练,进一步完善应急预案,提升应急处置能力。

2)提升数据安全防护能力

天津市优化硬件安全资源,优化局内硬件安全资源配置,重点实现建设项目安全的信息感知、可靠的数据传送和安全的信息操控,通过安全保护和防御,确保生态环境信息化应用及数据的保密性、完整性、可用性和不可否认性,提升应用系统信息安全防护能力,保证环保应用系统持续稳定运行;完善生态环境信息安全技术体系,落实国家网络安

全相关要求,完成在用系统的等保测评和备案,健全相关工作机制和技术标准;提高新技术发展形势下的信息安全保障能力,持续追踪当前的信息安全技术发展,加强对移动办公、虚拟化平台等新技术、新应用的安全保障;保证安全技术措施与信息化项目同步规划、同步建设、同步使用,逐步向感知预警、动态防护、安全检测、应急响应的主动保障体系转变,实现对大平台、大数据、大系统完整的安全防护;加强信息系统安全巡检巡查,定期开展漏洞扫描、渗透性测试,做好重点时节的网络值守,保障全局网络安全稳定运行;视情况定期组织网络安全检查。

3)压实网络安全工作责任

天津市开展学习网络安全相关文件的培训教育,对国家和市相关网络安全文件进行解读,推进网络安全岗位能力建设,开展网络安全保障专业人员培训;研究制订生态环境网络安全工作计划,明确保护目标、基本要求、工作任务、责任分解和具体措施。

5. 提升信息化人才队伍建设

天津市通过岗位交流、项目建设培养人才,支持鼓励生态环境保护领域信息化技术人员进修深造,打造专业技术过硬、管理水平较高的信息化专业队伍;加强干部培养交流,引导各级领导干部树立大数据思维,提升运用大数据开展工作的能力;加强生态环境保护领域应用人员业务培训,组织开展集中培训、岗位练兵、技能比武,提高全员信息化应用水平。

参考文献

[1] 王春益,吴舜泽,等.构建现代化环境治理体系 [M].昆明:云南出版集团公司,2020.

[2] 吴舜泽,郭红燕.环境治理体系的现代性特征内涵分析 [J].中国生态文明,2020(2):11-14.

[3] 陈健鹏.从政府监管视角看生态环境治理体系和治理能力现代化 [J].环境与可持续发展,2020,45(2):17-21.

[4] 陈瑞根.环境监测在生态环境保护中的作用及发展措施 [J].资源节约与环保,2017(10):42,45.

[5] 云婧,赵娟霞.我国环保企业的产业结构调整分析 [J].经济研究导刊,2020(8):48-49.

[6] 刁维萍.找准环保科技成果转化的创新着力点:以水专项科技成果转化应用为例 [J].环境经济,2021(1):54-59.

[7] 闽宣.福建:大数据助力开启"智慧环保"新时代 [J].中国环境监察,2019(11):52-53.

[8] 吕卓,李洪峰,张家霖,等.环保科技成果转化和推广的创新思考 [J].科技经济导刊,2019,27(15):122.

[9] 雷英杰.探索环保科技成果转化路径 [J].环境经济,2017(19):37.

[10] 邬晓燕.基于大数据的政府环境决策能力建设 [J].行政管理改革,2017(9):33-37.

[11] 李洪峰,吕卓,薄芳芳,等.加强环保科技的自主创新能力研究 [J].科技经济导刊,2019,27(15):116.

[12] 庄景宏.福建省地方环保标准工作概况与建议 [J].海峡科学,2019(2):57-59,67.